入门很**轻松**

# PHP

## 入门很轻松

（微课超值版）

云尚科技◎编著

清華大学出版社
北京

## 内容简介

本书侧重实战，结合流行有趣的热点案例，详细地介绍了 PHP 开发中的各项技术。本书分为 16 章，包括搭建 PHP 开发环境、成为大牛前的必备知识、PHP 中的函数、PHP 的数组、字符串和正则表达式、日期和时间、面向对象程序设计、操作文件和目录、PHP 与 Web 交互、管理 Cookie 和 Session、处理错误和异常、MySQL 基本操作、PHP 操作 MySQL 数据库、PDO 数据库抽象层、图形图像处理技术。为了提高读者的项目开发能力，最后挑选热点项目网上商城管理系统，进一步讲述 PHP 在实际项目中的应用技能。

本书赠送大量超值的资源，包括同步教学微视频、精美幻灯片、案例及项目源码、教学大纲、求职资源库、面试资源库、笔试题库和小白项目实战手册。同时本书还提供技术支持 QQ 群，专为读者答疑解难，降低零基础学习编程的门槛，让读者轻松跨入编程的领域。

本书适合零基础的编程自学者和 PHP 程序开发人员，还可作为中、高职、本科院校相关专业的教材，以及社会培训机构的培训手册和参考资料。

**图书在版编目（CIP）数据**

PHP 入门很轻松：微课超值版 / 云尚科技编著. —北京：清华大学出版社，2022.1
（入门很轻松）
ISBN 978-7-302-59021-7

Ⅰ. ①P⋯　Ⅱ. ①云⋯　Ⅲ. ①PHP 语言—程序设计　Ⅳ. ①TP312.8

中国版本图书馆 CIP 数据核字（2021）第 177130 号

责任编辑：张　敏
封面设计：郭　鹏
责任校对：胡伟民
责任印制：曹婉颖

出版发行：清华大学出版社
　　　　　网　　　址：http://www.tup.com.cn, http://www.wqbook.com
　　　　　地　　　址：北京清华大学学研大厦 A 座　　　邮　　编：100084
　　　　　社　总　机：010-62770175　　　　　　　　　邮　　购：010-83470235
　　　　　投稿与读者服务：010-62776969, c-service@tup.tsinghua.edu.cn
　　　　　质量反馈：010-62772015, zhiliang@tup.tsinghua.edu.cn
印　装　者：小森印刷霸州有限公司
经　　　销：全国新华书店
开　　　本：185mm×260mm　　　印　　张：17　　　字　　数：460 千字
版　　　次：2022 年 3 月第 1 版　　　印　　次：2022 年 3 月第 1 次印刷
定　　　价：69.80 元

产品编号：084863-01

# 前　言 | PREFACE

　　PHP 是目前世界上最为流行的 Web 开发语言之一。PHP 和 MySQL 的完美结合，在做动态网站方面优势非常明显。目前学习和关注 PHP 的人越来越多，而很多 PHP 的初学者都苦于找不到一本通俗易懂、容易入门和案例实用的参考书。本书将兼顾初学者入门和学校采购的需要，满足多数想快速入门的读者，从实际学习的流程入手，抛弃繁杂的理论，以案例实操为主，同时将案例习题、扫码学习、精品幻灯片、大量项目开发实例等实用优势融入本书中。

## 本书内容

　　为满足初学者快速进入 PHP 语言的殿堂的需求，本书内容注重实战，结合流行有趣的热点案例，引领读者快速学习和掌握 PHP 程序开发技术。本书的最佳学习模式如下图所示。

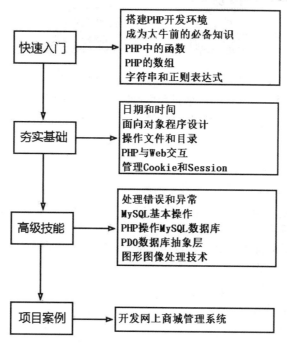

## 本书特色

　　**由浅入深，编排合理**：知识点由浅入深，结合流行有趣的热点案例，涵盖了所有 PHP 程序开发的基础知识，循序渐进地讲解了 PHP 程序开发技术。

　　**扫码学习，视频精讲**：为了让初学者快速入门并提高技能，本书提供了微视频，通过扫码，可以快速观看视频，就像一个贴身老师，解决读者学习中的困惑。同时，读者还可以通过关注公众号 codehome8，获取视频的下载地址。

**项目实战，检验技能：** 为了更好地检验学习的效果，每章都提供了实战训练。读者可以边学习，边进行实战项目训练，强化实战开发能力。通过实战训练的二维码，可以查看训练任务的解题思路和案例源码，从而提升开发技能和编程思维。

**提示技巧，积累经验：** 本书对读者在学习过程中可能会遇到的疑难问题以"大牛提醒"的形式进行说明，辅助读者轻松掌握相关知识，规避编程陷阱，从而让读者在自学的过程中少走弯路。

**超值资源，海量赠送：** 本书还赠送大量超值的资源，包括精美幻灯片、案例及项目源码、教学大纲、求职资源库、面试资源库、笔试题库和小白项目实战手册。

| 精美幻灯片 | 案例及项目源码 | 教学大纲 |

| 求职资源库 | 面试资源库 | 笔试题库 | 小白项目实战手册 |

**名师指导，学习无忧：** 读者在自学的过程中可以观看本书同步教学微视频。本书还有技术支持 QQ 群（1023600303），欢迎读者到 QQ 群获取本书的赠送资源和交流技术。

## 读者对象

本书是一本完整介绍 PHP 程序开发技术的教程，内容丰富、条理清晰、实用性强，适合以下读者学习使用：

- 零基础的编程自学者。
- 希望快速、全面掌握 PHP 程序开发的人员。
- 高等院校的教师和学生。
- 相关培训机构的教师和学生。
- 初、中级 PHP 程序开发人员。
- 参加毕业设计的学生。

## 鸣谢

本书由云尚科技 PHP 程序开发团队策划并组织编写。本书虽然倾注了众多编者的努力，但由于水平有限，书中难免有疏漏之处，敬请广大读者谅解。

编　者

# 目 录 | CONTENTS

第 1 章　搭建 PHP 开发环境 ················································································ 001

　1.1　PHP 的前世今生 ······················································································ 001

　　1.1.1　PHP的概念 ························································································ 001

　　1.1.2　PHP的发展历程 ················································································ 001

　1.2　PHP 可以做哪些事 ··················································································· 002

　1.3　PHP 有哪些优点 ······················································································ 003

　1.4　搭建 PHP 的编程环境 ··············································································· 003

　1.5　PHP 开发工具 ·························································································· 005

　　1.5.1　使用记事本 ······················································································· 005

　　1.5.2　使用PhpStorm开发工具 ······································································ 006

　1.6　第一行 PHP 代码 ····················································································· 006

　1.7　小白疑难问题解答 ···················································································· 007

　1.8　实战训练 ································································································· 007

第 2 章　成为大牛前的必备知识 ·········································································· 008

　2.1　PHP 的语法特点 ······················································································ 008

　　2.1.1　PHP的标记风格 ················································································· 008

　　2.1.2　代码注释 ·························································································· 008

　　2.1.3　编码规范 ·························································································· 009

　2.2　常量 ······································································································ 010

　　2.2.1　定义和使用常量 ················································································· 010

　　2.2.2　内置常量 ·························································································· 011

　2.3　变量 ······································································································ 012

　　2.3.1　定义和使用变量 ················································································· 012

　　2.3.2　预定义变量 ······················································································· 013

　　2.3.3　可变变量 ·························································································· 014

　　2.3.4　变量作用域 ······················································································· 015

　2.4　基本数据类型 ·························································································· 016

　　2.4.1　整型 ································································································ 016

　　2.4.2　浮点型 ····························································································· 017

　　2.4.3　布尔型 ····························································································· 017

　　2.4.4　字符串型 ·························································································· 017

2.4.5 数组型 ································································· 018

2.4.6 数据类型之间的相互转换 ········································· 019

2.5 运算符和优先级 ······················································· 021

2.5.1 算术运算符 ······················································· 021

2.5.2 比较运算符 ······················································· 022

2.5.3 字符串运算符 ···················································· 023

2.5.4 赋值运算符 ······················································· 023

2.5.5 逻辑运算符 ······················································· 024

2.5.6 按位运算符 ······················································· 024

2.5.7 运算符的优先顺序 ··············································· 025

2.6 流程控制结构 ·························································· 025

2.6.1 条件控制结构 ···················································· 026

2.6.2 循环控制结构 ···················································· 029

2.7 小白疑难问题解答 ···················································· 034

2.8 实战训练 ································································· 035

第 3 章 PHP 中的函数 ······················································· 036

3.1 PHP 的内置函数 ······················································· 036

3.2 自定义函数 ····························································· 036

3.2.1 自定义和调用函数 ··············································· 037

3.2.2 向函数传递参数值 ··············································· 037

3.2.3 向函数传递参数引用 ············································ 038

3.2.4 对函数的引用 ···················································· 038

3.2.5 对函数取消引用 ················································· 039

3.3 声明函数返回值的类型 ··············································· 039

3.4 包含文件 ································································· 040

3.4.1 require()和include() ·············································· 040

3.4.2 include_once()和require_once() ································· 041

3.5 小白疑难问题解答 ···················································· 041

3.6 实战训练 ································································· 042

第 4 章 PHP 的数组 ·························································· 043

4.1 数组的分类 ····························································· 043

4.2 数组的定义 ····························································· 043

4.2.1 直接赋值的方式定义数组 ········································ 044

4.2.2 使用array()语言结构定义数组 ··································· 044

4.2.3 多维数组的定义 ················································· 045

4.3 数组的遍历 ····························································· 046

4.3.1 使用for语句循环遍历数组 ······································ 046

4.3.2 使用foreach语句循环遍历数组 ·································· 046

4.3.3 联合使用list()、each()、while ()循环遍历数组 ··············· 047

    4.3.4  使用数组的内部指针控制函数遍历数组 ·················································· 048

4.4  数组的常用操作 ···································································································· 049

    4.4.1  输出数组 ······················································································· 049

    4.4.2  字符串与数组的转换 ········································································ 050

    4.4.3  统计数组元素个数 ··········································································· 051

    4.4.4  查询数组中指定元素 ········································································ 052

    4.4.5  获取数组中最后一个元素 ·································································· 052

    4.4.6  向数组中添加元素 ··········································································· 053

    4.4.7  删除数组中重复的元素 ····································································· 053

4.5  操作 PHP 数组需要注意的一些细节 ······································································· 054

    4.5.1  数组运算符 ···················································································· 054

    4.5.2  删除数组中的元素操作 ····································································· 055

    4.5.3  关于数组下标的注意事项 ·································································· 057

4.6  使用生成器 ········································································································· 058

    4.6.1  使用生成器迭代数据 ········································································ 058

    4.6.2  生成器与数组的区别 ········································································ 058

4.7  小白疑难问题解答 ······························································································· 060

4.8  实战训练 ············································································································ 061

**第 5 章  字符串和正则表达式** ························································································ 062

5.1  了解字符串 ········································································································· 062

5.2  字符串的运算符 ·································································································· 063

5.3  字符串的格式化 ·································································································· 063

    5.3.1  去除空格和预定义字符 ····································································· 063

    5.3.2  字符串大小写的转换 ········································································ 065

    5.3.3  与HTML标签相关的字符串格式化 ···················································· 066

5.4  字符串常用操作 ·································································································· 067

    5.4.1  转义和还原字符串数据 ····································································· 068

    5.4.2  获取字符串的长度 ··········································································· 068

    5.4.3  截取字符串 ···················································································· 069

    5.4.4  比较字符串 ···················································································· 070

    5.4.5  检索字符串 ···················································································· 072

    5.4.6  替换字符串 ···················································································· 074

    5.4.7  分隔字符串 ···················································································· 075

    5.4.8  合成字符串 ···················································································· 076

5.5  正则表达式简介 ·································································································· 076

5.6  正则表达式语法规则 ··························································································· 077

    5.6.1  行定位符 ······················································································· 077

    5.6.2  单词定界符 ···················································································· 077

    5.6.3  字符类 ·························································································· 078

　　　5.6.4　选择字符 ………………………………………………………………………… 078

　　　5.6.5　连字符 …………………………………………………………………………… 079

　　　5.6.6　排除字符 ………………………………………………………………………… 079

　　　5.6.7　限定符 …………………………………………………………………………… 079

　　　5.6.8　点号字符 ………………………………………………………………………… 080

　　　5.6.9　转义字符 ………………………………………………………………………… 080

　　　5.6.10　反斜线 …………………………………………………………………………… 080

　　　5.6.11　括号字符 ………………………………………………………………………… 080

　　　5.6.12　模式修饰符 ……………………………………………………………………… 081

　5.7　PCRE 兼容正则表达式函数 ……………………………………………………………… 081

　　　5.7.1　preg_grep()函数 …………………………………………………………………… 082

　　　5.7.2　preg_match()函数和preg_match_all()函数 ……………………………………… 082

　　　5.7.3　preg_quote()函数 ………………………………………………………………… 083

　　　5.7.4　preg_replace()函数 ……………………………………………………………… 083

　　　5.7.5　preg_replace_callback()函数 …………………………………………………… 084

　　　5.7.6　preg_split()函数 ………………………………………………………………… 084

　5.8　小白疑难问题解答 ……………………………………………………………………… 085

　5.9　实战训练 ………………………………………………………………………………… 086

第6章　日期和时间 ………………………………………………………………………………… 087

　6.1　系统时区设置 …………………………………………………………………………… 087

　　　6.1.1　时区划分 ………………………………………………………………………… 087

　　　6.1.2　时区设置 ………………………………………………………………………… 087

　6.2　PHP 日期和时间函数 …………………………………………………………………… 088

　　　6.2.1　获取本地化时间戳 ……………………………………………………………… 088

　　　6.2.2　获取当前时间戳 ………………………………………………………………… 089

　　　6.2.3　获取当前日期和时间 …………………………………………………………… 089

　　　6.2.4　获取日期信息 …………………………………………………………………… 089

　　　6.2.5　检验日期的有效性 ……………………………………………………………… 090

　　　6.2.6　输出格式化的日期和时间 ……………………………………………………… 091

　　　6.2.7　显示本地化的日期和时间 ……………………………………………………… 093

　　　6.2.8　将日期和时间解析为UNIX时间戳 …………………………………………… 096

　6.3　计算代码执行时间 ……………………………………………………………………… 096

　6.4　小白疑难问题解答 ……………………………………………………………………… 097

　6.5　实战训练 ………………………………………………………………………………… 098

第7章　面向对象程序设计 ………………………………………………………………………… 099

　7.1　认识面向对象 …………………………………………………………………………… 099

　　　7.1.1　什么是对象 ……………………………………………………………………… 099

　　　7.1.2　面向对象的特点 ………………………………………………………………… 100

　　　7.1.3　什么是类 ………………………………………………………………………… 100

7.2 如何抽象一个类 ················································· 101
　　7.2.1 类的定义 ················································· 101
　　7.2.2 成员属性 ················································· 101
　　7.2.3 成员方法 ················································· 101
7.3 通过类实例化对象 ············································· 101
　　7.3.1 实例化对象 ··············································· 102
　　7.3.2 对象中成员的访问 ········································· 102
　　7.3.3 特殊的对象引用$this ······································ 103
　　7.3.4 构造函数与析构函数 ······································· 103
7.4 封装性 ························································· 105
　　7.4.1 设置私有成员 ············································· 105
　　7.4.2 私有成员的访问 ··········································· 106
　　7.4.3 __set()、__get()、__isset()和__unset()四种方法 ··········· 106
7.5 继承性 ························································· 108
　　7.5.1 类继承的应用 ············································· 108
　　7.5.2 私有属性的继承 ··········································· 109
　　7.5.3 子类中重载父类的方法 ····································· 109
7.6 常见的关键字 ··················································· 110
　　7.6.1 final关键字 ·············································· 110
　　7.6.2 static关键字 ············································· 111
　　7.6.3 const关键字 ·············································· 112
　　7.6.4 instanceof关键字 ·········································· 113
7.7 抽象类与接口 ··················································· 114
　　7.7.1 抽象类 ··················································· 114
　　7.7.2 接口技术 ················································· 115
7.8 小白疑难问题解答 ··············································· 116
7.9 实战训练 ······················································· 116

第8章 操作文件和目录 ············································· 118
8.1 文件系统概述 ··················································· 118
　　8.1.1 文件类型 ················································· 118
　　8.1.2 文件的属性 ··············································· 119
8.2 目录的基本操作 ················································· 120
　　8.2.1 解析目录路径 ············································· 121
　　8.2.2 遍历目录 ················································· 122
　　8.2.3 统计目录大小 ············································· 123
　　8.2.4 建立和删除目录 ··········································· 124
　　8.2.5 复制目录 ················································· 124
8.3 文件的基本操作 ················································· 125
　　8.3.1 文件的打开与关闭 ········································· 125

8.3.2 写入文件 ································································ 126

8.3.3 读取文件内容 ··················································· 127

8.3.4 移动文件指针 ··················································· 129

8.3.5 文件的锁定机制 ··············································· 130

8.4 文件的上传与下载 ······················································ 131

8.4.1 文件上传 ··························································· 131

8.4.2 文件下载 ··························································· 133

8.5 小白疑难问题解答 ······················································ 134

8.6 实战训练 ········································································ 134

第 9 章 PHP 与 Web 交互 ················································· 135

9.1 Web 交互中的预定义变量 ·········································· 135

9.1.1 $_GET变量 ······················································· 135

9.1.2 $_POST变量 ····················································· 136

9.1.3 $_REQUEST变量 ············································· 136

9.2 表单与 PHP ·································································· 137

9.3 表单设计 ········································································ 137

9.3.1 表单的基本结构 ················································ 137

9.3.2 表单元素和PHP交互 ······································· 138

9.4 传递数据的两种方法 ·················································· 140

9.4.1 用POST方式传递数据 ····································· 140

9.4.2 用GET方式传递数据 ······································· 140

9.5 PHP 对 URL 传递的参数进行编码 ···························· 141

9.6 设计商品订单表页面 ·················································· 141

9.7 小白疑难问题解答 ······················································ 142

9.8 实战训练 ········································································ 143

第 10 章 管理 Cookie 和 Session ····································· 144

10.1 Cookie 管理 ································································ 144

10.1.1 了解Cookie ····················································· 144

10.1.2 创建Cookie ····················································· 145

10.1.3 读取Cookie ····················································· 146

10.1.4 删除Cookie ····················································· 146

10.1.5 Cookie的生命周期 ········································· 148

10.2 Session 管理 ······························································ 148

10.2.1 了解Session ···················································· 148

10.2.2 创建Session ···················································· 148

10.2.3 通过Session判断用户的操作权限 ··············· 150

10.3 Session 的应用 ·························································· 152

10.3.1 Session临时文件 ············································· 152

10.3.2 Session缓存 ···················································· 153

10.4　小白疑难问题解答 ································································· 153

10.5　实战训练 ················································································ 154

**第 11 章　处理错误和异常** ·························································· **155**

11.1　处理错误 ················································································ 155

　11.1.1　错误报告级别 ·································································· 155

　11.1.2　调整错误报告级别 ·························································· 156

　11.1.3　使用trigger_error()函数替代die()函数 ·························· 157

　11.1.4　自定义错误处理 ······························································ 158

11.2　处理异常 ················································································ 159

　11.2.1　异常处理实现 ·································································· 159

　11.2.2　扩展PHP内置的异常处理类 ············································ 161

　11.2.3　捕获多个异常 ·································································· 162

11.3　小白疑难问题解答 ··································································· 164

11.4　实战训练 ················································································ 165

**第 12 章　MySQL 基础操作** ························································ **166**

12.1　MySQL 概述 ·········································································· 166

12.2　启动 phpMyAdmin 管理程序 ················································· 166

12.3　MySQL 数据类型 ···································································· 167

　12.3.1　整数类型 ········································································ 168

　12.3.2　浮点数类型和定点数类型 ················································· 168

　12.3.3　日期与时间类型 ······························································ 169

　12.3.4　文本字符串类型 ······························································ 171

　12.3.5　二进制字符串类型 ···························································· 172

12.4　创建数据库和数据表 ······························································· 173

12.5　为 MySQL 管理账号加上密码 ················································· 174

12.6　MySQL 数据库的基本操作 ······················································ 176

　12.6.1　创建数据库 ····································································· 176

　12.6.2　查看数据库 ····································································· 176

　12.6.3　删除数据库 ····································································· 177

12.7　MySQL 数据表的基本操作 ······················································ 177

　12.7.1　创建数据表 ····································································· 177

　12.7.2　查看数据表 ····································································· 178

　12.7.3　修改数据表 ····································································· 179

　12.7.4　删除数据表 ····································································· 179

12.8　MySQL 语句的操作 ································································· 180

　12.8.1　插入记录 ········································································ 180

　12.8.2　查询记录 ········································································ 180

　12.8.3　修改记录 ········································································ 181

　12.8.4　删除记录 ········································································ 181

12.9　小白疑难问题解答 ···················································································· 181

12.10　实战训练 ··························································································· 182

## 第 13 章　PHP 操作 MySQL 数据库 ············································· 185

13.1　PHP 访问 MySQL 数据库的步骤 ········································· 185

13.2　PHP 操作 MySQL 数据库的方法 ········································· 185

13.2.1　使用mysqli_connect()函数连接MySQL服务器 ··············· 185

13.2.2　使用mysqli_select_db()函数选择数据库 ······················ 186

13.2.3　使用mysqli_query()函数执行SQL语句 ······················· 187

13.2.4　使用mysqli_fetch_array()函数从数组结果集中获取信息 ·········· 187

13.2.5　使用mysqli_fetch_object()函数从结果集中获取一行作为对象 ······· 188

13.2.6　使用mysqli_fetch_row()函数逐行获取结果集中的每条记录 ········· 189

13.2.7　使用mysqli_num_rows()函数获取查询结果集中的记录数 ········· 190

13.3　创建学生成绩管理系统 ··········································· 191

13.3.1　创建数据库和数据表 ········································· 191

13.3.2　创建学生成绩管理系统的主页面 ···························· 192

13.3.3　学生成绩添加功能 ·········································· 193

13.3.4　学生成绩查询功能 ·········································· 195

13.3.5　学生成绩修改功能 ·········································· 196

13.3.6　学生成绩删除功能 ·········································· 198

13.4　小白疑难问题解答 ·············································· 200

13.5　实战训练 ······················································ 201

## 第 14 章　PDO 数据库抽象层 ·················································· 202

14.1　认识 PDO ······················································ 202

14.1.1　什么是PDO ··············································· 202

14.1.2　安装PDO ················································· 203

14.2　PDO 连接数据库 ················································ 203

14.2.1　PDO构造函数 ············································· 203

14.2.2　DSN详解 ················································· 204

14.3　PDO 中执行 SQL 语句 ··········································· 205

14.3.1　exec()方法 ··············································· 205

14.3.2　query()方法 ·············································· 205

14.3.3　预处理语句——prepare()和execute()方法 ················ 206

14.4　PDO 中获取结果集 ·············································· 207

14.4.1　fetch()方法 ·············································· 207

14.4.2　fetchAll()方法 ··········································· 208

14.4.3　fetchColumn()方法 ········································ 209

14.5　PDO 中捕获 SQL 语句中的错误 ··································· 210

14.5.1　使用默认模式——PDO::ERRMODE_SILENT ················· 210

14.5.2　使用警告模式——PDO::ERRMODE_WARNING ··············· 211

14.5.3 使用异常模式——PDO::ERRMODE_EXCEPTION ·································· 212
14.6 PDO 中错误处理 ··································································· 213
14.6.1 errorCode()方法 ···························································· 213
14.6.2 errorInfo()方法 ···························································· 214
14.7 PDO 中事务处理 ··································································· 215
14.8 小白疑难问题解答 ································································· 216
14.9 实战训练 ········································································· 217

第 15 章 图形图像处理技术 ······························································ 218
15.1 PHP 中 GD 库的使用 ······························································ 218
15.1.1 画布管理 ·································································· 219
15.1.2 设置颜色 ·································································· 220
15.1.3 生成图像 ·································································· 220
15.1.4 绘制图像 ·································································· 221
15.1.5 在图像中绘制文字 ·························································· 225
15.2 添加图片水印 ····································································· 226
15.3 图片旋转 ········································································· 228
15.4 使用图像处理技术生成验证码 ······················································· 228
15.5 Jpgraph 组件的应用 ································································· 230
15.5.1 Jpgraph组件的安装 ························································ 230
15.5.2 使用柱形图统计数据 ························································ 231
15.5.3 使用折线图统计数据 ························································ 232
15.5.4 使用3D饼形图统计数据 ······················································ 233
15.6 小白疑难问题解答 ································································· 234
15.7 实战训练 ········································································· 235

第 16 章 开发网上商城管理系统 ·························································· 236
16.1 商品管理系统概述 ································································· 236
16.1.1 文件结构 ·································································· 236
16.1.2 系统功能 ·································································· 237
16.2 设计系统的数据库 ································································· 237
16.2.1 创建数据库和数据表 ························································ 237
16.2.2 数据库连接文件 ···························································· 238
16.3 开发管理员登录和修改密码功能 ····················································· 238
16.3.1 创建登录验证码 ···························································· 238
16.3.2 管理员登录页 ······························································ 239
16.3.3 管理员登录功能 ···························································· 240
16.3.4 管理员密码更改页 ·························································· 242
16.3.5 开发密码更改功能 ·························································· 243
16.4 开发商品管理页面 ································································· 244
16.4.1 商品管理页面的头部模块 ···················································· 244

16.4.2　商品管理页面的左侧模块 ···················································· 245

16.4.3　商品管理页面的右侧模块 ···················································· 246

16.5　开发商品管理功能 ···································································· 246

16.5.1　商品编辑页面 ···································································· 246

16.5.2　开发商品管理分页功能 ······················································ 248

16.5.3　商品管理中的修改页 ·························································· 249

16.5.4　商品管理中修改和删除功能的实现 ·········································· 250

16.5.5　商品添加页 ······································································ 252

16.5.6　商品添加功能的实现 ·························································· 253

16.6　开发商品查询和统计功能 ···························································· 255

16.6.1　商品查询页面 ···································································· 255

16.6.2　实现商品查询功能 ······························································ 256

16.6.3　实现商品统计 ···································································· 257

# 第1章

# 搭建 PHP 开发环境

在学习 PHP 之前，读者需要了解 PHP 的前世今生。在运行 PHP 文件之前，还需要配置 PHP 服务器。鉴于初学者经常会遇到无法搭配开发环境的问题，这里将讲述使用 WAMP 组合包，最后通过一个案例检查 Web 服务器的构建是否成功。

## 1.1　PHP 的前世今生

PHP 到底是怎样的一种语言，又是怎么发展起来的呢？本章将解决这两个疑问。

### 1.1.1　PHP 的概念

PHP 的初始全称为 Personal Home Page，现已正式更名为 Page Hypertext Preprocessor（页面超文本预处理器）。PHP 是一种 HTML 内嵌式的语言，是在服务器端执行的嵌入 HTML 文档的脚本语言，风格类似于 C 语言，被广泛用于动态网站的制作。PHP 语言借鉴了 C 和 Java 等语言的部分语法，并有自己的特性，使 Web 开发者能够快速地编写动态生成页面的脚本。对于初学者而言，PHP 的优势是可以快速入门。

与其他的编程语言相比，PHP 是将程序嵌入 HTML 文档中去执行，执行效率比完全生成 HTML 标记的方式高许多。PHP 还可以执行编译后的代码，编译可以起到加密和优化代码运行的作用，使代码运行得更快。另外，PHP 具有非常强大的功能，所有的 CGI 功能 PHP 都能实现，而且几乎支持所有流行的数据库和操作系统。最重要的是，PHP 还可以用 C、C++语言进行程序的扩展。

### 1.1.2　PHP 的发展历程

目前，市面上有很多 Web 开发语言，其中 PHP 是比较出众的一种 Web 开发语言。与其他脚本语言不同，PHP 是通过全世界免费代码开发者共同的努力才发展到今天的规模的。要想了解 PHP，首先要从它的发展历程开始。

在 1994 年，Rasmus Lerdorf 首次设计出了 PHP 程序设计语言。1995 年 6 月，Rasmus Lerdorf 在 Usenet 新闻组 comp.infosystems.www.authoring.cgi 上发布了 PHP 1.0 声明。这个早期版本提供了访客留言本、访客计数器等简单的功能。

1995 年，第 2 版 PHP 问市，定名为 PHP/FI（Form Interpreter）。在这一版本中加入了可以处理更复杂的嵌入式标签语言的解析程序，同时加入了对数据库 MySQL 的支持。自此奠定了 PHP 在动态网页开发上的影响力。自从 PHP 加入了这些强大的功能，它的使用量猛增。据初步统计，在 1996

年底，有 15 000 个 Web 网站使用了 PHP/FI；而在 1997 年中，这一数字超过了 50 000。

前两个版本的成功让 PHP 的设计者和使用者对 PHP 的未来充满了信心。在 1997 年，PHP 开发小组又加入了 Zeev Suraski 及 Andi Gutmans，他们自愿重新编写了底层的解析引擎。另外，还有很多人员也自愿加入 PHP 其他部分的工作，从此 PHP 成为真正意义上的开源项目。

1998 年 6 月，发布了 PHP 3.0。在这一版本中，PHP 可以与 Apache 服务器紧密结合。PHP 不断更新并及时加入新的功能，几乎支持所有主流与非主流数据库，而且拥有非常高的执行效率，这些优势使得 1999 年使用 PHP 的网站超过了 150 000 个。

经过 3 个版本的演化，PHP 已经变成一个非常强大的 Web 开发语言。这种语言非常易用，而且拥有一个强大的类库，类库的命名规则也十分规范，使用者即使对一些函数的功能不了解，也可以通过函数名猜出来。PHP 程序可以直接使用 HTML 编辑器处理，因此，PHP 变得非常流行，有很多大的门户网站都使用 PHP 作为自己的 Web 开发语言，例如新浪网等。

2000 年 5 月，推出了划时代的版本 PHP 4.0。PHP 4.0 使用了一种"编译—执行"的模式，其核心引擎更加优越，提供了更高的性能，还包含一些关键功能，比如支持更多的 Web 服务器、HTTP Sessions 支持、输出缓存、更安全地处理用户输入的方法以及一些新的语言结构。

2004 年 7 月，PHP 5.0 发布。该版本以 Zend 引擎 II 为引擎，并且加入了新功能，如 PHP Data Objects（PDO）。PHP 5.0 版本强化更多的功能。首先，完全实现面向对象，提供名为 PHP 兼容模式的功能。其次是 XML 功能，PHP 5.0 版本支持直观地访问 XML 数据、名为 SimpleXML 的 XML 处理界面。同时还强化了 XMLWeb 服务支持，而且标准支持 SOAP 扩展模块。数据库方面，PHP 新版本提供旨在访问 MySQL 的新接口——mysql。除此前的接口外，还可以使用面向对象界面和预处理语句（Prepared Statement）等 MySQL 的新功能。另外，PHP 5.0 上还捆绑有小容量 RDBMS-SQLite。

2015 年 6 月，PHP 7.0 发布。这是十年来的首次大改版，最大的特色是在性能上的大突破，能比前一版 PHP 5.0 快上一倍。

# 1.2  PHP 可以做哪些事

微视频

PHP 在 Web 开发方面的功能非常强大，可以完成一款服务器所能完成的工作。有了 PHP，用户可以轻松地进行 Web 开发。下面具体学习一下 PHP 的应用领域，例如生成动态网页、收集表单数据、发送或接收 Cookies 等。

PHP 主要应用于以下 3 个领域。

### 1. 服务器端脚本

PHP 最主要的应用领域是服务器端脚本。服务器端脚本运行需要具备 3 项配置：PHP 解析器、Web 浏览器和 Web 服务器。在 Web 服务器运行时，安装并配置 PHP，然后用 Web 浏览器访问 PHP 程序输出。在学习的过程中，读者只要在本机上配置 Web 服务器，即可浏览制作的 PHP 页面。

### 2. 命令行脚本

命令行脚本和服务器端脚本不同，编写的命令行脚本并不需要任何服务器或浏览器运行，在命令行脚本模式下，执行 PHP 解析器即可。这些脚本在 Windows 和 Linux 平台下是日常运行脚本，也可以用来处理简单的文本。

### 3. 编写桌面应用程序

PHP 在桌面应用程序的开发中并不常用，但是如果用户希望在客户端应用程序中使用 PHP 编写图形界面应用程序，就可以通过 PHP-GTK 编写。PHP-GTK 是 PHP 的扩展，并不包含在标准的开发包中，开发用户需要单独编译它。

通过使用 PHP，可以轻松开发动态网站、论坛、网上商城、新闻系统、博客等；轻松对数据进行加密和处理等。

# 1.3　PHP 有哪些优点

微视频

PHP 能够迅速发展并得到广大使用者喜爱的主要原因是 PHP 不仅有一般脚本所具有的功能，还有它自身的优势，具体特点如下。

- 源文件完全开放：事实上，所有的 PHP 源代码都可以获得。读者可以通过 Internet 获得需要的源代码，快速修改并利用。
- 完全免费：与其他技术相比，PHP 本身是免费的，使用 PHP 进行 Web 开发无须支付任何费用。
- 语法结构简单：PHP 结合了 C 语言和 Perl 语言的特色，编写简单，方便易懂，可以嵌入 HTML 语言中，实用性强，更适合初学者。
- 跨平台性强：由于 PHP 是运行在服务器端的脚本，因此可以运行在 UNIX、Linux 和 Windows 下。
- 效率高：PHP 消耗相当少的系统资源，并且程序开发快，运行快。
- 强大的数据库支持：支持目前所有的主流和非主流数据库，使 PHP 的应用对象非常广泛。
- 面向对象：在 PHP 中，面向对象方面有了很大的改进，现在 PHP 完全可以用来开发大型商业程序。

# 1.4　搭建 PHP 的编程环境

微视频

对于 PHP 的初学者，往往为了配置环境而茫然无措。为此，介绍一款对新手非常实用的 PHP 集成开发环境 WampServer。

WampServer 是指在 Windows 服务器上使用 Apache、MySQL、PHP 和 phpMyAdmin 的集成安装环境。WampServer 安装简单、速度较快、运行稳定，受到广大初学者的青睐。

到 WampServer 官方网站（https://www.wampserver.com/en/#download-wrapper）下载 WampServer 的安装包。根据操作系统的版本，选择对应的 X64 或 X86 版本即可，如图 1-1 所示。

图 1-1　WampServer 的下载页面

下载完成后直接双击安装文件，即可根据提示一步步安装 WampServer。安装完成后，即可进行简单的设置。

右击桌面右侧的 WampServer 服务按钮■，在弹出的下拉菜单中选择 Language 命令，然后在弹出的子菜单中选择 chinese 命令，即可更改语言为简体中文，如图 1-2 所示。

默认情况下，集成环境中的 PHP 版本为 5.6.40，这里需要修改为最新的 PHP 7.4.0 版本。单击桌面右侧的 WampServer 服务按钮■，在弹出的下拉菜单中选择 PHP 命令，然后在弹出的子菜单中选择 Version 命令，选择 PHP 的版本为 7.4.0，如图 1-3 所示。

单击桌面右侧的 WampServer 服务按钮■，在弹出的下拉菜单中选择 Localhost 命令，如图 1-4 所示。

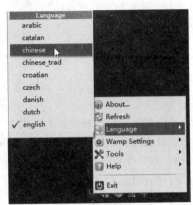

图 1-2　更改语言为简体中文

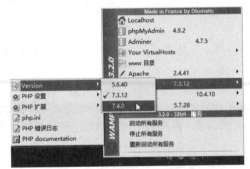

图 1-3　WampServer 服务列表

图 1-4　选择 Localhost 命令

系统自动打开浏览器，显示 PHP 配置环境的相关信息，如图 1-5 所示。

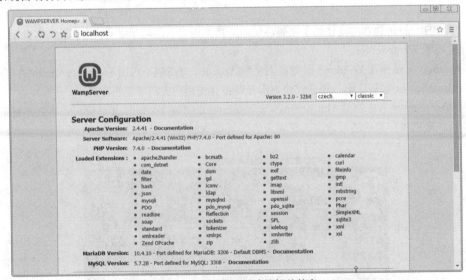

图 1-5　PHP 配置环境的相关信息

提示：用户也可以直接在浏览器的地址栏中输入 http://localhost/，按 Enter 键，即可打开 PHP 配置环境的相关信息页面。

单击桌面右侧的 WampServer 服务按钮█，在弹出的下拉菜单中选择"www 目录"命令，如图 1-6 所示。即可打开网站的根目录，也就是对应路径 http://localhost/，这里可以创建文件夹 codes，然后在该文件夹下创建 PHP 文件即可，如图 1-7 所示。

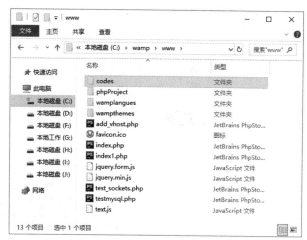

图 1-6　选择 www 目录命令　　　　　　　　　图 1-7　打开网站的根目录

# 1.5　PHP 开发工具

微视频

可以编写 PHP 代码的工具很多，每种开发工具都有各自的优势。一款合适的开发工具会让开发人员的编程过程更加有效和轻松。下面讲述两种常见的工具，记事本和 PhpStorm 的使用方法。

## 1.5.1　使用记事本

记事本是 Windows 系统自带的文本编辑工具，具备最基本的文本编辑功能，体积小巧，启动速度快，占用内存少，容易使用。

在记事本主窗口可以直接输入 PHP 代码，如图 1-8 所示。

在使用记事本编辑 PHP 文档的过程中，需要注意保存方法和技巧。在"另存为"对话框中输入文件名称，后缀名为.php，将"保存类型"设置为"所有文件"，将编码设置为 UTF-8，如图 1-9 所示。

图 1-8　记事本主窗口　　　　　　　　　　图 1-9　"另存为"对话框

### 1.5.2　使用 PhpStorm 开发工具

除了使用记事本以外，读者还可以使用专业的 PHP 开发工具。下面讲述使用 PhpStorm 为开发工具对 PHP 程序进行开发。PhpStorm 可以提高用户效率，提供智能代码补全、快速导航及即时错误检查的功能。

PhpStorm 工具的官方下载地址是 https://www.jetbrains.com/phpstorm/，在该页面中单击 Download 按钮，即可下载 PhpStorm，如图 1-10 所示。

图 1-10　PhpStorm 工具的下载页面

# 1.6　第一行 PHP 代码

微视频

下面通过一个实例讲解如何编写 PHP 程序并运行及查看效果。读者可以使用记事本，新建名称为 mycode.php 的文件，并输入以下代码。

```html
<html>
<head></head>
<body>
<h2>第一行 PHP 代码</h2>
<?php
  echo "钟鼓馔玉不足贵,但愿长醉不愿醒.<br />";
  echo "古来圣贤皆寂寞,惟有饮者留其名.";
?>
</body>
</html>
```

将文件保存在文件夹 codes 中，保存格式为.php。在浏览器的地址栏中输入 http://localhost/ codes/mycode.php，并按 Enter 键确认，运行结果如图 1-11 所示。

图 1-11　程序运行结果

# 1.7　小白疑难问题解答

**问题 1**：如何选择 PHP 开发软件？

**解答**：在 PHP 的开发过程中，很多开发工具都有对 PHP 的语法和数据进行分色表示的能力，以方便开发者编写程序。进一步的功能是要有对代码编写提示的能力，对于 PHP 的数据类型、运算符、标识、名称等都有提示功能。

那么多的开发工具，选择一款比较适合自己的即可。对于初学者而言，使用 PhpStorm 比较好，它集合了 PHP、XHTML、JavaScript、CSS 等基于 Web 开发的综合 Web 应用开发技术，随时可以学习相关的 Web 技术。

**问题 2**：作为小白，从哪里获取更多学习资源？

**解答**：通过一些学习资源，可以帮助读者找到掌握 PHP 的捷径。学习 PHP 语言，需要配备 PHP 手册。PHP 手册对 PHP 的函数进行了详细的讲解和说明，同时对 PHP 的安装与配置、语言参考、安全和特点等内容进行了介绍。在 https://www.php.net/docs.php 网站上提供了 PHP 的各种语言、格式和版本的参考手册，读者可以进行在线阅读，也可以下载。PHP 手册不仅对 PHP 函数进行了解释和说明，还提供了快速查找的方法。

# 1.8　实战训练

**实战 1**：输出"乾坤未定！你我皆是黑马！"

使用 echo 语句输出励志文字"乾坤未定！你我皆是黑马！"，效果如图 1-12 所示。

**实战 2**：打印星号字符图形。

使用 echo 语句输出星号字符图形，效果如图 1-13 所示。

图 1-12　输出励志文字

图 1-13　输出星号字符图形

# 第2章

# 成为大牛前的必备知识

在深入学习一门编程语言之前，需要先学会基本的语法和规范。经过多敲代码，亲自体验 PHP 语言的特点。本章主要讲述 PHP 的一些基本语法、常量、变量、基本数据类型和运算符等知识。

微视频

# 2.1　PHP 的语法特点

学习 PHP 开发之前，首先需要了解 PHP 程序的语法特点。

## 2.1.1　PHP 的标记风格

目前，PHP 是以<?php ?>标识符为开始和结束标记的。

### 1. 表述

在 PHP 的正常表述中，每条 PHP 语句都是以";"结尾的，这个规范就告诉 PHP 要执行此语句，例如：

```php
<?php
    echo "php 以分号表示语句的结束和执行.";
?>
```

### 2. 指令分隔符

在 PHP 代码中，每条语句后需要用分号结束命令。一段 PHP 代码中的结束标记隐含了一个分号，所以在 PHP 代码段的最后一行可以不用分号结束，例如：

```php
<?php
    echo "这是第一条语句";             //每条语句都加入分号
    echo "这是第二条语句";
    echo "这是最后一条语句"?>         //结束标记"?>"隐含了分号,这里可以省略分号
```

## 2.1.2　代码注释

PHP 中的注释有单行注释和多行注释。PHP 中单行注释以//或#开头，例如：

```php
//这是一个单行注释
echo "茅檐低小,溪上青青草.";
# 这是一个单行注释
echo "李白";
```

单行注释既可以放在代码的前一行，也可以放在代码的右侧。例如上面的代码也可以做如下注释：

```
echo "茅檐低小,溪上青青草.";      # 这是一个单行注释
```

☆**大牛提醒**☆

添加注释的主要目的是解释代码的功能和用途。注释可以出现在代码的任意位置。但是需要注意的是,注释不能分隔关键字和标识符。例如下面的注释就是错误的。

```
a= //这是一个单行注释"我最爱吃苹果"
```

☆**经验之谈**☆

在实际开发的过程中,注释除了可以解释代码的功能和用途以外,还可以用于临时注释不想被执行的代码。这个技巧在代码排错的时候,非常有用。

多行注释用/*和*/将注释括起来。

```
/*   这是多行注释,
创作团队:云尚科技
文件名称:2.11.php
功能介绍:主要实现系统安全的检查工作
*/
```

## 2.1.3　编码规范

在使用 PHP 编写代码的过程中,通常需要遵守的规范如下。

### 1. 缩进

使用制表符(Tab 键)缩进,缩进单位为 4 个空格左右。如果开发工具的种类多样,则需要在开发工具中统一设置。

### 2. 花括号

有两种花括号放置规则。

(1)将花括号放到关键字的下方,同列。

```
if (condition)
{
//代码块
}
```

(2)首括号与关键字同行,尾括号与关键字同列。

```
if (condition){
    //代码块
}
```

### 3. 关键字、圆括号、函数、运算符

(1)不要把圆括号和关键字紧贴在一起,要用空格隔开它们。

```
for (condition){              //for 和(之间有一个空格
    //代码块
}
```

(2)圆括号和函数要紧贴在一起,以便区分关键字和函数。

```
round($sum)                   //round 和(之间没有空格
```

(3)运算符与两边的变量或者表达式要有一个空格(字符连接运算符"."除外)。

```
if ($a > $b){                 //$a 和>,$b 和>之间都有一个空格
    //代码块
}
```

(4)尽量不要在 return 返回语句中使用圆括号。

```
return $a;
```

#### 4. 空白符

PHP 对空格和回车造成的新行、Tab 等留下的空白的处理也遵循编码规范。PHP 对它们都进行了忽略。这与浏览器对 HTML 语言中的空白的处理是一样的。

合理利用空白符可以增强代码的可读性和清晰性。

（1）下列情况应该总是使用两个空白行。

① 两个类的声明之间。

② 一个源文件的两个代码片段之间。

（2）下列情况应该总是使用一个空白行。

① 两个函数声明之间。

② 函数内的局部变量和函数的第一条语句之间。

③ 块注释或单行注释之前。

④ 一个函数内的两个逻辑代码段之间。

合理利用空格缩进可以提高代码的可读性。

（1）空格通常用于关键字与括号之间，但是函数名称与左括号之间不能使用空格分开。

（2）函数参数列表中的逗号后面通常会插入空格。

（3）for 语句的表达式应该用逗号分开，后面添加空格。

# 2.2　常量

微视频

在 PHP 中，常量是一旦声明就无法改变的值。本节将讲述如何声明和使用常量。

## 2.2.1　定义和使用常量

在 PHP 中，定义和使用常量的方法有两种。

#### 1. 使用 define()函数

PHP 通过 define()函数定义常量，格式如下：

```
define("常量名",常量值,是否敏感);
```

各个参数的含义如下。

（1）常量名是一个字符串，通常在 PHP 的编码规范指导下使用大写英文字母表示，比如 CLASS_NAME、MYAGE 等。常量由英文字母、下画线和数字组成，但数字不能作为首字符出现。

（2）常量值可以是很多种 PHP 的数据类型，可以是数组、对象，当然也可以是字符和数字。

（3）是否敏感是可选参数，默认值为 False，用于指定是否大小写敏感，设置为 True 表示不敏感。

常量就像变量一样存储数值，但是与变量不同的是，常量的值只能设定一次，并且无论在代码的任何位置，都不能被改动。常量声明后具有全局性，在函数内外都可以访问。

#### 2. 使用 const 关键字

使用 const 关键字也可以定义常量，例如 const A="小明"，这样就定义了一个常量 A。

虽然 define()函数和 const 关键字都可以定义常量，但是有以下几点区别要注意。

（1）const 定义的常量大小写敏感；define()函数可以通过第三个参数指定是否区分大小写，True 表示大小写不敏感，默认为 False。

（2）const 不能在函数、循环和 if 条件语句中进行定义，但 define()函数可以。

（3）const 可以在类中进行定义，但 define()函数不可以。

可以通过 defined()函数来判断一个常量是否已经被声明，语法格式如下：

```
echo defined("CONSTANT");
```

如果存在 CONSTANT 常量返回 True，否则返回 False。

【例 2-1】定义和使用常量（实例文件：源文件\ch02\2.1.php）。

```
<?php
    define("HUANY","我喜欢吃苹果");        //定义常量 HUANY
    echo HUANY.'<br />';                 //输出常量值并换行
    const A=1000;                        //使用 const 关键字定义常量 A
    echo A.'<br />';                      //输出常量值并换行
    echo defined("A");                   //判断常量 A 是否已经定义
?>
```

运行结果如图 2-1 所示。

图 2-1　定义和使用常量

## 2.2.2　内置常量

PHP 的内置常量是指 PHP 在系统建立之初就定义好的一些常量。PHP 中预定义了很多系统内置常量，这些常量可以被随时调用。下面列出一些常见的内置常量。

（1）_FILE_：这个默认常量是文件的完整路径和文件名。若引用文件（include 或 require），则在引用文件内的该常量为引用文件名，而不是引用它的文件名。

（2）_LINE_：这个默认常量是 PHP 程序行数。若引用文件（include 或 require），则在引用文件内的该常量为引用文件的行，而不是引用它的文件行。

（3）PHP_VERSION：这个内置常量是 PHP 程序的版本，如 3.0.8-dev。

（4）PHP_OS：这个内置常量是指执行 PHP 解析器的操作系统名称，如 Linux。

（5）True：这个常量是真值（True）。

（6）False：这个常量是伪值（False）。

（7）E_ERROR：这个常量指到最近的错误处。

（8）E_WARNING：这个常量指到最近的警告处。

（9）E_PARSE：这个常量指到解析语法有潜在问题处。

（10）E_NOTICE：这个常量为发生不寻常，但不一定是错误，例如存取一个不存在的变量。

（11）_DIR_：这个常量为文件所在的目录。该常量是在 PHP 5.3.0 版本中新增的。

（12）_FUNCTION_：这个常量为函数的名称。从 PHP 5.0 开始，此常量返回该函数被定义时的名字，并且区分大小写。

（13）_CLASS_：这个常量为类的名称。从 PHP 5.0 开始，此常量返回该类被定义时的名字，并且区分大小写。

下面举例说明内置常量的使用方法。

【例 2-2】使用内置常量（实例文件：源文件\ch02\2.2.php）。

```
<?php
```

```
    echo(_FILE_);              //输出文件的路径和文件名
    echo "<br />";             //输出换行
    echo(_LINE_);              //输出语句所在的行数
    echo "<br />";             //输出换行
    echo(PHP_VERSION);         //输出 PHP 的版本
    echo "<hr />";
    echo(PHP_OS);              //输出操作系统名称
?>
```

运行结果如图 2-2 所示。

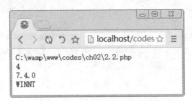

图 2-2　使用内置常量

# 2.3　变量

微视频

PHP 中变量是指在执行程序时可以变化的量。它通过一个名字（变量名）表示。

## 2.3.1　定义和使用变量

PHP 中的变量，用一个美元符号$和变量名（变量标识符）表示。

**注意**：变量名是区分大小写的。

对于变量的命名，要遵循一定的规则：由字母、数字和下画线组成，且必须以字母或下画线开头，例如下面代码：

```
$name="小明";          //正确,以字母开头
$_name="小明";         //正确,以下画线开头
$88name="小明";        //错误,以数字开头
$name@="小明";         //错误,变量名不可以包含除字母、数字和下画线以外的字符
```

变量赋值，是指给变量一个具体的数据值，对于数字和字符串的变量，可以通过"="来实现赋值。

除了直接给变量赋值以外，还有两种方式可为变量赋值，一种是变量间的赋值，即赋值后两个变量使用各自的内存，互不干扰。例如：

```
$name="小明";
$newname=$name;    //变量间的赋值
```

另一种是引用赋值，即用不同的名字访问同一变量内容，当改变其中一个变量的值时，另一个变量也跟着发生改变，引用赋值使用"&"符号来表示引用。

```
$name="小明";
$newname=&$name;   //引用赋值
```

【例 2-3】定义和使用变量（实例文件：源文件\ch02\2.3.php）。

```
<?php
$name="小明";
$name1=$name;                              //变量间的赋值
$name2=&$name;                             //引用赋值
$name="明明";                              //重新给变量$name 赋值,值为"明明"
```

```
echo "变量\$name1 的值为：".$name1."<br />";      //输出变量$name1
echo "变量\$name2 的值为：".$name2;               //输出变量$name2
?>
```

运行结果如图 2-3 所示。改变变量$name 的值，变量$name2 的值也发生变化。

**图 2-3　定义和使用变量**

☆经验之谈☆

赋值和引用的区别在于，赋值是将原来变量的值复制了一份，然后把复制的内容保存给了一个新变量，而引用则是相当于给变量另起了一个名字，可以理解为人的名字，有大名和小名，但都是指同一个人。

## 2.3.2　预定义变量

PHP 中还提供了大量的预定义变量。在 PHP 编程中，经常会遇到需要使用地址栏的信息，比如域名、访问的 URL、URL 带的参数等情况，这时就可以使用 PHP 提供的预定义变量，通过这些预定义变量便可以获取比如用户的会话、用户的操作系统环境和本地的操作系统环境等信息。常用的预定义变量如表 2-1 所示。

**表 2-1　常用的预定义变量**

| 变量的名称 | 说　　明 |
| --- | --- |
| $_SERVER['SERVER_ADDR'] | 当前运行脚本所在服务器的 IP 地址 |
| $_SERVER['SERVER_NAME'] | 当前运行脚本所在服务器的主机名。如果程序运行在虚拟主机上，该名称由虚拟主机所设置的值决定 |
| $_SERVER['REQUEST_METHOD'] | 访问页面使用的请求方法。如 GET、HEAD、POST、PUT 等，如果请求的方法是 HEAD，PHP 脚本将输出头信息后中止（这意味着在产生任何输出后，不再有输出缓冲） |
| $_SERVER['REMOTE_ADDR'] | 浏览当前页面的用户的 IP 地址 |
| $_SERVER['REMOTE_HOST'] | 浏览当前页面的用户的主机名，反向域名解析基于该用户的 REMOTE_ADDR |
| $_SERVER['REMOTE_PORT'] | 用户机器上连接到服务器所使用的端口号 |
| $_SERVER['SCRIPT_FILENAME'] | 当前执行脚本的绝对路径。注意，如果脚本在 CLI 中被执行，作为相对路径，例如 file.php 或者../file.php，$_SERVER['SCRIPT_FILENAME']将包含用户指定的相对路径 |
| $_SERVER['SERVER_PORT'] | 当前运行脚本所在的服务器的端口号，默认是 80，如果使用 SSL 安全连接，则这个值是用户设置的 HTTP 端口 |
| $_SERVER['SERVER_SIGNATURE'] | 包含服务器版本和虚拟主机名的字符串 |
| $_SERVER['DOCUMENT_ROOT'] | 当前运行脚本所在的文档根目录，在服务器配置文件中定义 |
| $_COOKIE | 通过 HTTP Cookies 方式传递给当前脚本的变量的数组。这些 Cookie 多数是在执行 PHP 脚本时通过 setCookies()函数设置的 |

续表

| 变量的名称 | 说　　明 |
|---|---|
| $_SESSION | 包含与所有会话变量有关的信息，$_SESSION 变量主要应用于会话控制和页面之间值的传递 |
| $_POST | 包含通过 POST 方法传递的参数的相关信息，主要用于获取通过 POST 方法提交的数据 |
| $_GET | 包含通过 GET 方法传递的参数的相关信息，主要用于获取通过 GET 方法提交的数据 |
| $GLOBALS | 由所有已定义全局变量组成的数组。变量名就是该数组的索引。它可以称得上是所有超级变量的超级集合 |
| $_FILES | 通过 HTTP 中 POST 方式上传到当前脚本的项目的数组 |
| $_REQUEST | 默认情况下包含$_GET、$_POST 和$_COOKIE 的数组 |
| $HTTP_RAW_POST_DATA | 原生 POST 数据 |
| $argc | 传递给脚本的参数数目 |
| $argv | 传递给脚本的参数数组 |

下面通过使用预定义变量$GLOBALS 讲解。在 PHP 中，自定义函数外部的变量是无法直接在函数中使用的，这里使用了预定义变量$GLOBALS 引用外部的变量$name。

【例 2-4】使用预定义变量（实例文件：源文件\ch02\2.4.php）。

```php
<?php
function  newgoods(){
    echo "最新商品是: $GLOBALS[name]";  //使用预定义变量$GLOBALS,并传入变量的名称
}
$name="云尚电视机";
newgoods();
?>
```

运行结果如图 2-4 所示。这里的预定义变量$GLOBALS 是一个数组，包括所有的全局变量，使用时只需传入变量的名称。

图 2-4　使用预定义变量

## 2.3.3　可变变量

可变变量是指一个变量可以动态地改变变量名称，也就是可变变量的名称由另一个变量的值来确定。可变变量的格式是在变量的前面再加上一个$符号。

【例 2-5】使用可变变量（实例文件：源文件\ch02\2.5.php）。

```php
<?php
$a = "b";                           //定义变量$a 并赋值
$b = "洗衣机";                       //定义变量$b 并赋值
echo $a."<br />";                   //输出变量$a
echo $$a."<br />";                  //通过可变变量输出变量$b 的值
$b = "空调";                         //重新给变量$b 赋值
echo $$a;                           //通过可变变量输出变量$b 的值
?>
```

运行结果如图 2-5 所示。可变变量$$a 和普通变量$b 输出的结果是一样的结果，原因就是可变变量$$a 获取了普通变量$a 的值 b 作为自己的变量名称，等价于$（$a 的值），也就是变量$b。

**图 2-5　可变变量**

## 2.3.4　变量作用域

所谓变量作用域，是指特定变量在代码中可以被访问到的位置。PHP 中变量作用域分别为：局部作用域、全局作用域和静态作用域。

**1. 局部作用域和全局作用域**

（1）局部作用域：在 PHP 函数内部定义的变量是局部变量，仅能在函数内部访问。

（2）全局作用域：在所有函数外部定义的变量，拥有全局作用域。除了函数外，全局变量可以被脚本中的任何部分访问，要在一个函数中访问一个全局变量，需要使用 global 关键字。global 关键字用于函数内访问全局变量，也就是在函数内调用函数外定义的全局变量，需要在函数中的变量前加上 global 关键字。

**【例 2-6】**局部作用域和全局作用域（实例文件：源文件\ch02\2.6.php）。

```php
<?php
$a="苹果";                              //全局变量
function myfruit(){
    $b="香蕉";                          //局部变量
    echo "变量$a 的值是: ".$a ."<br />";    //在函数内部不能直接输出全局变量$a
    echo "变量$b 的值是: ".$b. "<br />";    //在函数内部输出局部变量$b
    global $a;
    echo "变量a为:" .$a ."<br />";         //使用关键字 global 后输出全局变量$a
}
myfruit();
echo "变量 a 为: ".$a."<br />";          //在函数外部输出全局变量$a
echo "变量 b 为: ".$b;                  //在函数外部不能直接输出局部变量$b
?>
```

运行结果如图 2-6 所示。

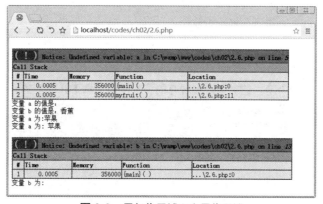

**图 2-6　局部作用域和全局作用域**

**2. 静态作用域**

在函数退出时，一般局部变量及相应的值就会被清除。如果希望某个局部变量不被清除，在第一次定义该变量时使用 static 关键字，这样就把该变量定义成了静态变量。函数被执行后，其静态变量的值保留，下一次再执行此函数，这个值还可以调用。

**【例 2-7】**静态作用域（实例文件：源文件\ch02\2.7.php）。

```php
<?php
function showgoods(){
    static $goods = 100;                         //定义静态变量
    $goods = $goods+100;                         //定义静态变量值加 100
    echo '目前商品的销售量为 '.$goods.' 台.<br />';   //输出静态变量的值
}
showgoods();
showgoods();
showgoods();
?>
```

运行结果如图 2-7 所示。showgoods()函数被执行 3 次，这个过程中 static $goods 的运算后的值得以保留。

图 2-7　静态作用域

微视频

# 2.4　基本数据类型

PHP 中的变量类型不多，常见的包括整型、浮点型、布尔型、字符串型和数组型。不同的数据类型其实就是所存储数据的不同种类。各个类型的含义如下：

（1）整型（integer）：用来存储整数。

（2）浮点型（float）：用来存储实数。

（3）布尔型（boolean）：用来存储真（True）或假（False）。

（4）字符串型（string）：用来存储字符串。

（5）数组型（array）：用来存储一组数据。

## 2.4.1　整型

整型是数据类型中最为基本的类型。在现有的 32 位运算器下，整型的取值是从-2 147 483 648 到+2 147 483 647。整型可以表示为二进制、八进制、十进制和十六进制。

要使用二进制表达，数字前必须加上 0b；要使用八进制表达，数字前必须加上 0；要使用十六进制表达，数字前必须加上 0x。

例如：

```php
<?php
$a = 100;              //十进制数
$b = -1000;            //负数
$c = 0101;             //八进制数（等于十进制 65）
```

```
$d = 0x8A;              //十六进制数（等于十进制 138）
$e = 0b10101010;        //二进制数字（等于十进制 170）
?>
```

## 2.4.2　浮点型

浮点型用于表示实数。在大多数运行平台下，这个数据类型的大小为 8 字节。它的近似取值范围是 2.2E–308～1.8E+308（科学记数法）。

例如：

```
-1.432
1E+07
0.0
```

## 2.4.3　布尔型

布尔型只有两个值，就是 True 和 False。布尔型是十分有用的数据类型，通过它，程序实现了逻辑判断的功能。

其他的数据类型基本都有布尔属性。

（1）整型：为 0 时，其布尔属性为 False；为非 0 值时，其布尔属性为 True。

（2）浮点型：为 0.0 时，其布尔属性为 False；为非 0 值时，其布尔属性为 True。

（3）字符串型：为空字符串“”或者零字符串“0”时，其布尔属性为 False；包含除此以外的字符串时其布尔属性为 True。

（4）数组型：若不包含任何元素，其布尔属性为 False；只要包含元素，则其布尔属性为 True。

（5）对象型和资源型：其布尔属性永远为 True。

（6）NULL 型：其布尔属性永远为 False。

## 2.4.4　字符串型

字符串是连续的字符序列，由数字、字母和符号组成。在 PHP 中，字符串中的每个字符只占用一字节。有三种定义字符串的方式：单引号“'”、双引号“"”和定界符<<<。

通常使用单引号和双引号来定义字符串，两者的不同之处在于，双引号中包含的变量会自动被替换成相应的值，而单引号中包含的变量则按普通的字符串输出。

还有单引号和双引号嵌套时的不同，双引号当中包含单引号，单引号当中又包含变量时，变量会被解析，单引号会被原样输出；单引号当中包含双引号，双引号当中又包含变量时，变量不会被解析，双引号会被原样输出。

【例 2-8】使用字符串型数据（实例文件：源文件\ch02\2.8.php）。

```
<?php
$s1="苹果";               //使用双引号定义字符串
$s2='香蕉';               //使用单引号定义字符串
echo $s1."<br />";        //输出字符串$s1
echo $s2."<br />";        //输出字符串$s2
echo "$s1"."<br />";      //双引号中包含变量名
echo '$s2'."<br />";      //单引号中包含变量名
echo "'$s1' "."<br />";   //双引号中包含单引号
echo '"$s1"';             //单引号中包含双引号
?>
```

运行结果如图 2-8 所示。

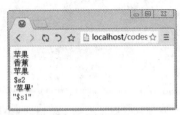

图 2-8　字符串型的应用

单引号和双引号之间的另一处不同点是对转义字符的使用，双引号可以解析除单引号以外所有的转义字符，单引号只能解析"\"和本身的转义"\'"。常见的转义字符如表 2-2 所示。

表 2-2　转义字符

| 转 义 字 符 | 输 出 结 果 |
| --- | --- |
| \n | 换行 |
| \r | 回车 |
| \t | 水平制表符 |
| \\ | 反斜杠 |
| \$ | 美元符号 |
| \' | 单引号 |
| \" | 双引号 |

【例 2-9】单引号和双引号中转义字符的区别（实例文件：源文件\ch02\2.9.php）。

```php
<?php
echo "\"","<br />";                //输出双引号
echo "\'","<br />";                //输出\'
echo '\'',"<br />";                //输出单引号
echo '\"',"<br />";                //输出\"
echo '\$',"<br />";                //输出\$
echo "\$";                         //输出$
?>
```

运行结果如图 2-9 所示。

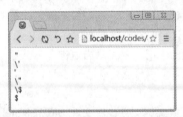

图 2-9　单引号和双引号中转义字符的区别

☆大牛提醒☆

在不同的系统中转义字符的作用不一定相同，例如在 Windows 下的回车符或换行符可以使用"\r"或"\n"，而在 Linux 中这两个转义字符就有区别了，"\r"表示光标回到行首，但仍在本行；"\n"表示换到下一行，不会回到行首。

## 2.4.5　数组型

数组是 PHP 变量的集合，是按照"键名"与"值"的对应关系组织数据的。数组的键名既可以

是整数，也可以是字符串。另外，数组不特意表明键名的默认情况下，数组元素的键名为从零开始的整数。

在 PHP 中，使用 list()函数或 array()函数来创建数组，也可以直接进行赋值。

下面使用 array()函数创建数组。

【例 2-10】创建和输出数组（实例文件：源文件\ch02\2.10.php）。

```php
<?php
$arr=array                          //定义数组并赋值
(
    0=>1000,
    1=>88.88,
    2=>"古来圣贤皆寂寞",
);
foreach($arr as $value) {           //使用 foreach()方法输出数组内容
    echo $value."<br />";
}
for ($i=0;$i<3;$i++)                //使用 for 循环输出数组内容
{
    echo $arr[$i]."<br />";
}
?>
```

运行结果如图 2-10 所示。

图 2-10　创建和输出数组

## 2.4.6　数据类型之间的相互转换

数据从一种类型转换到另一种类型，就是数据类型转换。PHP 虽然是弱类型语言，但有时也需要用到类型转换。PHP 数据类型的转换主要有以下 3 种方式。

### 1. 用转换符进行数据转换

这种方法只需在变量前面加上用括号括起来的类型名称，允许转换的类型如表 2-3 所示。

表 2-3　允许转换的类型

| 转　换　符 | 转　换　类　型 | 示　　例 |
| --- | --- | --- |
| (boolean) | 转换成布尔型 | (boolean)$str |
| (string) | 转换成字符串型 | (string)$num |
| (integer) | 转换成整型 | (integer)$str |
| (float) | 转换成浮点型 | (float)$str |
| (array) | 转换成数组型 | (array)$str |
| (object) | 转换成对象型 | (object)$str |

【例 2-11】用转换符进行数据转换（实例文件：源文件\ch02\2.11.php）。

```php
<?php
$s1="8.88abc";                          //定义变量$s1,赋值为 8.88abc
$int=(integer)$s1;                      //把变量$s1 转换为整型
$float=(float)$s1;                      //把变量$s1 转换为浮点型
$array=(array)$s1;                      //把变量$s1 转换为数组型
echo var_dump($int)."<br />";           //输出变量$int 的类型以及值
echo var_dump($float)."<br />";         //输出变量$float 的类型以及值
print_r($array);                        //输出变量$array 的类型以及元素
?>
```

运行结果如图 2-11 所示。

图 2-11　在变量之前加上目标类型来转换

提示：print_r()函数相较于前面介绍的 print()函数来说，可以打印出复杂类型变量的值，例如数组和对象。

### 2. 使用转换函数进行数据转换

intval()函数用于转换为整型，floatval()函数用于转换为浮点型，strval()函数用于转换为字符串型。

【例 2-12】使用转换函数进行数据转换（实例文件：源文件\ch02\2.12.php）。

```php
<?php
$s1="8.88abc";                          //定义变量$s1,赋值为 8.88abc
$int=intval($s1);                       //把变量$1 转换为整型
$float=floatval($s1);                   //把变量$s1 转换为浮点型
$s2=strval($float);                     //把变量$float 转换为字符串型
echo var_dump($int)."<br />";           //输出变量$int 的类型以及值
echo var_dump($float)."<br />";         //输出变量$float 的类型以及值
echo var_dump($s2);                     //输出变量$s2 的类型以及元素
?>
```

运行结果如图 2-12 所示。

图 2-12　使用函数转换数据类型

### 3. 使用 settype()函数进行数据类型转换

settype()函数用于设置变量的数据类型。语法格式如下：

```
settype ( mixed $var , string type )
```

其实就是设置变量$var 的类型为 type，type 可以取前面章节中所讲的数据类型，例如整型、浮点型、字符串型等。

【例 2-13】使用 settype()函数进行数据类型转换（实例文件：源文件\ch02\2.13.php）。

```php
<?php
$str1="8.88abc";                        //定义变量$str1
```

```
$str2="8.88abc";                    //定义变量$str2
$str3="8.88abc";                    //定义变量$str3
setType($str1,"integer");           //设置变量$str1 的类型为整型
setType($str2,"float");             //设置变量$str2 的类型为浮点型
setType($str3,"array");             //设置变量$str3 的类型为数组型
echo var_dump($str1)."<br />";      //输出变量$str1 的类型以及值
echo var_dump($str2)."<br />";      //输出变量$str2 的类型以及值
print_r($str3);                     //输出变量$str3 的类型以及元素
?>
```

运行结果如图 2-13 所示。

**图 2-13　settype()函数设置变量的数据类型**

**注意**：在数据类型转换时要注意一下内容：在转换为布尔型时，NULL、0 和未赋值的变量或数组都会被转换为 False，其他的为 True。在转换为整型时，布尔型的 False 转换为 0，True 转换为 1；浮点型的小数部分被舍去；字符串型如果以数字开头就截取到非数字的位置，如果以非数字开头，则输出 0。

# 2.5　运算符和优先级

微视频

在 PHP 语言中，支持的运算符包括算术运算符、比较运算符、赋值运算符、逻辑运算符、按位运算符、成员运算符和身份运算符。

## 2.5.1　算术运算符

PHP 语言中常见的算术运算符如表 2-4 所示。

**表 2-4　算术运算符**

| 算数运算符 | 含　义 | 示　例 |
|:---:|:---|:---:|
| + | 加，两个对象相加 | 1+2=3 |
| − | 减，得到负数或一个数减去另一个数 | 3-2=1 |
| * | 乘，两个数相乘或返回一个被重复若干次的字符串 | 2*3=6 |
| / | 除，返回两个数相除的结果，得到浮点数 | 4/2=2.0 |
| % | 取模，返回除法的余数 | 21%10=1 |
| ++ | 递增运算 | ++3=4 |
| −− | 递减运算 | −−3=2 |

**【例 2-14】**计算部门的销售业绩差距和平均值（实例文件：源文件\ch02\2.14.php）。

这里首先定义 2 个变量，用于存储各部门的销售额，然后使用减法计算销售业绩差距，最后应用加法和除法计算平均值。

```php
<?php
$branch1=760000;
$branch2=540000;
$sub = ($branch1- $branch2);
$avg = ($branch1+ $branch2)/2;
echo "部门1和部门2的销售业绩差距是: ".$sub." <br />";
echo "两个部门销售业绩的平均值是: ".$avg".;
?>
```

运行结果如图 2-14 所示。

图 2-14　使用算术运算符

## 2.5.2　比较运算符

比较运算符用来比较两端数据值的大小。比较运算符的具体含义如表 2-5 所示。

表 2-5　比较运算符的含义

| 比较运算符 | 含　义 | 比较运算符 | 含　义 |
|---|---|---|---|
| == | 相等 | >= | 大于或等于 |
| != | 不相等 | <= | 小于或等于 |
| > | 大于 | === | 精确等于（类型也要相同） |
| < | 小于 | !== | 不精确等于 |

其中，"==="和"!=="需要特别注意。$b===$c 表示$b 和$c 不只是数值上相等，而且两者的类型也一样；$b!==$c 表示$b 和$c 有可能是数值不相等，也可能是类型不同。

【例 2-15】使用比较运算符（实例文件：源文件\ch02\2.15.php）。

```php
<?php
$branch1=760000;                          //定义变量,存储部门1的销售额
$branch2=540000;                          //定义变量,存储部门2的销售额
echo "部门1的销售业绩是: ".$branch1."<br />";
echo "部门2的销售业绩是: ".$branch2."<br />";
$a = ($branch1 == $branch2);
$b = ($branch1 != $branch2);
$c = ($branch1 > $branch2);
$d = ($branch1 < $branch2);
echo "部门1==部门2的结果是: ";
echo var_export($a)."<br />";             //等于操作
echo "部门1!=部门2的结果是: ";
echo var_export($b)."<br />";             //不等于操作
echo "部门1>部门2的结果是: ";
echo var_export($c)."<br />";             //大于操作
echo "部门1<部门2的结果是: ";
echo var_export($d);                      //小于操作
?>
```

运行结果如图 2-15 所示。

图 2-15　使用比较运算符

## 2.5.3　字符串运算符

字符串运算符是把两个字符串连接起来变成一个字符串的运算符，使用.来完成。如果变量是整型或浮点型，PHP 也会自动把它们转换为字符串输出。

【例 2-16】使用字符串运算符（实例文件：源文件\ch02\2.16.php）。

```php
<?php
$a = "今日采购";                    //定义字符串变量
$b = 1000;
echo $a."苹果".$b."吨.";            //把字符串连接后输出
?>
```

运行结果如图 2-16 所示。

图 2-16　使用字符串运算符

## 2.5.4　赋值运算符

赋值运算符的作用是把一定的数据值加载给特定变量。

赋值运算符的具体含义如表 2-6 所示。

表 2-6　赋值运算符的含义

| 赋值运算符 | 含　　义 |
| --- | --- |
| = | 将右边的值赋给左边的变量 |
| += | 将左边的值加上右边的值赋给左边的变量 |
| -= | 将左边的值减去右边的值赋给左边的变量 |
| *= | 将左边的值乘以右边的值赋给左边的变量 |
| /= | 将左边的值除以右边的值赋给左边的变量 |
| .= | 将左边的字符串连接到右边 |
| %= | 将左边的值对右边的值取余数赋给左边的变量 |

例如，$a-=$b 等价于$a=$a-$b，其他赋值运算符与之类似。从表 2-6 可以看出，赋值运算符可以使程序更加简练，从而提高执行效率。

### 2.5.5 逻辑运算符

编程语言最重要的功能之一就是进行逻辑判断和运算。逻辑与、逻辑或、逻辑否都是逻辑运算符。逻辑运算符的含义如表 2-7 所示。

表 2-7 逻辑运算符的含义

| 逻辑运算符 | 含 义 | 逻辑运算符 | 含 义 |
|---|---|---|---|
| && | 逻辑与 | ! | 逻辑否 |
| AND | 逻辑与 | NOT | 逻辑否 |
| ‖ | 逻辑或 | XOR | 逻辑异或 |
| OR | 逻辑或 | | |

【例 2-17】验证军队的夜间口令和编号（实例文件：源文件\ch02\2.17.php）。

```php
<?php
$password= "鸡肋";
$number= 1002;
if ($password=="鸡肋" and ($number==1002 or $number==1006)){
    echo "恭喜你,口令正确! ";
}
else{
    echo"对不起,口令错误! ";
}
?>
```

运行结果如图 2-17 所示。

图 2-17 使用逻辑运算符

### 2.5.6 按位运算符

按位运算符是把整数按照"位"的单位进行处理。按位运算符的含义如表 2-8 所示。

表 2-8 按位运算符的含义

| 按位运算符 | 名 称 | 含 义 |
|---|---|---|
| & | 按位和 | 例如，$a&$b，表示对应位数都为 1，结果该位为 1 |
| | | 按位或 | 例如，$a|$b，表示对应位数有一个为 1，结果该位为 1 |
| ^ | 按位异或 | 例如，$a^$b，表示对应位数不同，结果该位为 1 |
| ~ | 按位取反 | 例如，~$b，表示对应位数为 0 的改为 1，为 1 的改为 0 |
| << | 左移 | 例如，$a<<$b，表示将$a 在内存中的二进制数据向左移动$b 位数，右边移空补 0 |
| >> | 右移 | 例如，$a>>$b，表示将$a 在内存中的二进制数据向右移动$b 位数，左边移空补 0 |

【例 2-18】使用按位运算符（实例文件：源文件\ch02\2.18.php）。

```php
<?php
```

```
$a = 9;                                    //9 的二进制代码是 1001
$b = 5;                                    //5 的二进制代码是 0101
echo '$a & $b = ' . ($a & $b) . '<br />';  //运算结果为二进制代码 0001,即 1
echo '$a | $b = ' . ($a | $b) . '<br />';  //运算结果为二进制代码 1101,即 13
echo '$a ^ $b = ' . ($a ^ $b) ;            //运算结果为二进制代码 1100,即 12
?>
```

运行结果如图 2-18 所示。

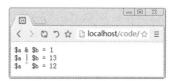

图 2-18　使用按位运算符

## 2.5.7　运算符的优先顺序

运算符的优先顺序，是指在表达式运算时哪个运算符先执行。例如常说的先执行乘除运算，再执行加减运算。

在 PHP 中，运算符应该遵循：优先级高的运算先执行，优先级低的运算后执行，相同优先级的运算按照从左到右的顺序进行。也可以使用圆括号来强制改变运算符的优先级，圆括号内的运算先执行。PHP 中运算符的优先级如表 2-9 所示。

表 2-9　运算符的优先级

| 优 先 级 | 运 算 符 | 说 明 |
|---|---|---|
| 1 | ++, -- | 递增、递减运算符 |
| 2 | ! | 逻辑运算符 |
| 3 | *, /, % | 算术运算符 |
| 4 | +, - | 算术运算符 |
| 5 | <<, >> | 按位运算符 |
| 6 | <=, >=, <, > | 比较运算符 |
| 7 | ==, !=, ===, !== | 比较运算符 |
| 8 | &, |, ^ | 按位运算符 |
| 9 | &&, || | 逻辑运算符 |
| 10 | ? : | 三元运算符 |
| 11 | =, +=, -=, *=, /=, .=, % | 赋值运算符 |
| 12 | AND, XOR, OR | 逻辑运算符 |

可以发现运算符是比较多的，无须刻意去记住它们，如果写的表达式很复杂，而且包含很多运算符的话，可以多使用括号设置运算的顺序，这样也会减少出错的概率。

# 2.6　流程控制结构

微视频

流程控制也叫控制结构，在一个应用中用来定义执行程序流程。它决定了某个程序段是否会被执行和执行的次数。

PHP 中的控制语句分为 3 类：顺序控制语句、条件控制语句和循环控制语句。其中，顺序控制语句是从上到下依次执行的，这种结构没有分支和循环，是 PHP 程序中最简单的结构。下面主要讲述条件控制语句和循环控制语句。

## 2.6.1 条件控制结构

条件控制语句中包含两个主要的语句，一个是 if 语句，另一个是 switch 语句。

### 1. 单一条件分支结构（if 语句）

if 语句是最为常见的条件控制语句，它的语法格式如下：

```
if (条件判断语句){
    命令执行语句;
}
```

这种形式只是对一个条件进行判断。如果条件成立，就执行命令语句，否则不执行。

if 语句的流程控制图如图 2-19 所示。

【例 2-19】判断随机数是否是奇数（实例文件：源文件\ch02\2.19.php）。

```php
<?php
$num = rand(1,100);                    //使用 rand()函数生成一个随机数
if ($num % 2 != 0){                    //判断变量$num 是否为奇数
    echo "\$num = $num";               //如果为奇数,输出表达式和说明文字
    echo "<br />$num 是奇数.";
}
?>
```

运行结果如图 2-20 所示。

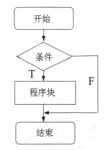

图 2-19　if 语句流程控制图

图 2-20　if 语句

### 2. 双向条件分支结构（if…else 语句）

如果是非此即彼的条件判断，可以使用 if…else 语句。它的语法格式如下：

```
if (条件判断语句){
    命令执行语句 A;
}else{
    命令执行语句 B;
}
```

这种结构形式首先判断条件是否为真，如果为真，就执行命令语句 A，否则执行命令语句 B。

if…else 语句的流程控制图如图 2-21 所示。

【例 2-20】判断随机数是奇数还是偶数（实例文件：源文件\ch02\2.20.php）。

```php
<?php
$num = rand(0,100);                    //使用 rand()函数生成一个随机数
if ($num % 2 ==0){                     //判断$num 是否为偶数
    echo "\$num=$num";                 //如果是偶数,输出$num 的值和说明文字
```

```
    echo '<br>$num 是偶数';
}else{
    echo "\$num=$num";            //如果是奇数,输出$num的值和说明文字
    echo '<br>$num 是奇数';
}
?>
```

运行结果如图 2-22 所示。

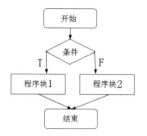

图 2-21　if…else 语句流程控制图

图 2-22　if…else 语句

### 3. 多向条件分支结构（elseif 语句）

在条件控制结构中，有时会出现多种选择，此时可以使用 elseif 语句。它的语法格式如下：

```
if (条件判断语句){
        命令执行语句;
}elseif (条件判断语句){
        命令执行语句;
}…
 else{
        命令执行语句;
}…
```

elseif 语句的流程控制图如图 2-23 所示。

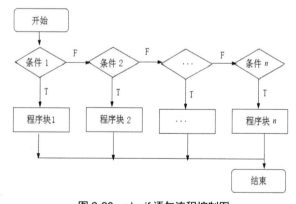

图 2-23　elseif 语句流程控制图

【例 2-21】判断成绩的等级（实例文件：源文件\ch02\2.21.php）。

```
<?php
$score = 75;                          //设置成绩变量$score
if ($score >= 0 and $score <= 60){    //判断成绩变量是否为 0~60
    echo "你的成绩为差";              //如果是,说明成绩为差
}
elseif ($score > 60 and $score <= 80){  //否则判断成绩变量是否为 61~80
    echo "你的成绩为中等";            //如果是,说明成绩为中等
}else{                                //如果两个判断都是 False,则输出默认值
    echo "你的成绩为优等";            //说明成绩为优等
```

```
}
?>
```

运行结果如图 2-24 所示。

图 2-24　elseif 语句

### 4. 多向条件分支结构（switch 语句）

switch 语句的结构给出不同情况下可能执行的程序块，条件满足哪个程序块，就执行哪条语句。它的语法格式如下：

```
switch （条件判断语句）{
    case 可能判断结果 a:
        命令执行语句;
break;
    case 可能判断结果 b:
        命令执行语句;
break;
        …
    default:
        命令执行语句;
}
```

其中，若"条件判断语句"的结果符合某个"可能判断结果"，就执行其对应的"命令执行语句"。如果都不符合，则执行 default 对应的默认项的"命令执行语句"。

switch 语句的流程控制图如图 2-25 所示。

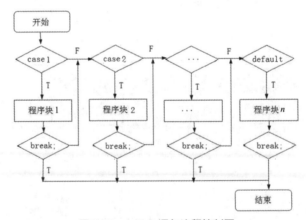

图 2-25　switch 语句流程控制图

【例 2-22】使用 switch 语句（实例文件：源文件\ch02\2.22.php）。

```php
<?php
$fruit="苹果";                          //设置变量$fruit 的值
switch ($fruit) {                       //获取变量$fruit 的值
    case "香蕉":                        //判断$fruit 的值是否为香蕉
        echo "你喜欢的水果是香蕉!";      //若是则执行该语句
        break;                          //跳出 switch 语句
    case "橘子":
        echo "你喜欢的水果是橘子!";
        break;
```

```
    case "苹果":
        echo "你喜欢的水果是苹果！";
        break;
    default:                        //若没有相符的 case，默认执行 default 中的内容
        echo "你不喜欢香蕉、橘子和苹果！";
}
?>
```

运行结果如图 2-26 所示。首先定义一个变量$fruit，值为"苹果"，把$fruit 传入 switch 语句中，然后进行匹配，若匹配到则执行相应代码，若匹配不到则执行 default。

图 2-26　switch 语句

☆**大牛提醒**☆

switch 语句与 elseif 语句都可以进行多重选择，但是在不同的情况下运行的效率是不一样的。当被判断的值为常量（固定不变的值）时，switch 语句的运行效率高于 elseif 语句；当被判断的值为变量时，elseif 语句的运行效率高于 switch 语句。

## 2.6.2　循环控制结构

循环控制语句主要包括 3 种，即 while 循环、do…while 循环和 for 循环。while 循环在代码运行的开始检查表述的真假；而 do…while 循环则在代码运行的末尾检查表述的真假，即 do…while 循环至少要运行一遍。

### 1. while 循环语句

while 循环的结构如下：

```
while （条件判断语句）{
    命令执行语句；
}
```

其中，当"条件判断语句"为真时，执行后面的"命令执行语句"，然后返回条件表达式继续进行判断，直到表达式的值为假才能跳出循环，执行后面的语句。

while 循环语句的流程控制图如图 2-27 所示。

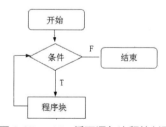

图 2-27　while 循环语句流程控制图

【例 2-23】循环输出 30 以内的偶数（实例文件：源文件\ch02\2.23.php）。

```
<?php
$num = 0;                      //定义变量$num
$str = "30 以内的偶数为： ";   //定义变量$str
while ($num <=30){             //判断$num 是否小于或等于 30
    if ($num % 2 == 0){        //判断$num 是否为偶数，为偶数则输出，否则做加一操作
```

```
        $str .= $num." ";
    }
    $num++;
}
echo $str;
?>
```

运行结果如图 2-28 所示。

**图 2-28　while 循环语句**

本实例主要实现 30 以内的偶数输出。从 0～30 依次判断是否为偶数，如果是，则输出；如果不是，则继续下一次的循环。

### 2. do…while 循环语句

do…while 循环的结构如下：

```
do{
    命令执行语句；
}while（条件判断语句）
```

先执行 do 后面的"命令执行语句"，其中的变量会随着命令的执行发生变化。当此变量通过 while 后的"条件判断语句"判断为假时，停止执行"命令执行语句"。

do…while 循环语句的流程控制图如图 2-29 所示。

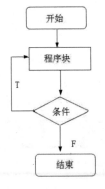

**图 2-29　do…while 循环语句流程控制图**

【例 2-24】使用 do…while 循环语句（实例文件：源文件\ch02\2.24.php）。

```
<?php
$i=1;
do {
    $i++;
    echo "<br />循环输出: $i";        //如果条件成立输出$i的值
}
while ($i<=10);                       //判断变量$i是否小于或等于10
?>
```

运行结果如图 2-30 所示。在 do…while 循环语句的实例中，首先设置变量$i 的值为 1。然后开始 do…while 循环，将变量$i 的值递增 1，然后输出，接下来检查条件$i 是否小于或等于 10，如果 $i 满足条件，循环继续进行。

### 3. for 循环语句

for 循环的结构如下：

```
for (expr1;expr2;expr3)
{
    命令执行语句
}
```

其中 expr1 为条件的初始值，expr2 为判断的最终值，通常都使用比较表达式或逻辑表达式充当判断的条件，执行完命令执行语句后，再执行 expr3。

for 循环语句的流程控制图如图 2-31 所示。

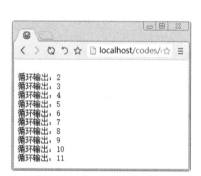

图 2-30　do···while 循环语句

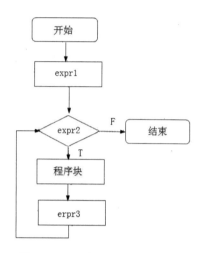

图 2-31　for 循环语句流程控制图

【例 2-25】使用 for 循环语句输出九九乘法表（实例文件：源文件\ch02\2.25.php）。

```php
<?php
for ($i = 1; $i < 10; $i++) {
    for ($j = 1; $j < 10; $j++) {
        echo "{$j}×{$i}=" . $i * $j . " ";
        if ($i == $j) {
            break;
        }
    }
    echo "<br />";
}
?>
```

运行结果如图 2-32 所示。

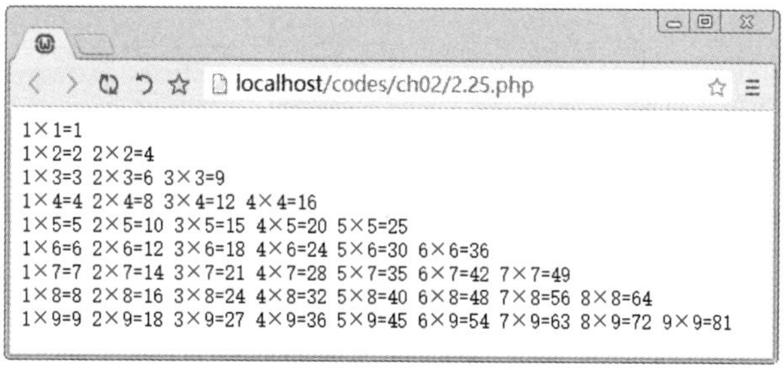

图 2-32　for 循环语句

### 4. foreach 循环语句

foreach 语句是一种常用的循环语句，经常被用来遍历数组元素。它的格式如下：

```
foreach（数组 as 数组元素）{
    对数组元素的操作命令;
}
```

可以根据数组的情况分为两种，即不包含键值的数组和包含键值的数组。

不包含键值的如下：

```
foreach（数组 as 数组元素值）{
    对数组元素的操作命令;
}
```

包含键值的如下：

```
foreach（数组 as 键值 => 数组元素值）{
    对数组元素的操作命令;
}
```

每进行一次循环，当前数组元素的值就会被赋值给数组元素值变量，数组指针会逐一移动，直到遍历结束。

【例 2-26】输出商品数组信息（实例文件：源文件\ch02\2.26.php）。

```php
<?php
$name=array ("1"=>"洗衣机","2"=>"电冰箱","3"=>"空调");
$price=array ("1"=>"6800 元","2"=>"3900 元","3"=>"5800 元");
$city=array ("1"=>"北京","2"=>"上海","3"=>"广州");
$num=array ("1"=>"1800 台","2"=>"2800 台","3"=>"2000 台");
echo '<table border="1" cellpadding="5" cellspacing="1">
    <tr bgcolor="#e6e6fa">
        <td rowspan="5">商品信息统计表</td>
        <td>名称</td>
        <td>价格</td>
        <td>产地</td>
        <td>销量</td>
    </tr>';
    foreach ($name as $key=>$value){            //以$name 数组做循环,输出键和值
        echo "<tr>
                <td>".$name[$key]."</td>
                <td>".$price[$key]."</td>
                <td>".$city[$key]."</td>
                <td>".$num[$key]."</td>
            </tr>";
    }
echo '</table>';
?>
```

运行结果如图 2-33 所示。

图 2-33　foreach 循环语句

### 5. 流程控制的另一种书写格式

在一条含有多条件、多循环的语句中，包含多个 ｛ ｝，查看起来比较烦琐。流程控制语言的另一种书写方式是以: 来代替左边的花括号，使用 endif;、endwhile;、endfor;、endforeach; 和 endswitch; 代替右边的花括号，这种描述程序结构的可读性比较强。常见的语法格式如下。

条件控制语句中的 if 语句如下：

```
if (条件判断语句):
    命令执行语句;
elseif (条件判断语句):
    命令执行语句;
elseif (条件判断语句):
    命令执行语句;
...
else:

    命令执行语句;
endif;
```

条件控制语句中的 switch 语句如下：

```
switch (条件判断语句):
    case  可能结果a:
        命令执行语句;
    case  可能结果b:
        命令执行语句;
    ...
    default:
        命令执行语句;
endswitch;
```

循环控制语句中的 while 循环如下：

```
while (条件判断语句):
    命令执行语句
endwhile;
```

循环控制语句中的 do…while 循环如下：

```
do
    命令执行语句
while (条件判断语句);
```

循环控制语句中的 for 循环如下：

```
for (起始表述;为真的布尔表述;增幅表述):
    命令执行语句
endfor;
```

### 6. 使用 break/continue 语句跳出循环

使用 break 关键字用来跳出（也就是终止）循环控制语句和条件控制语句中 switch 语句的执行，示例如下：

```
<?php
$n = 0;
while (++$n) {
    switch ($n) {
    case 1:
        echo "case one";
        break ;
    case 2:
        echo "case two";
        break 2;
```

```
        default:
            echo "case three";
            break 1;
        }
    }
?>
```

在这段程序中，while 循环控制语句里面包含一个 switch 流程控制语句。在程序执行到 break 语句时，break 会终止执行 switch 语句，或者是 switch 和 while 语句。其中，在 case 1 下的 break 语句跳出 switch 语句；case 2 下的 break 2 语句跳出 switch 语句和包含 switch 的 while 语句；default 下的 break 1 语句和 case 1 下的 break 语句一样，只是跳出 switch 语句。其中，break 后带的数字参数是指 break 要跳出的控制语句结构的层数。

使用 continue 关键字的作用是跳开当前的循环迭代项，直接进入下一个循环迭代项，继续执行程序。下面通过一个实例说明此关键字的作用。

【例 2-27】使用 continue 关键字（实例文件：源文件\ch02\2.27.php）。

```php
<?php
$n = 0;
while ($n++ < 10) {     //使用 while 循环输出
    if ($n == 2){
        continue;
    }
    echo $n."<br />";
}
?>
```

运行结果如图 2-34 所示。

```
1
3
4
5
6
7
8
9
10
```

图 2-34　使用 continue 关键字

其中，continue 关键字在当 $n$ 等于 2 的时候跳出本次循环，并且直接进入下一个循环迭代项，即 $n$ 等于 3。另外，continue 关键字和 break 关键字一样，都可以在后面直接跟一个数字参数，用来表示跳开循环的结构层数。continue 和 continue 1 相同，continue 2 表示跳开所在循环和上一级循环的当前迭代项。

## 2.7　小白疑难问题解答

**问题 1**：什么是三元运算符？

**解答**：三元运算符作用在三个操作数之间。这样的操作符在 PHP 中只有一个，即？：，语法格式如下：

```
(expr1)? (expr2): (expr3)
```

如果 expr1 成立，执行 expr2，否则执行 expr3。例如以下代码：

```php
<?php
$a = 5;
$b = 6;
echo ($a > $b) ? "大于成立" : "大于不成立"; echo "<br />"; //大于不成立
echo ($a < $b) ? "小于成立" : "小于不成立"; echo "<br />"; //小于成立
?>
```

**问题 2：** 如何获取变量的数据类型？

**解答：** 使用 getType()函数可以获取数据类型，只需要给该函数传递一个变量，它就会确定变量的类型，并且返回一个包含类型名称的字符串。具体的语法格式如下：

```
getType(变量);
```

# 2.8　实战训练

**实战 1：** 设计网站浏览计数器。

编程 PHP 程序，通过静态变量设计网站浏览计数器，每次运行函数，静态变量的值将自动加 1 操作，运行结果如图 2-35 所示。

**实战 2：** 输出杨辉三角形。

编程 PHP 程序，综合应用条件控制结构和循环控制结构，输出杨辉三角形，运行结果如图 2-36 所示。

图 2-35　网站浏览计数器　　　　　　　　　　图 2-36　杨辉三角形

# 第 3 章

## PHP 中的函数

在实际的开发过程中，有些代码块可能会被重复使用，如果每次使用时都去复制，势必影响开发效率。为此，可以将这些代码块设计成函数，下次使用时直接调用函数名称即可。本章将重点学习 PHP 中函数的使用方法和技巧。

## 3.1　PHP 的内置函数

函数的英文为 function，function 是功能的意思。顾名思义，使用函数就是要在编程过程中实现一定的功能，即通过代码块实现一定的功能。比如通过一定的功能记录酒店客人的个人信息，每到他生日的时候自动给他发送祝贺 E-mail，并且这个发信"功能"可以重用，可更改为在某个客户的结婚纪念日时给他发送祝福 E-mail。所以函数就是实现一定功能的一段特定的代码。

PHP 提供了大量的内置函数，方便程序员直接使用，常见的内置函数包括数学函数、字符串函数、时间和日期函数等。

下面以数学函数为例讲述内置函数的使用方法。例如前面使用的函数 rand()，用于返回随机整数。其语法格式如下：

```
rand(min,max)
```

其中 min 和 max 属于可选参数，用于设置最小值和最大值。

【例 3-1】使用 rand()函数输出随机整数（实例文件：源文件\ch03\3.1.php）。

```php
<?php
echo rand ();            //返回随机整数
echo "<br />";
echo rand (8,88);        //产生一个两位随机整数
?>
```

运行结果如图 3-1 所示。每次刷新页面，输出的整数会发生变化。

图 3-1　随机整数

## 3.2　自定义函数

根据实际工作的需求，用户可以自己创建和调用函数，从而提高工作效率。

## 3.2.1　自定义和调用函数

在 PHP 语言中，创建函数需要使用 function 关键字，其语法格式如下：

```
function name_of_function( param1,param2,… ){
    statement
}
```

其中，name_of_function 是函数名，param1、param2 是参数，statement 是函数的具体内容。

**☆大牛提醒☆**

在创建函数的过程中，参数不是必须的。即使没有参数，也不能省略()，否则会报错。

定义一个函数的规则如下。

（1）函数代码块以 function 关键字开头，后接函数标识符名称和圆括号()。

（2）任何传入参数和自变量必须放在圆括号中间，圆括号之间可以用于定义参数。

（3）函数内容用{}括起来，并且缩进。

（4）return [表达式] 结束函数，选择性地返回一个值给调用方。不带表达式的 return 相当于返回 None。

下面以自定义和调用函数为例进行讲解。本实例主要实现酒店欢迎信息。

**【例 3-2】**自定义和调用函数（实例文件：源文件\ch03\3.16.php）。

```php
<?php
function sum($x,$y){
    return $x + $y;
}
echo sum(100,200);              //调用函数 sum()
?>
```

运行结果如图 3-2 所示。

**图 3-2　自定义和调用函数**

## 3.2.2　向函数传递参数值

由于函数是一段封闭的程序，因此很多时候程序员都需要向函数内传递一些数据来进行操作。

```
function 函数名称（参数 1,参数 2）{
    算法描述,其中使用参数 1 和参数 2;
}
```

下面以计算商品总价为例进行讲解。

**【例 3-3】**计算商品总价（实例文件：源文件\ch03\3.17.php）。

```php
<?php
function totalgoods($num,$price){        //声明自定义函数
    $sumgoods = $num*$mprice;            //计算商品总价
    echo "商品总价格是:".$sumgoods. "元.";  //输出商品总价
}
$a = 12;                                  //声明全局变量
$b = 880;                                 //声明全局变量
totalgoods($a,$b);                        //通过变量传递参数
totalneedtopay(5,198);                    //直接传递参数值
```

```
?>
```

运行结果如图 3-3 所示。

图 3-3　计算商品总价

## 3.2.3　向函数传递参数引用

向函数传递参数引用其实就是向函数传递变量引用。参数引用一定是变量引用，静态数值是没有引用一说的。由于在变量引用中已经知道，变量引用其实就是对变量名的使用，是对特定的变量位置的使用。

下面仍然以计算商品总价为例进行讲解。

【例 3-4】向函数传递参数引用（实例文件：源文件\ch03\3.18.php）。

```php
<?php
$sum = 4000;
$num = 100;
$price = 50;
function totalgoods(&$sum,$num,$price){ //声明自定义函数,参数前多了&,表示按引用传递
$sum = $sum+$num*$price;               //改变形参的值,实参的值也会发生改变
    echo "商品总价为:$sum"."元.";
}
totalgoods($sum,$num,$price);          //函数外部调用函数前$sum =4000
totalgoods($sum,$num,$price);          //函数外部调用函数后$sum =9000
?>
```

运行结果如图 3-4 所示。其中变量$sum 是以参数引用的方式进入函数的。当函数的运行结果改变了变量$sum 的引用时，在函数外的变量$sum 的值也发生了改变，也就是函数改变了外部变量的值。

图 3-4　向函数传递参数引用

## 3.2.4　对函数的引用

无论是 PHP 中的内置函数，还是程序员在程序中自定义的函数，都可以简单地通过函数名调用。但是操作过程也有些不同，大致分为以下 3 种情况。

- 如果是 PHP 的内置函数，如 date()，可以直接调用。
- 如果这个函数是 PHP 的某个库文件中的函数，就需要用 include()或 require()命令把此库文件加载，然后才能使用。
- 如果是自定义函数，与引用程序在同一个文件中，就可以直接引用。如果此函数不在当前文件内，就需要用 include()或 require()命令加载。

对函数的引用实际上是对函数返回值的引用。

【例 3-5】对函数的引用（实例文件：源文件\ch03\3.19.php）。

```php
<?php
function &myexample($n=100){          //定义一个函数,别忘了加"&"符号
    return $n;                        //返回参数$n
}
$x= &myexample("对函数的引用");        //声明一个函数的引用$x
echo $x;
?>
```

运行结果如图 3-5 所示。和参数传递不同，在定义函数和引用函数时，都必须使用"&"符号，表明返回的是一个引用。

图 3-5　对函数的引用

### 3.2.5　对函数取消引用

对于不需要引用的函数，可以做取消操作。取消引用使用 unset()函数来完成，目的是断开变量名和变量内容之间的绑定，此时并没有销毁变量内容。

【例 3-6】对函数取消引用（实例文件：源文件\ch03\3.20.php）。

```php
<?php
$a = 88.88;                          //定义一个浮点型变量 a
$b = &$a;                            //定义一个对变量$a 的引用$b
echo "\$b 的值为: ".$b."<br />";     //输出引用$math
unset($b);
 //取消引用$b
echo "\$a 的值为: ".$a;              //输出原变量
echo "\$b 的值为: ".$b;             //输出变量$a 的引用$b,将会报错
?>
```

运行结果如图 3-6 所示。本程序首先声明一个变量和变量的引用，输出引用后取消引用，再次调用原变量。从结果可以看出，取消引用后对原变量没有任何影响。

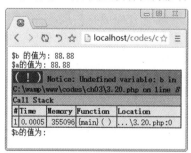

图 3-6　对函数取消引用

## 3.3　声明函数返回值的类型

微视频

在 PHP 中，用户可以声明函数返回值的类型。可以声明的返回类型包括 int、float、bool、string、interfaces、array 和 callable。

下面通过案例来学习 PHP 如何声明函数返回值的类型。

【例 3-7】声明函数返回值的类型为整数（实例文件：源文件\ch03\3.21.php）。

```php
<?php
function returnIntValue(int $value): int
{
    return $value;
}
print(returnIntValue(188));
?>
```

运行结果如图 3-7 所示。

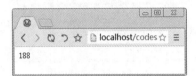

图 3-7　声明函数返回值的类型

# 3.4　包含文件

如果想让自定义的函数被多个文件使用，可以将自定义函数组织到一个或者多个文件中，这些收集函数定义的文件就是用户自己创建的 PHP 函数库。通过使用 require ()和 include()等函数可以将函数库载入脚本程序中。

## 3.4.1　require()和 include()

require()和 include()不是真正意义的函数，属于语言结构。通过 include()和 require()语句都可以实现包含并运行指定文件。

（1）require()：在脚本执行前读入它包含的文件，通常在文件的开头和结尾处使用。

（2）include()：在脚本读到它的时候才将包含的文件读进来，通常在流程控制的处理区使用。

require()和 include()语句对于处理失败方面是不同的。当文件读取失败后，require()将产生一个致命错误，而 include()则产生一个警告。可见，如果遇到文件丢失需要继续运行，则使用 include()；如果想停止处理页面，则使用 require()。

【例 3-8】使用 include()和 require()（实例文件：源文件\ch03\3.22.php、3.23.php 和 3.24.php）。

其中 3.22.php 代码如下：

```php
<?php
$m = 88.88;              //定义一个变量 m
$n = '洗衣机';           //定义一个变量 n
?>
```

其中 3.23.php 代码如下：

```php
<?php
$a = 99.99;              //定义一个变量 m
$b = '空调';             //定义一个变量 n
?>
```

其中 3.24.php 代码如下：

```php
<?php
include '3.22.php';
echo " $m $n ";          //载入文件后调用两个变量 m 和 n
```

```
echo " $a $b";              //未载入文件前调用两个变量 a 和 b
include '3.23.php';
echo " $a $b ";             //载入文件后调用两个变量 a 和 b
?>
```

运行 3.24.php，运行结果如图 3-8 所示。从结果可以看出，使用 include()时，虽然出现了警告，但是脚本程序仍然继续运行。

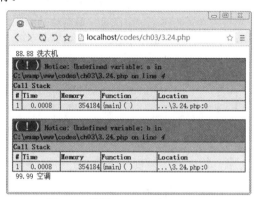

图 3-8　使用 include()和 require()

## 3.4.2　include_once()和 require_once()

include_once()和 require_once()语句在脚本执行期间包含并运行指定文件，作用与 include()和 require()语句类似，唯一的区别是，如果该文件的代码被包含了，则不会再次包含，只会包含一次，从而避免函数重定义及变量重赋值等问题。

# 3.5　小白疑难问题解答

**问题 1**：如何实现两个数相除后取整？

**解答**：在 PHP 中，整除函数 intdiv()的语法格式如下：

```
intdiv(a, b);
```

该函数返回值为 a 除以 b 的值并取整。例如：

```
echo intdiv(17, 3)."<br />";
echo intdiv(11, 3);
```

输出结果如下：

```
5
3
```

**问题 2**：如何合理运用 include_once()和 require_once()？

**解答**：include()和 require()函数在其他 PHP 语句执行之前运行，引入需要的语句并加以执行。但是每次运行包含此语句的 PHP 文件时，include()和 require()函数都要运行一次。include()和 require()函数如果在先前已经运行过，并且引入相同的文件，则系统就会重复引入这个文件，从而产生错误。而 include_once()和 require_once()函数只是在此次运行的过程中引入特定的文件或代码，但是在引入之前，会先检查所需文件或者代码是否已经引入，如果引入将不再重复引入，从而不会造成冲突。

# 3.6  实战训练

**实战 1**：利用函数解决汉诺塔问题。

汉诺塔问题源于印度一个古老的传说：有三根柱子，首先在第一根柱子从下向上按照大小顺序摆放 64 片圆盘；然后将圆盘从下开始同样按照大小顺序摆放到另一根柱子上，并且规定小圆盘上不能摆放大圆盘，在三根柱子之间每次只能移动一个圆盘；最后移动的结果是将所有圆盘通过其中一根柱子全部移动到另一根柱子上，并且摆放顺序不变。

下面以移动三个圆盘为例，汉诺塔的移动过程如图 3-9 所示。

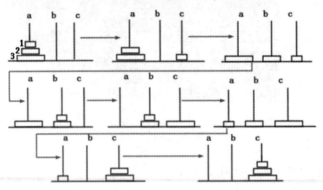

图 3-9   汉诺塔移动过程

编写 PHP 程序，运行结果如图 3-10 所示。

**实战 2**：报数下船游戏。

编写 PHP 程序，实现报数下船游戏。30 个人在一条船上，超载，需要 15 人下船。于是人们排成一队，排队的位置即为他们的编号。报数，从 1 开始，数到 9 的人下船。如此循环，直到船上仅剩 15 人为止，问都有哪些编号的人下船了呢？运行结果如图 3-11 所示。

图 3-10   PHP 输出汉诺塔移动过程

图 3-11   报数下船游戏

# 第4章

## PHP 的数组

数组就是一组数据的集合，把一系列的数据组织起来，形成一个可以操作的整体。其中每个数据都被称为一个元素，每个元素由一个特殊的标识符来区分，这个标识符被称为键，也可以称之为下标。数组中的每个元素都包含两项：键名和值，可以通过键名来获取相对应的数组元素。本章重点学习数组的操作方法。

## 4.1　数组的分类

微视频

在 PHP 中数组分为两类：数字索引数组和关联数组。

### 1. 数字索引数组

数字索引数组一般表示数组元素在数组中的位置，它由数字组成，下标从 0 开始，数字索引数组默认索引值从数字 0 开始。不需要特别指定，PHP 会自动为索引数组的键名赋一个整数值，然后从这个整数值开始自动增加，当然，也可以指定从某个位置开始保存数据。

例如，下面创建数字索引数组$a1 和$a2。

```
$arr1=array("姓名","密码","邮箱");
$arr2=array(1=>"姓名",2=>"密码",3=>"邮箱");
```

### 2. 关联数组

在数组中，可以为每个数组元素指定一个关键字，称之为键名（key）。键名可以是数字和字符串混合的形式，键名中只要有一个不是数字，那么这个数组就被称为关联数组，不像数字索引数组那样，键名只能是数字。

```
$arr=array("名称"=>"洗衣机", "价格"=>"6800 元");
```

提示：关联数组的键名可以是任何一个整数或者字符串，如果键名是一个字符串，不要忘了给这个键名或者索引加上定界符——单引号（'）或者双引号（"）。对于数字索引数组，为了避免不必要的麻烦，最好也加上定界符。

## 4.2　数组的定义

微视频

在 PHP 中声明数组的方式主要有两种：一种是直接通过为数组元素赋值的方式来声明数组，另一种是使用 array()函数定义数组。

## 4.2.1 直接赋值的方式定义数组

在 PHP 中，如果在定义数组时不知道所创建数组的大小，或者在实际编写程序时数组的大小可能发生变化，建议采用直接赋值的方式定义数组。

【例 4-1】直接赋值的方式定义数组（实例文件：源文件\ch04\4.1.php）。

```php
<?php
$array[0]="苹果";
$array[1]=6.88;
$array[2]="橘子";
$array[3]=9.99;
print_r($array);          //输出所创建的数组
?>
```

运行结果如图 4-1 所示。采用直接为数组元素赋值方式定义数组时，要求同一数组元素中的数组名相同。

图 4-1 直接赋值的方式定义数组

☆大牛提醒☆

print_r()函数输出数组（array）变量时，会按照一定格式显示键名和元素，如果输出的是字符串型（string）、整型（integer）或者浮点型（float）的变量，则输出变量的值。

## 4.2.2 使用 array()语言结构定义数组

使用 array()函数定义数组是比较常用的一种方式，语法格式如下：

```
array ([arr1,arr2,arr3…])
```

参数(arr1, arr2, arr3)的语法为 key=>value，分别定义索引和值，每个参数之间使用逗号分开。索引可以是数字或者是字符串。如果省略了索引，就会自动产生从 0 开始的整数索引。如果索引是整数，下一个产生的索引将会是目前最大的整数索引+1。如果定义了两个完全一样的索引，那么后面的一个索引将会覆盖前面的一个索引。

数组中的各数据元素的数据类型可以允许不一样，也可以是数组类型，当参数是数组类型时，该数组就是一个二维数组，二维数组将在后面进行介绍。

使用 array()函数定义数组时，数组下标既可以为数字索引，也可以是关联索引。下标与数组元素值之间使用=>进行连接，不同的数组元素之间使用逗号进行分隔。

【例 4-2】使用 array()函数定义数组（实例文件：源文件\ch04\4.2.php）。

```php
<?php
$a= array("0"=>"洗衣机","1"=>"冰箱","2"=>"空调","3"=>"电视机");  //定义数组
print_r($a);                                                    //输出数组元素
echo "<p></p>";
echo $a [0];                                                    //输出数组元素的值
echo $a [1];                                                    //输出数组元素的值
echo $a [2];                                                    //输出数组元素的值
echo $a [3];                                                    //输出数组元素的值
?>
```

运行结果如图 4-2 所示。

图 4-2　使用 array() 函数定义数组

有时会见到如下类型的数组：

```php
<?php
    $arr=array("苹果","香蕉","橘子");
?>
```

这种方式也是"合法"的，这是 array() 函数定义数组比较灵活的一面，可以在函数体中只给出数组元素值，而不给出键名。

☆**大牛提醒**☆

可以通过给变量赋予一个没有参数的 array() 函数来创建空数组，然后使用方括号 [] 语法来添加数组元素值。

使用 array() 函数定义的数组，在使用其中的某个元素的数据时，可以直接利用它们在数组中的排列顺序取值，这个顺序称为数组的下标。例如下面代码：

```php
<?php
$arr=array("苹果","香蕉","橘子");
echo $arr[0].",";              //输出索引值为 0 的元素值
echo $arr[1].",";              //输出索引值为 1 的元素值
echo $arr[2];                  //输出索引值为 2 的元素值
?>
```

运行后输出内容如下（通过数组下标获取元素）：

```
苹果,香蕉,橘子
```

☆**大牛提醒**☆

在使用 array() 函数定义数组时，下标默认是从 0 开始的，而不是 1，然后依次增加 1。所以下标为 2 的元素是指数组的第 3 个元素，以此类推。

## 4.2.3　多维数组的定义

数组中的值可以是另一个数组，另一个数组的值也可以是一个数组，以此类推，便可以创建出二维和三维数组。在多维数组中，二维数组的使用率相对比较高，下面通过一个实例来学习二维数组的创建方法。

【例 4-3】定义二维数组（实例文件：源文件\ch04\4.3.php）。

```php
<?php
$twoarray=array(
    "苹果"=>array("广州", 8.68, "1800 吨"),
    "香蕉"=>array("东莞", 3.68, "1900 吨"),
    "橘子"=>array("南丰", 6.68, "2600 吨")
);
print_r($twoarray);                              //输出数组元素
echo "<p>输出\$ twoarray [\"a\"][0]的值为: ";
echo $ twoarray ["a"][0];                        //输出数组中的一个元素值
?>
```

运行结果如图 4-3 所示。

图 4-3　定义二维数组

# 4.3　数组的遍历

微视频

遍历数组中的所有元素是常用的一种操作，在遍历的过程中可以完成查询等功能。本节主要介绍 4 种方法。

## 4.3.1　使用 for 语句循环遍历数组

在 PHP 中，使用 for 语句循环遍历数组要求遍历的数组必须是数字索引数组，不能循环遍历关联数组。

【例 4-4】使用 for 语句循环遍历数组（实例文件：源文件\ch04\4.4.php）。

```php
<?php
    $arr=array(
        1=>"苹果",
        2=>"香蕉",
        3=>"橘子",
        4=>"菠萝",
    );
    for ($i=1;$i<=count($arr);$i++){
        echo $i."=>".$arr[$i]."<br />";            //输出键名和值
    }
?>
```

运行结果如图 4-4 所示。

图 4-4　for 语句循环遍历数组

## 4.3.2　使用 foreach 语句循环遍历数组

foreach 循环遍历数组时，是将其索引和值分别取到变量中，或者只取值到一个变量中，然后单独操作放有索引和值的变量，不会影响被遍历的数组本身。如果要在遍历过程中修改数组中的值，需要在定义的变量前加上&符号。例如：foreach($array as &$value)。

注意：foreach()仅能用于遍历数组或对象。

使用 foreach 循环遍历数组时，只取值到变量$value 中，语法格式如下：

```
foreach(array as $value){
    statement;
}
```

不仅将元素的值赋给$value，还将当前元素的键名赋值给变量$key，语法格式如下：

```
foreach(array as $key=>$value){
    statement;
}
```

【例 4-5】foreach 循环遍历数组（实例文件：源文件\ch04\4.5.php）。

```php
<?php
    $goods=array(
        "1"=>"洗衣机",
        "2"=>"空调",
        "3"=>"冰箱",
        "4"=>"电视机",
    );
    foreach($goods as $value){
        echo $value."**";                      //输出元素值
    }
    echo "<br />";
    foreach($goods as $key=>$value){
        echo $key."=>".$value."<br />";        //输出键名和值
    }
?>
```

运行结果如图 4-5 所示。

图 4-5　foreach 循环遍历数组

## 4.3.3　联合使用 list()、each()、while ()循环遍历数组

list()函数的作用是把数组中的值赋给一些变量。该函数只用于数字索引的数组，并且数字的索引从 0 开始。语法格式如下：

```
list(var1,var2,var3…)
```

其中参数(var1,var2,var3)为被赋值的变量名称。

each()函数返回当前元素的键名和值。该元素的键名和值会被返回带有四个元素的数组中。两个元素（1 和 value）包含值，两个元素（0 和 key）包含键名。

语法格式如下：

```
each(array)
```

下面通过一个实例来介绍联合使用 list()、each()、while ()循环遍历数组。

【例 4-6】使用 list()、each()、while ()遍历数组（实例文件：源文件\ch04\4.6.php）。

```
<form action="4.6.php" method="post">
    //创建 2 个文本框和一个提交按钮,用于输入登录信息和提交
    <input type="text" name="username" placeholder="姓名"><br />
    <input type="text" name="password" placeholder="密码"><br />
```

```
    <input type="submit"><br />
</form>
<?php
while (list($key,$val) = each($_POST)){
    echo "$key => $val<br />";
}
?>
```

这里使用 each()函数提取全局函数$_POST 中的内容，然后使用 list()函数把 each()函数提取的内容赋值给变量$key 和$val，最后使用 while 循环输出用户提交的登录信息。

运行结果如图 4-6 所示，输入相应的姓名和密码，单击"提交"按钮，在页面中输出姓名和密码，运行结果如图 4-7 所示。

图 4-6　页面加载并输入内容

图 4-7　提交后的结果

## 4.3.4　使用数组的内部指针控制函数遍历数组

前面已经介绍了几种数组遍历的方法，下面再介绍一种，使用数组的内部指针控制函数来遍历数组。

数组的内部指针是数组内部的组织机制，指向一个数组中的某个元素，默认是指向数组中第一个元素。通过移动或改变指针的位置，可以访问数组中的任意元素。对于数组指针的控制，PHP 提供了一些函数，具体说明如表 4-1 所示。

表 4-1　数组的内部指针控制函数

| 函　　数 | 说　　明 |
| --- | --- |
| current() | 获取目前指针位置的内容 |
| key() | 读取目前指针所指向元素的索引值（键值） |
| next() | 将数组中的内部指针移动到下一个元素 |
| prev() | 将数组的内部指针倒回一位 |
| end() | 将数组的内部指针指向最后一个元素 |
| reset() | 将目前指针无条件移至第一个索引位置 |

下面介绍如何使用这些数组指针函数来控制数组中元素的读取顺序。

【例 4-7】使用内部指针控制函数遍历数组（实例文件：源文件\ch04\4.7.php）。

```
<?php
$person = array(
"名称" => "洗衣机",
"价格" => 6800,
"产地" => "北京",
"库存" => 3600,
);
//数组刚声明时,数组指针在数组中第一个元素位置
echo '第一个元素: '.key($person).'=>'.current($person).'<br />';
echo '第一个元素: '.key($person).'=>'.current($person).'<br />';    //数组指针没动
next($person);                                                       //指针移动到第二个元素
next($person);                                                       //指针移动到第三个元素
```

```
echo '第三个元素: '.key($person).'=>'.current($person).'<br />';
end($person);                                            //指针移动到最后一个元素
echo '最后一个元素: '.key($person).'=>'.current($person).'<br />';
prev($person);                                           //将指针倒回上一个元素
echo '倒数第二个元素: '.key($person).'=>'.current($person).'<br />';
reset($person);                                          //指针移动到第一个元素
echo '又回到了第一个元素: '.key($person).'=>'.current($person).'<br />';
?>
```

运行结果如图 4-8 所示。这里通过使用指针控制函数 next()、prev()、end()和 reset()随意在数组中移动指针位置，再使用 key()和 current()函数获取指针当前位置所对应元素的键名和值。

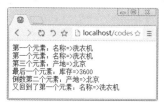

图 4-8　使用内部指针控制函数遍历数组

# 4.4　数组的常用操作

数组是对大量数据进行有效组织和管理的手段之一，通过数组的强大功能，可以对大量数据类型相同的数据进行存储、排序、插入及删除等操作。本节具体介绍数组的常用操作。

## 4.4.1　输出数组

在 PHP 中一般使用 print_r()函数来输出数组。语法格式如下：

```
print_r($var,$bool)
```

其中$var 是要输出的变量，如果该变量是 string、integer 或 float 型变量，将打印变量值本身；如果给出的是 array，将会按照一定格式显示键和元素，object 与 array 类似。$bool 是一个可选参数，如果为 True 则不输出结果，而是将结果赋值给一个变量；如果为 False 则直接输出结果。

**注意：**可以使用 echo 和 print_r()输出一个字符串、整型和浮点型，但是不能用来输出数组。

**【例 4-8】**使用 print_r()函数输出数组（实例文件：源文件\ch04\4.8.php）。

```
<?php
    $arr=array(
        "名称"=>"苹果",
        "价格"=>"8.88元",
        "产地"=>"广州",
    );
    print_r($arr);
?>
```

运行结果如图 4-9 所示。

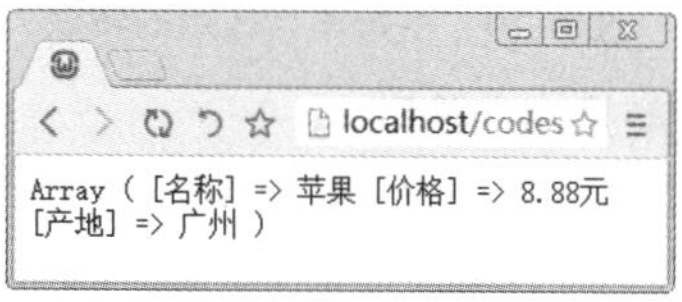

图 4-9　使用 print_r()函数输出数组

## 4.4.2 字符串与数组的转换

字符串与数组的转换在 PHP 中经常使用，主要用 explode()函数和 implode()函数实现，下面分别进行介绍。

**1. 使用 explode()函数将字符串转换成数组**

explode()函数将字符串按照指定的字符串或字符进行分隔，返回由字符串组成的数组。
语法格式如下：

```
explode(separator,string,limit)
```

explode()函数的参数说明如表 4-2 所示。

表 4-2　explode()函数的参数

| 参　　数 | 说　　明 |
|---|---|
| separator | 必须参数，规定在哪里分隔字符串 |
| string | 必须参数，要分隔的字符串 |
| limit | 可选参数，规定所返回的数组元素的数目。可能的值如下。<br>大于 0：返回包含最多 limit 个元素的数组；<br>小于 0：返回包含除了最后的 limit 个元素以外的所有元素的数组；<br>0：返回包含一个元素的数组 |

在返回的数组中，每个元素都是 string 的一个子串，它们被字符串 separator 作为边界点分隔出来。

使用 explode()函数时，如果 separator 为空字符串（""），explode()将返回 False；如果 separator 所包含的值在 string 中找不到，explode()函数将返回包含 string 单个元素的数组；如果参数 limit 是负数，则返回除了最后 limit 个元素外的所有元素；如果 separator 所包含的值在 string 中找不到，并且使用了负数的 limit，那么会返回空的数组。

【例 4-9】字符串与数组的转换（实例文件：源文件\ch04\4.9.php）。

```php
<?php
$s="水果*香蕉*菠萝*橘子";
$a1=explode("*",$s);
$a2=explode("*",$s,-1);
print_r($a1);
echo "<br /><br />";
print_r($a2);
?>
```

运行结果如图 4-10 所示。

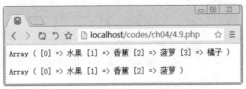

图 4-10　字符串与数组的转换

**2. 使用 implode()函数将数组转换成字符串**

使用 implode()函数可以将一个一维数组的值转换为字符串。

```
implode(separator,array)
```

implode()函数的参数说明如表 4-3 所示。

表 4-3　implode()函数的参数

| 参　　数 | 说　　明 |
|---|---|
| separator | 可选参数，规定数组元素之间放置的分隔符，默认是" "（空字符串） |
| array | 必须参数，要组合为字符串的数组 |

【例 4-10】数组的值转换为字符串（实例文件：源文件\ch04\4.10.php）。

```php
<?php
$arr=array("苹果","香蕉","菠萝","橘子");
$str=implode("*",$arr);              //转换成字符串
var_export($str)                     //输出$str 的类型和值
?>
```

运行结果如图 4-11 所示。

图 4-11　数组的值转换为字符串

## 4.4.3　统计数组元素个数

在 PHP 中，可以使用 count()函数和 sizeof()函数来统计数组的元素个数。count()函数和 sizeof()函数的语法格式基本一样，这里以 count()函数为例进行介绍。

count()函数的语法格式如下：

```
count(array,mode);
```

count()函数的参数说明如表 4-4 所示。

表 4-4　count()函数的参数

| 参　　数 | 说　　明 |
|---|---|
| array | 必须参数，规定要统计的数组 |
| mode | 可选参数，规定统计模式，取值如下。<br>0：默认值，不对多维数组中的所有元素进行统计；<br>1：递归地统计数组中的元素个数（计算多维数组中的所有元素） |

【例 4-11】统计数组的元素个数（实例文件：源文件\ch04\4.11.php）。

```php
<?php
    $arr=array(                      //定义一个二维数组
        "1"=>array("苹果","香蕉"),
        "2"=>array("男装","女装"),
        "3"=>array("电影","动漫"),
    );
    echo count($arr);                //统计并输出数组中元素的个数
    echo count($arr,1);              //统计并输出数组中元素的个数
?>
```

运行结果如图 4-12 所示。

**注意**：在统计二维数组时，如果直接使用 count()函数只会显示一维数组的个数，所以需要使用递归的方式来统计二维数组的个数。

图 4-12　统计数组的元素个数

## 4.4.4　查询数组中指定元素

array_search()函数在数组中搜索某个键值，并返回对应的键名。该函数常用在购物车，实现对购物车中指定商品数量的修改和删除。语法格式如下：

```
array_search(value,array,strict)
```

array_search()函数的参数说明如表 4-5 所示。

表 4-5　array_search()函数的参数

| 参　　数 | 说　　明 |
| --- | --- |
| value | 必须参数，规定要搜索的键值 |
| array | 必须参数，规定被搜索的数组 |
| strict | 可选参数，如果该参数被设置为 True，则函数在数组中搜索数据类型和值都一致的元素。可能的值为 True 和 False（默认） |

【例 4-12】使用 array_search()函数查询数组元素（实例文件：源文件\ch04\4.12.php）。

```php
<?php
$a1=array(
    "800 公斤"=>"西瓜",
    "600 公斤"=>"西红柿",
    "480 公斤"=>"菠菜",
    "380 公斤"=>"萝卜",
);
$a1=array_search("萝卜",$a1);    //搜索数组中"萝卜"的键值
var_export($arr);
?>
```

运行结果如图 4-13 所示。

图 4-13　查询数组元素

## 4.4.5　获取数组中最后一个元素

获取数组中最后一个元素，可以使用 PHP 内置函数 end()，也可以使用 array_pop()函数。但是 array_pop()函数有一个弊端，使用它获取数组最后一个元素时，同时也会把该元素删除掉。

end()和 array_pop()函数的语法格式如下：

```
end($array)
array_pop($array)
```

其中参数$array 为输入的数组。

**【例 4-13】**获取数组中最后一个元素（实例文件：源文件\ch04\4.13.php）。

```php
<?php
$arr=array("洗衣机","冰箱","空调","电视机");
echo end($arr)."<br />";              //获取数组中最后一个元素
print_r($arr);                         //输出数组所有元素
echo "<br />".array_pop($arr)."<br />"; //获取数组的最后一个元素并删除
print_r($arr);                         //输出数组所有元素
?>
```

运行结果如图 4-14 所示。

图 4-14　获取数组中最后一个元素

一般情况下，使用 end() 函数来获取数组中最后一个元素，而使用 array_pop() 函数删除数组中最后一个元素。

### 4.4.6　向数组中添加元素

在 PHP 中有两个函数可以向数组中添加元素，分别为 array_push() 和 array_unshift()。array_push() 向数组的尾部添加元素，array_unshift() 向数组的开头添加元素。语法格式如下：

```php
array_push(array,value)
array_unshift(array,value)
```

其中参数 array 是要添加的数组，value 为要添加的元素，是一个集合，包含要添加的所有元素。

**【例 4-14】**向数组中添加元素（实例文件：源文件\ch04\4.14.php）。

```php
<?php
$a1=array("苹果","香蕉");
print_r($a1);
echo "<br />";
array_push($a1,"橘子");                //向数组的尾部添加元素"橘子"
print_r($a1);
array_unshift($a1,"菠萝");             //向数组的开头添加元素"菠萝"
echo "<br />";
print_r($a1);
?>
```

运行结果如图 4-15 所示。

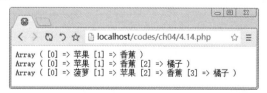

图 4-15　向数组中添加元素

### 4.4.7　删除数组中重复的元素

删除数组中重复的元素，通过 array_unique() 函数来完成。

使用 array_unique()函数后，当数组中有元素的值相等时，只保留第一个元素，其他的元素被删除，在返回的数组中，被保留的数组元素将保持原来数组项的键名。

array_unique()函数的语法格式如下：

```
array_unique(array)
```

其中参数 array 是要检查的数组。

【例 4-15】删除数组中重复的元素（实例文件：源文件\ch04\4.15.php）。

```php
<?php
$a1=array("苹果","香蕉","苹果","香蕉","苹果","香蕉");
$a2=array_unique($a1);              //删除重复的元素
print_r($a2);                       //输出删除重复的元素后的数组
?>
```

运行结果如图 4-16 所示。

图 4-16　删除数组中重复的元素

微视频

# 4.5　操作 PHP 数组需要注意的一些细节

在操作数组时，需要注意一些细节的问题。掌握了这些细节的问题，对操作数组有许多的益处。

## 4.5.1　数组运算符

在 PHP 中数组运算符只有+是运算符，其他的都是比较运算符，具体内容如表 4-6 所示。

表 4-6　数组运算符

| 数组运算符 | 名　称 | 例　子 | 结　果 |
| --- | --- | --- | --- |
| + | 联合 | $a+$b | $a 和$b 进行联合 |
| == | 相等 | $a==$b | 如果$a 和$b 具有相同的键 / 值对则为 True |
| === | 全等 | $a===$b | 如果$a 和$b 具有相同的键 / 值对并且顺序和类型都相同则为 True |
| != | 不等 | $a!=$b | 如果$a 不等于$b 则为 True |
| <> | 不等 | $a<>$b | 如果$a 不等于$b 则为 True |
| !== | 不全等 | $a!==$b | 如果$a 不全等于$b 则为 True |

下面以+、==和===运算符为例进行讲解。其中+运算符把右边的数组附加到左边的数组后面，有相同的键名时保留左边的键名和值。

【例 4-16】数组运算符的应用（实例文件：源文件\ch04\4.16.php）。

```php
<?php
$a1 = array("1" => "冰箱", "2" => "空调");
$a2 = array("1" => "电视机", "2" => "洗衣机", "3" => "吹风机");
$a3=$a1 + $a2;                      //$a1 联合$a2
$a4=$a2 + $a1;                      //$a2 联合$a1
var_export($a3);
```

```
echo "<br />";
var_export($a4);
echo "<br />";
$a5=array("1"=>"冰箱","2"=>"电视机");
$a6=array("2"=>"电视机","1"=>"冰箱");
var_export($a5 == $a6);            //True
echo "<br />";
var_export($a5 === $a6);           //False
?>
```

运行结果如图 4-17 所示。在上面的代码中，$a5 和$a6 具有相同的键 / 值对，所以$a5==$a6 输出的结果为 True；虽然$a5 和$a6 具有相同的键 / 值对，但是顺序不同，所以"$a5===$a6"输出的结果为 False。

图 4-17　数组运算符的应用

## 4.5.2　删除数组中的元素操作

在 PHP 中，删除数组中的元素有 4 种方法：unset()函数、array_splice()函数、array_diff()函数和array_diff_key()函数。下面分别进行介绍。

### 1. unset()函数

unset()函数不会改变其他的键名（key），如果想对其他的键名（key）重新整理排序，可以使用array_values()。

【例 4-17】使用 unset()函数删除数组中的元素（实例文件：源文件\ch04\4.17.php）。

```
<?php
$a1 = array(1 => "洗衣机", 2 => "冰箱", 3 => "空调",4 => "电视机", 5 => "电风扇");
unset($a1[3]);              //删除键名为 3 的元素
print_r($a1);
$a2 = array_values($a1);    //对键名(key)重新整理排序
print_r($a2);
?>
```

运行结果如图 4-18 所示。

图 4-18　使用 unset()函数删除数组中的元素

### 2. array_splice()函数

array_splice()函数从数组中移除选定的元素，并用新元素取代它，函数也将返回被移除元素的数组。

array_splice()函数的语法格式如下：

```
array_splice(array,start,length,array)
```

array_splice()函数的参数说明如表 4-7 所示。

表 4-7　array_splice()函数的参数

| 参　数 | 说　明 |
|---|---|
| array | 必须参数，规定要删除元素的数组 |
| start | 必须参数，规定删除元素的开始位置。0 表示第一个元素，如果该值设置为正数，则从数组中该值指定的偏移量开始移除；如果该值设置为负数，则从数组末端倒数该值指定的偏移量开始移除。例如 "-3" 表示从数组的倒数第 3 个元素开始 |
| length | 可选参数，规定被移除的元素个数，也是被返回数组的长度。如果该值设置为正数，则移除该数量的元素。如果该值设置为负数，则移除从 start 到数组末端倒数 length 为止中间所有的元素。如果该值未设置，则移除从 start 参数设置的位置开始直到数组末端的所有元素 |
| array | 可选参数，规定带有要插入原始数组中元素的数组。如果只有一个元素，则可以设置为字符串，不需要设置为数组 |

【例 4-18】使用 array_splice()函数删除数组中的元素（实例文件：源文件\ch04\4.18.php）。

```php
<?php
$a1 = array(1 => "洗衣机", 2 => "冰箱", 3 => "空调",4 => "电视机", 5 => "电风扇");
array_splice($a1,2,3);                    //移除$a1 中的前 3 个元素
print_r($a1);                             //输出删除元素后的数组
?>
```

运行结果如图 4-19 所示。

### 3. array_diff()函数

当知道数组的元素值时，可以使用 array_diff()函数来完成删除。array_diff()函数语法格式如下：

```
array_diff(array1,array2,array3…);
```

其中 array1 是要删除元素的数组，array1 之后的元素是要删除元素的值所组成的数组，例如其中的 array2 和 array3。

【例 4-19】使用 array_diff()函数删除数组中的元素（实例文件：源文件\ch04\4.19.php）。

```php
<?php
$array = array(0=>"洗衣机",1=>"空调",2=>"电视机");
$array = array_diff($array,["洗衣机","空调"]);    //删除数组中值为"洗衣机"和"空调"的元素
print_r($array );
?>
```

运行结果如图 4-20 所示。

图 4-19　使用 array_splice()函数删除数组中的元素　　图 4-20　使用 array_diff()函数删除数组中的元素

### 4. array_diff_key()函数

如果知道数组元素的键名（key），可以使用 array_diff_key()函数来删除该元素，array_diff_key()函数的语法格式与 array_diff()函数基本一致，如下所示：

```
array_diff_key(array1,array2,array3…);
```

其中 array1 是要删除元素的数组，array1 之后的元素是要删除元素的键名所组成的数组，例如其中的 array2 和 array3，所对应的元素值不需要，可以随意为空，也可以随意输入。

【例 4-20】使用 array_diff_key()函数删除数组中的元素（实例文件：源文件\ch04\4.20.php）。

```php
<?php
$a1 = array(1 => "洗衣机", 2 => "冰箱", 3 => "空调",4 => "电视机", 5 => "电风扇");
$a1 = array_diff_key($a1,[1=>"","2" =>""]);
print_r($a1);
?>
```

运行结果如图 4-21 所示。

图 4-21　使用 array_diff_key()函数删除数组中的元素

## 4.5.3　关于数组下标的注意事项

在 PHP 中，可以使用[]和{}符号来操作数组的下标，建议使用[]符号。

在操作数组下标时，需要注意以下 3 点。

### 1. 下标会被覆盖

如果在数组中出现相同的下标，前者会被后者覆盖。

### 2. 数组的下标会自动增长

数组的下标会自动增长，默认值是从 0 开始，下标自动进行加 1 操作。

### 3. 字符串下标不会影响下标的排列规则

如果数组下标中出现字符串，也不会影响索引下标的排列规则。

【例 4-21】关于数组下标的注意事项（实例文件：源文件\ch04\4.21.php）。

```php
<?php
$arr[0]=10;                  //使用[]符号向数组添加元素
$arr{1}=20;                  //使用{}符号向数组添加元素
$arr[2]=30;                  //下标为 2
$arr[2]=40;                  //下标为 2 的数组将覆盖前面相同下标的数组
$arr[10]=50;                 //下标为 10
$arr[11]=60;                 //下标为 11
$arr[12]=70;                 //下标为 12
$arr["洗衣机"]=6800;         //下标为"洗衣机",并不影响索引下标的顺序规则
$arr[13]=80;                 //下标为 13
print_r($arr);
?>
```

运行结果如图 4-22 所示。

图 4-22　关于数组下标的注意事项

微视频

# 4.6 使用生成器

生成器提供了一种更容易的方法来实现简单的对象迭代，相较于定义类来实现迭代程序接口的方式，性能提升很大。

## 4.6.1 使用生成器迭代数据

在使用生成器迭代数据时，通常是创建一个生成器函数。生成器函数看起来像一个普通的函数，但不同的是普通函数返回一个值，而一个生成器可以生成许多它所需要的值，并且每次的产出值只是暂停当前的执行状态，当下次调用生成器函数时，PHP 会从上次暂停的状态继续执行下去。

当一个生成器被调用的时候，它返回一个可以被遍历的对象。当遍历这个对象的时候，PHP 将会在每次需要值的时候调用生成器函数，并在产生一个值后保存生成器的状态，这样它就可以在需要产生下一个值的时候恢复调用状态。

一旦不再需要产生更多的值，生成器函数可以简单退出，而调用生成器的代码还可以继续执行，就像一个数组已经被遍历完了。

生成器函数的核心是 yield 关键字。它最简单的调用形式看起来像一个 return 申明，不同之处在于普通 return 会返回值并终止函数的执行，而 yield 会返回一个值给循环调用此生成器的代码，并且只是暂停执行生成器函数。

**【例 4-22】** 生成器的应用（实例文件：源文件\ch04\4.22.php）。

```php
<?php
function create($start,$limit,$step=1){
    for ($i=$start;$i<=$limit;$i+=$step){
        yield $i;                    //变量$i 的值在不同的 yield 之间是保持传递的
    }
}
echo '1~30 的奇数有: ';
foreach (create(1, 30, 2) as $number) {    //调用 create()函数
    echo "$number ";
}
?>
```

运行结果如图 4-23 所示。

**注意：** 生成器 yield 关键字不是返回值，它叫产出值，只是生成一个值。

上面代码中 foreach 循环的是什么？其实是 PHP 在使用生成器的时候，会返回一个 Generator 类的对象。foreach 可以对该对象进行迭代，每次迭代，PHP 会通过 Generator 实例计算

图 4-23 生成器的应用

出下一次需要迭代的值。这样 foreach 就知道下一次需要迭代的值了。而且，在运行中 for 循环执行后，会立即停止，等待 foreach 下次循环的时候再次向 for 索要下次的值的时候，for 循环才会再执行一次，然后立即再次停止，直到不满足条件则结束。

## 4.6.2 生成器与数组的区别

生成器允许在 foreach 代码块中写代码来迭代一组数据，而不需要在内存中创建一个数组，如果数据很大，会使内存达到上限，或者会占据很长的处理时间。生成器对 PHP 应用的性能有很大的提升，运行代码时也可以节省大量的内存，同时生成器也适合计算大量的数据。

创建一个数组来存放迭代的数据。具体的步骤如下：

（1）先创建一个 create()函数。create()函数是一个常见的 PHP 函数，在处理一些数组时经常会使用到。

（2）create()函数内包含一个 for 循环，循环会把当前时间放到数组（$data）里面。

（3）for 循环执行完毕，把$data 返回出去。

（4）调用 create()函数，并传入一个参数值，赋值为$result。

（5）使用 foreach 循环遍历$result。

【例 4-23】数组迭代数据（实例文件：源文件\ch04\4.23.php）。

```php
<?php
function create($number){
    $data = [];                        //创建存放数据的数组
    for ($i=0;$i<$number;$i++){
        $data[] = time();
    }
    return $data;
};
$result = create(8);                   //调用 create()函数,传入 8
foreach($result as $value){
    sleep(1);                          //延迟代码执行 1 秒
    echo $value.'<br />';
}
?
```

运行结果如图 4-24 所示。

在这个实例中，给函数传的值是 8，假如是 1000 万呢？那么 create()函数中，for 循环就需要执行 1000 万次，且有 1000 万个值被放到数组中，而数组再被放入到内存中，所以在调用函数时会占用大量的内存。

下面来看一下使用生成器迭代数据。

这里直接修改上面的代码，删除数组$data，而且也没有返回任何内容，而是在 time()之前使用了一个关键字 yield，其他的不变。

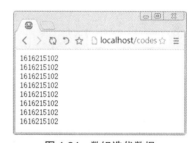

图 4-24　数组迭代数据

【例 4-24】生成器迭代数据（实例文件：源文件\ch04\4.24.php）。

```php
<?php
function create($number){
    for ($i=0;$i<$number;$i++){
        yield time();
    }
};
$result = create(8);                //调用 create()函数,传入 8
foreach($result as $value){
    sleep(1);                       //延迟代码执行 1 秒
    echo $value.'<br />';
}
?>
```

运行结果如图 4-25 所示。

上面的结果和第一次没有使用生成器输出的结果不一样，这里的值中间间隔了 1 秒（sleep(1)造成的）。但是第一次没有时间间隔，那是因为 create()函数内的 for 循环结果被很快放到$data中，并且立即返回，所以，这里的 foreach 循环是一个固定的数组。使用生成器时，create()函数的值不是一次性快速生成，而是依赖于 foreach 循环，foreach 循环一次，for 执行一次。

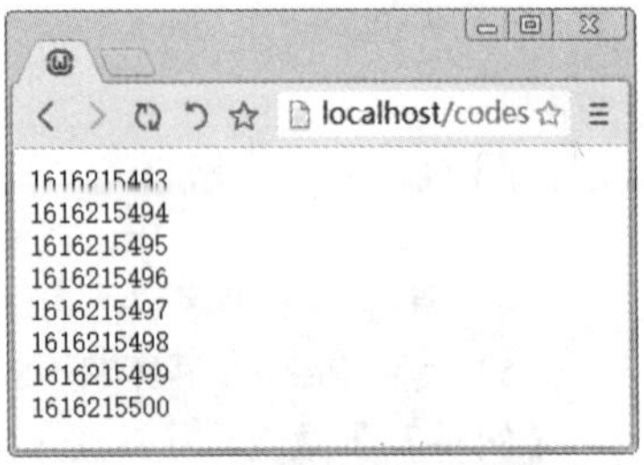

生成器的执行过程如下：

（1）调用 create()函数，传入参数值 8，但是 for 循环执行了一次然后停止，并且告诉 foreach 第一次循环可以用的值。

图 4-25　生成器迭代数据

（2）foreach 开始对$result 循环，进来首先 sleep(1)，然后开始使用 for 循环给的一个值执行输出。

（3）foreach 准备第二次循环，开始第二次循环之前，它向 for 循环又请求了一次。

（4）for 循环于是又执行了一次，将生成的时间戳告诉 foreach。

（5）foreach 拿到第二个值，并且输出，由于 foreach 中有 sleep(1)，所以 for 循环延迟了 1 秒生成当前时间。

可以发现，整个代码执行中，始终只有一个记录值参与循环，内存中也只有一条信息。

无论开始传入的$number 有多大，由于并不会立即生成所有结果集，所以内存始终是一条循环的值。

# 4.7　小白疑难问题解答

**问题 1**：为什么数组的索引是从 0 开始的？

**解答**：从 0 开始是继承了汇编语言的传统，这样更有利于计算机做二进制的运算和查找。

**问题 2**：如何遍历数组？

**解答**：所谓数组的遍历，是要把数组中的变量值读取出来。遍历数组中的所有元素是很常用的操作，通过遍历数组可以完成数组元素的查询操作。

foreach 函数经常被用来遍历数组元素，语法格式为：

```
foreach(数组 as 数组元素){
    对数组元素的操作命令;
}
```

可以把数组分为两种情况，不包含键值的数组和包含键值的数组。

遍历不包含键值的数组如下：

```
foreach(数组 as 数组元素值){
    对数组元素的操作命令;
}
```

遍历包含键值的数组如下：

```
foreach(数组 as 键值 => 数组元素值){
    对数组元素的操作命令;
}
```

每进行一次循环，当前数组元素的值就会被赋值给数组元素值变量，数组指针会逐一地移动，直到遍历结束为止。

# 4.8　实战训练

**实战 1：**多维数组的排序操作。

编程 PHP 程序，通过 array_multisort()函数对数组中按 age 大小的顺序进行排序操作。原始数组变量$data 如下：

```
$data=array(
0=>array('age'=>34,'name'=>'李丽'),
1=>array('age'=>26,'name'=>'王蒙'),
2=>array('age'=>38,'name'=>'张华'),
3=>array('age'=>24,'name'=>'乔山'),
4=>array('age'=>28,'name'=>'梁山'),
5=>array('age'=>19,'name'=>'刘田'),
);
```

经过排序后输出的运行结果如图 4-26 所示。

**实战 2：**输出各个班级的学生信息

编程 PHP 程序，输出各个班级的学生信息，运行结果如图 4-27 所示。其中定义的数组如下：

```php
<?php
$s = array(
  "1 班"=>array(
  array("name"=>"张三","age"=>14,"sex"=>"男"),
  array("name"=>"李四","age"=>15,"sex"=>"女"),
  array("name"=>"王五","age"=>12,"sex"=>"男")
  ),
  "2 班"=>array(
  array("name"=>"李子","age"=>14,"sex"=>"男"),
  array("name"=>"小梦","age"=>16,"sex"=>"女"),
  array("name"=>"王凯","age"=>15,"sex"=>"男")
  )
);
```

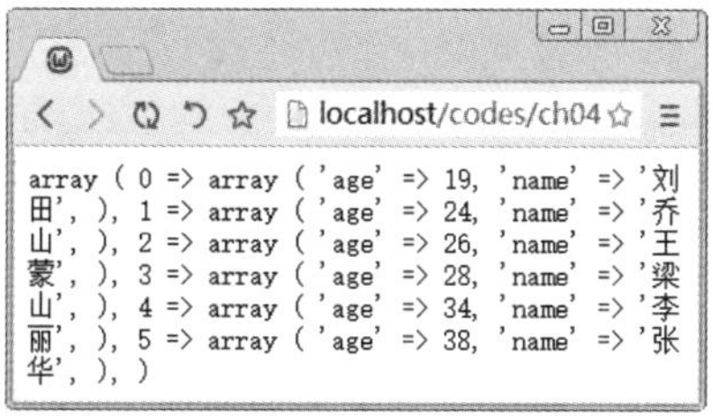

图 4-26　多维数组的排序操作

图 4-27　输出各个班级的学生信息

# 第5章

## 字符串和正则表达式

在使用 PHP 开发网站的过程中，经常会操作字符串，对于一个 PHP 程序员来说，熟练地生成、使用和处理字符串，已经成为一项最基本的技能。本章从基础的字符串定义开始，然后介绍字符串操作技巧，特别是配合正则表达式，可以满足对字符串进行复杂处理的需求。本章将重点学习字符串的基本操作方法和正则表达式的使用方法。

## 5.1　了解字符串

微视频

字符串是连续的字符序列，由数字、字母或符号组成。在 PHP 中，字符串中的每个字符只占用一个字节。这里所说的字符主要包含以下几种类型：

（1）数字类型，如 1、2、3、4 等。

（2）字母类型，如 a、b、c、d、e、f 等。

（3）特殊类型，如#、$、^、&、%等。

（4）不可见字符，如\n（换行符）、\r（回车符）、\t（Tab 字符）等。

其中不可见字符是比较特殊的一组字符，用来控制字符串格式化输出，在浏览器中是不可见的，一般只能看到字符串输出的结果。

定义字符串可以使用单引号或双引号。一般情况下，单引号和双引号是通用的，但存在变量的时候，双引号内部变量会解析，单引号则不解析。所以如果内部只有纯字符串的时候用单引号，解析比较快；如果内部有变量，则要使用双引号。

【例 5-1】定义字符串（实例文件：源文件\ch05\5.1.php）。

```php
<?php
$s="苹果";
echo "我爱吃$s";        //输出双引号中的字符串
echo "<br />";
echo '我爱吃$s ';        //输出单引号中的字符串
?>
```

运行结果如图 5-1 所示。

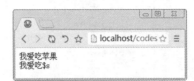

图 5-1　定义字符串

从结果可以看出，双引号中的内容是经过 PHP 语法分析器解析过的，任何变量都会被转换成它的值进行输出；而单引号中的变量会被作为普通的字符串原样输出，输出的是变量的名称。

☆**大牛提醒**☆

在进行 SQL 查询之前，所有的字符串都必须加单引号，以避免可能注入漏洞和 SQL 错误。

# 5.2　字符串的运算符

微视频

PHP 有两个字符串运算符：连接运算符"."和赋值运算符".="。其中连接运算符返回左右参数连接后的字符串；赋值运算符将右边参数附加到左边的参数之后。

【例 5-2】使用字符串的运算符（实例文件：源文件\ch05\5.2.php）。

```php
<?php
$a = "苹果";
$b = $a ."是我最喜欢吃的水果! ";        //连接运算符
echo $b."<br />";
$c = "香蕉";
$c .= "是我最喜欢吃的水果!";            //赋值运算符
echo "$c";
?>
```

运行结果如图 5-2 所示。

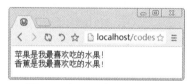

图 5-2　使用字符串的运算符

# 5.3　字符串的格式化

微视频

字符串的格式化就是将字符串处理为某种特定的格式。例如用户从表单中提交给服务器的数据一般是字符串的形式，为了达到期望的输出效果，就需要按照一定的格式处理这些字符串后再去使用。

## 5.3.1　去除空格和预定义字符

空格也是一个有效的字符，也会占据字符串中的一个位置。用户在表单输入数据时，有时无意中会多输入一些无意义的空格，因此 PHP 脚本在接收到通过表单处理过来的数据时，首先处理的就是字符串中多余的空格，或者其他一些没有意义的符号。在 PHP 中可以通过 ltrim()、rtrim()和 trim()函数来完成这项工作。

这 3 个函数的语法格式基本相同，但作用有所不同，分别用于从字符串的左、右和两端去除空格或其他预定义字符。处理后的结果都会以新字符串的形式返回，不会在原字符串上修改。它们的语法格式如下：

```
ltrim(string,charlist)      //从字符串左侧去除空格或其他预定义字符
rtrim(string,charlist)      //从字符串右侧去除空格或其他预定义字符
trim(string,charlist)       //从字符串两端去除空格或其他预定义字符
```

ltrim()、rtrim()和 trim()函数的参数说明如表 5-1 所示。

表 5-1　ltrim()、rtrim()和 trim()函数的参数说明

| 参　　数 | 说　　明 |
|---|---|
| string | 必须参数，规定要删除空格或其他预定义字符的字符串 |
| charlist | 可选参数，规定从字符串中去除哪些字符，如果省略，则移除下列一些字符：<br>" ":空格<br>"\t":制表符<br>"\n":新行<br>"\r":回车<br>"\0":null<br>"\x0B":垂直制表符 |

另外，还可以使用".."符号来指定要去除的一个范围，例如"0..9"和"a..z"分别表示去掉 ASCII 码值中的数字和小写字母。

【例 5-3】ltrim()、rtrim()和 trim()函数的应用（实例文件：源文件\ch05\5.3.php）。

```php
<?php
$s="12 元每公斤的苹果!";            //定义一个测试字符串,左侧为数字开头,右侧为感叹号
echo ltrim($s,"0..9");              //过滤掉字符串左侧的数字
echo "<br />";
echo rtrim($s,"!");                 //过滤掉字符串右侧的感叹号
echo "<br />";
echo trim($s,"0..9,!");             //过滤掉字符串左侧的数字和右侧的感叹号
?>
```

运行结果如图 5-3 所示。

图 5-3　ltrim()、rtrim()和 trim()函数的应用

不仅可以按需求过滤掉字符串中的内容，还可以使用 str_pad()函数按需求对字符串进行填补。str_pad()函数的语法格式如下：

```
str_pad(string,length,pad_string,pad_type)
```

str_pad()函数的参数说明如表 5-2 所示。

表 5-2　str_pad()函数的参数说明

| 参　　数 | 说　　明 |
|---|---|
| string | 必须参数，规定要填充的字符串 |
| length | 必须参数，规定新的字符串长度。如果该值小于字符串的原始长度，则不进行任何操作 |
| pad_string | 可选参数，规定供填充使用的字符串，默认是空白 |
| pad_type | 可选参数，规定填充到字符串的哪边。可能的值：<br>STR_PAD_LEFT：填充字符串的左侧<br>STR_PAD_RIGHT：填充字符串的右侧，默认值<br>STR_PAD_BOTH：填充字符串的两侧，如果不是偶数，则右侧获得额外的填充 |

**【例 5-4】** str_pad()函数的应用（实例文件：源文件\ch05\5.4.php）。

```php
<?php
$str = "洗衣机";                                //定义一个字符串常量
echo str_pad($str,16,"*",STR_PAD_LEFT);        //在左侧添加"*"
echo "<br />";
echo str_pad($str,16,"*",STR_PAD_RIGHT);       //在右侧添加"*"
echo "<br />";
echo str_pad($str,20,"*",STR_PAD_BOTH);        //在两侧添加"*"
?>
```

运行结果如图 5-4 所示。

图 5-4　str_pad()函数的应用

## 5.3.2　字符串大小写的转换

PHP 中提供了 4 个字符串大小写的转换函数，可以直接使用它们来完成大小写转换的操作。它们只有一个可选参数，即传入要进行转换的字符串。具体如表 5-3 所示。

表 5-3　转换函数的说明

| 函　　数 | 说　　明 |
| --- | --- |
| strtoupper() | 用于将给定的字符串全部转换为大写字母 |
| strtolower() | 用于将给定的字符串全部转换为小写字母 |
| ucfirst() | 用于将给定的字符串中的首字母转换为大写，其余字符不变 |
| ucwords() | 用于将给定的字符串中全部以空格分隔的单词首字母转换为大写 |

**【例 5-5】** 字符串大小写的转换（实例文件：源文件\ch05\5.5.php）。

```php
<?php
$str1 = "a good medicine tasks bitter";    //小写字符串
$str2 = "A GOOD MEDICINE TASKS BITTER";    //大写字符串
echo strtolower($str2);                    //strtolower()函数用来转换小写
echo "<br />";
echo strtoupper($str1);                    //strtoupper()函数用来转换大写
echo "<br />";
echo ucfirst($str1);                       //ucfirst()函数用来转换首字母大写
echo "<br />";
echo ucwords($str1);                       //ucwords()函数用来转换以空格分隔的单词首字母为大写
?>
```

运行结果如图 5-5 所示。

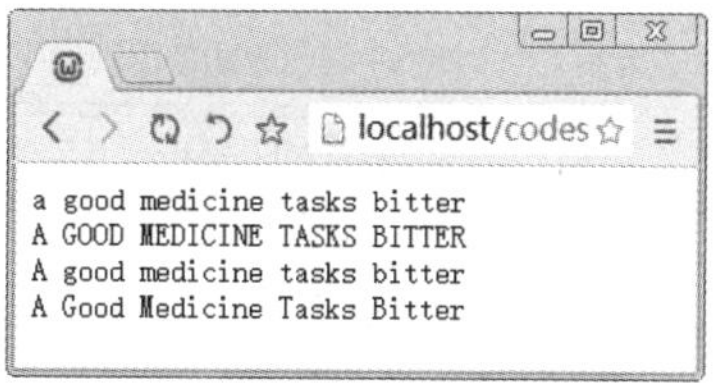

图 5-5　字符串大小写的转换

## 5.3.3　与 HTML 标签相关的字符串格式化

　　HTML 中的表单和 URL 上附加资源是用户将数据提交给服务器的途径，如果不能很好地处理，就有可能成为黑客攻击服务器的入口。例如，用户在发布文章时，在文章中如果包含一些 HTML 格式标记或 JavaScript 的页面转向等代码，直接输出显示则一定会使页面的布局发生改变。因为这些代码被发送到浏览器中，浏览器会按有效的代码去解释。所以在 PHP 脚本中，对用户提交的数据内容一定要先处理。PHP 中提供了非常全面的 HTML 相关的字符串格式化函数，可以有效地控制 HTML 文本的输出。

### 1. nl2br()函数

　　在浏览器中输出的字符串"<br />"标记换行，而很多人习惯使用"\n"作为换行符号，但浏览器中不识别"\n"的换行符。即使有多行文本，在浏览器中也只显示一行。nl2br()函数就是在字符串中的每个新行"\n"之前插入 HTML 换行符"<br />"。

　　例如下面代码：

```php
<?php
echo nl2br("明月几时有? 把酒问青天.\n 不知天上宫阙,今夕是何年."); //在"\n"前加上"<br />"标记
?>
```

　　运行结果输出如下：

　　明月几时有？把酒问青天。

　　不知天上宫阙，今夕是何年。

### 2. htmlspecialchars()函数

　　有时不希望浏览器直接解析 HTML 标记，就需要将 HTML 标记中的特殊字符转换成 HTML 实体。例如，将"<"转换为"<",将">"转换为">"，这样 HTML 标记在浏览器中就不会被解析，而是将 HTML 文本在浏览器中原样输出。PHP 中提供的 htmlspecialchars()函数就可以将一些预定义的字符串转换为 HTML 实体。

　　htmlspecialchars()函数语法格式如下：

```
htmlspecialchars(string,flags,character-set,double_encode)
```

　　htmlspecialchars()函数的参数说明如表 5-4 所示。

表 5-4　htmlspecialchars()函数的参数说明

| 参　　数 | 说　　明 |
| --- | --- |
| string | 必须参数，规定要转换的字符串 |
| flags | 可选参数，规定如何处理引号、无效的编码以及使用哪种文档类型<br>可用的引号类型如下：<br>ENT_COMPAT：默认，仅编码双引号<br>ENT_QUOTES：编码双引号和单引号<br>ENT_NOQUOTES：不编码任何引号 |
| character-set | 可选。规定了要使用的字符集。自 PHP5.4 起，无法被识别的字符集将被忽略并由 UTF-8 替代 |
| double_encode | 可选。布尔值，规定了是否编码已存在的 HTML 实体<br>True：默认值，将对每个实体进行转换<br>False：不会对已存在的 HTML 实体进行编码 |

　　此函数用在预防使用者提供的文字中包含 HTML 标记，例如像是布告栏或访客留言板方面的应用。以下是该函数可以转换的预定义的字符：

（1）"&"（和号）转换为"&amp;"。

（2）"""（双引号）转换为"""。

（3）"'"（单引号）转换为"'"。

（4）"<"（小于）转换为"<"。

（5）">"（大于）转换为">"。

【例 5-6】htmlspecialchars()函数的应用（实例文件：源文件\ch05\5.6.php）。

```php
<?php
$str = "<b>田夫荷锄至</b>:相见语依依.&'渭川田家'";
echo htmlspecialchars($str, ENT_COMPAT);      //只转换双引号
echo "<br />";
echo htmlspecialchars($str, ENT_QUOTES);      //转换双引号和单引号
echo "<br />";
echo htmlspecialchars($str, ENT_NOQUOTES);    //不转换任何引号
?>
```

运行结果如图 5-6 所示。

在浏览器中查看源码，结果如下所示：

&lt;b&gt;田夫荷锄至&lt;/b&gt;:相见语依依。&amp;'渭川田家'<br />&lt;b&gt;田夫荷锄至
&lt;/b&gt;:相见语依依。&amp;&#039;渭川田家&#039;<br />&lt;b&gt;田夫荷锄至&lt;/b&gt;:相见语依
依。&amp;'渭川田家'

### 3. strip_tags()函数

PHP 中提供的 strip_tags()函数默认就可以删除字符串中所有的 HTML 标签，也可以有选择性地删除一些 HTML 标记。例如用户在论坛中发布文章时，可以预留一些可以改变字体大小、颜色、粗体和斜体等的 HTML 标记，而删除一些对页面布局有影响的 HTML 标记。strip_tags()函数的语法格式如下：

```
strip_tags(string,allow)
```

其中 string 表示要检查的字符串，allow 参数是一个可选的 HTML 标签列表，放入该列表中的 HTML 标签将被保留，其他的则全部被删除，默认是将所有 HTML 标签都删除。

例如，保留"<b></b>"标签，代码如下：

```php
<?php
echo strip_tags("从今若许闲乘月 <b><i><>拄杖无时夜叩门</i></b>","<b>");   //保留<i>标签
?>
```

运行结果如图 5-7 所示。

图 5-6　htmlspecialchars()函数

图 5-7　strip_tags()函数

# 5.4　字符串常用操作

在 PHP 项目开发过程中，为了实现某项功能，经常需要对某些字符串进行特殊的处理，例如获取字符串的长度、截取字符串、替换字符串等，这些都是字符串的常用操作。本节将对 PHP 常用的字符串操作进行详细的介绍。

### 5.4.1　转义和还原字符串数据

转义和还原字符串数据有两种方法：一种是自己手动转义和还原字符串数据，另一种是自动转义和还原字符串数据。下面分别对这两种方法进行介绍。

**1. 手动转义和还原字符串数据**

定义字符串有三种方法，分别为单引号（'）、双引号（"）和定界符（<<<），定义字符串时，很可能在该字符串中存在这几种（', ", <<<）与 PHP 脚本混淆的字符，因此必须要对这几种字符做转义处理。

转义字符，顾名思义，就是把字符变成不同于其原来的含义。转义字符以反斜线"\"开头，后跟一个或几个字符。例如："'"是字符串的定界符，写为"\'"就失去了定界符的意义，变成了普通单引号"'"。

例如下面的代码：

```php
<?php
echo '游山西村\'莫笑农家腊酒浑,丰年留客足鸡豚.\'';
?>
```

运行结果输出如下：

游山西村'莫笑农家腊酒浑，丰年留客足鸡豚.'

手动转义的字符串可应用 addcslashes()函数进行字符串还原。

**2. 自动转义和还原字符串数据**

简单的字符串建议采用手动的方法进行字符串转义，而对于数量比较大的字符串，建议采用自动转义函数实现字符串的转义。自动转义和还原字符串数据可以使用 PHP 提供的 addslashes()函数和 stripslashes()函数来实现。

addslashes()函数返回在预定义字符之前添加反斜杠的字符串。addslashes()函数的语法格式如下：

```
addslashes(string)
```

stripslashes()函数删除由 addslashes()函数添加的反斜杠。stripslashes()函数的语法格式如下：

```
stripslashes(string)
```

【例 5-7】自动转义、还原字符串数据（实例文件：源文件\ch05\5.7.php）。

```php
<?php
$str="游山西村'莫笑农家腊酒浑,丰年留客足鸡豚.'";
echo "$str"."<br/>";
echo addslashes($str)."<br />";
echo stripslashes($str)."<br />";
?>
```

运行结果如图 5-8 所示。

图 5-8　自动转义和还原字符串数据

### 5.4.2　获取字符串的长度

在 PHP 中获取字符串长度用 strlen()函数来实现。strlen()函数的语法格式如下：

```
strlen(string);
```

☆**大牛提醒**☆

对于数字、英文、小数点、下画线和空格占一个字符，而对于汉字，在 UTF-8 编码下每个中文占 3 个字符。

```php
<?php
echo strlen("苹果:apple");
?>
```

输出的结果为"12"。

使用 strlen()函数可以对提交的用户密码进行检测，满足相应的位数，才能登录或者注册成功。

**【例 5-8】**检测用户密码的长度（实例文件：源文件\ch05\5.8.php 和 index.html）。

首先创建一个 index.php 文件，并在该文件中添加一个表单，在表单中分别添加文本框、密码框和提交按钮，用于提交输入的数据。表单的 action 属性的值为 5.8.php，表示数据提交的位置，method 属性的值为 POST，表示提交的方法为 POST。index.php 文件的代码如下：

```html
<!DOCTYPE html>
<html>
<head>
    <meta charset="UTF-8">
    <title>校验用户密码</title>
</head>
<body>
<form action="5.8.php" method="post">
    用户名: <input type="text" name="user"><br/>
    密　码: <input type="text" name="pass"><br/>
    <input type="submit">
</form>
</body>
</html>
```

然后创建 5.8.php，使用$_POST 来获取密码 pass，并用 strlen()函数获取密码长度，然后进行判断，满足或不满足分别输出相应的内容。

```php
<?php
    if (strlen($_POST["pass"])<10){
        echo "密码不能少于 10 位";
    }
    else{
        echo "密码设置成功";
    }
?>
```

运行 index.php 文件并输入相应的内容，如图 5-9 所示；单击"提交"按钮，根据获取的内容进行判断，然后输出结果，如图 5-10 所示。

图 5-9　index.php 页面

图 5-10　判断输入的内容

## 5.4.3　截取字符串

截取指定字符串中的指定长度的字符，可以使用 PHP 中预定义的函数 substr()函数来实现。语法格式如下：

```
substr(string,start,length)
```

substr()函数的参数说明如表 5-5 所示。

表 5-5　substr()函数的参数说明

| 参　　数 | 说　　明 |
| --- | --- |
| string | 指定要截取的字符串对象 |
| start | 规定在字符串的何处开始<br>正数：在字符串的指定位置开始<br>负数：在从字符串结尾开始的指定位置开始<br>0：在字符串中的第一个字符处开始 |
| length | 可选参数，指定截取字符的个数，默认是直到字符串的结尾<br>正数：从 start 参数所在的位置取到第 length 个字符<br>负数：从 start 参数所在的位置取到倒数第 length 个字符 |

☆**大牛提醒**☆

substr()函数中参数 start 的指定位置是从 0 开始计算的，字符串中的第一个字符的位置表示 0。

【例 5-9】截取字符串操作（实例文件：源文件\ch05\5.9.php）。

```php
<?php
$str=" From small beginnings comes great things ";
echo substr($str,0)."<br/>";          //从第 0 个位置开始截取,直到结尾
echo substr($str,0,16)."<br/>";       //从第 0 个位置开始,截取 16 个字符
echo substr($str,0,-6)."<br/>";       //从第 0 个位置开始,截取到倒数第 6 个字符
echo substr($str,5,64)."<br/>";       //从第 5 个位置开始,截取 64 个字符
echo substr($str,3,-6)."<br/>";       //从第 3 个位置开始,截取到倒数第 6 个字符
?>
```

运行结果如图 5-11 所示。

图 5-11　截取字符串效果

## 5.4.4　比较字符串

在 PHP 中，对于字符串之间的比较有 3 种方法，下面分别对这 3 种方法进行详细讲解。

### 1. 按字节进行字符串的比较

按字节比较字符串有两种方法，分别是利用 strcmp()函数和 strcasecmp()函数来实现。这两个函数的区别是 strcmp()函数区分大小写，而 strcasecmp()不区分大小写。strcmp()函数和 strcasecmp()函数的语法格式基本相同，具体如下：

```
strcmp(string1, string2);
strcasecmp(string1, string2);
```

其中参数 string1 和参数 string2 指定比较的两个字符串。如果相等则函数返回值为 0；如果参数 string1

大于参数 string2，则返回值大于 0；如果参数 string1 小于参数 string2，则返回值小于 0。

【例 5-10】按字节比较字符串（实例文件：源文件\ch05\5.10.php）。

```php
<?php
//定义 4 个字符串$str1、$str2、$str3 和$str4
$str1="绿树村边";
$str2="绿树村边合";
$str3="small beginnings";
$str4="Small Beginnings";
echo strcmp($str1,$str2)."<br/>";            //用 strcmp()函数比较$str1 和$str2
echo strcmp($str3,$str4)."<br/>";            //用 strcmp()函数比较,区分大小写
echo strcasecmp($str1,$str2)."<br/>";        //用 strcasecmp()函数比较$str1 和$str2
echo strcasecmp($str3,$str4)."<br/>";        //用 strcasecmp()函数比较,不区分大小写
?>
```

运行结果如图 5-12 所示。

图 5-12  按字节比较字符串

提示：在 PHP 中，使用 strcmp()函数对字符串之间进行比较的应用是非常多的，例如：使用 strcmp() 函数比较在用户登录网站中输入的用户名和密码是否正确，如果在验证用户和密码时不用此函数，那么输入用户名和密码无论是大写还是小写，只要正确即可登录。使用了 srtcmp()函数之后就避免了这种情况，即使输入的正确，也必须大小写全部匹配才可以登录，这样便提高了网站的安全性。

### 2. 按自然排序法进行字符串的比较

按照自然排序法进行字符串的比较是通过使用 strnatcmp()函数来实现的。自然排序法比较的是字符串的数字部分，将字符串中的数字按照大小进行比较。它的语法格式如下：

如果参数 string1 和参数 string2 相等则函数返回值为 0；如果参数 string1 大于参数 string2，则函数返回值大于 0；如果参数 string1 小于参数 string2，则函数返回值小于 0。

```php
strnatcmp(string1,string2)
```

【例 5-11】按照自然排序法进行字符串的比较（实例文件：源文件\ch05\5.11.php）。

```php
<?php
$str1 = "img5.jpg";                      //定义字符串常量
$str2 = "img10.jpg";                     //定义字符串常量
$str3 = "img5.jpg";                      //定义字符串常量
$str4 = "IMG10.jpg";                     //定义字符串常量
echo strnatcmp($str1,$str2)."<br/>";     //用 strnatcmp()函数比较$str1 和$str2
echo strnatcmp($str3,$str4)."<br/>";     //用 strnatcmp()函数比较$str3 和$str4
echo strnatcasecmp($str3,$str4);         //用 strnatcasecmp()函数比较$str3 和$str4
?>
```

运行结果如图 5-13 所示。

图 5-13  按自然排序法比较字符串

提示：strnatcmp()函数区分字母大小写。按照自然排序法进行比较，还可以使用另一个与
strnatcmp()函数作用相同，但不区分大小写的 strnatcasecmp()函数。

### 3. 指定从源字符的位置开始比较

strncmp()函数用来比较字符串中的前 n 个字符。语法格式如下：

```
strncmp(string1, string2, length);
```

strncmp()函数的参数说明如表 5-6 所示。

表 5-6  strncmp()函数的参数说明

| 参　　数 | 说　　明 |
| --- | --- |
| string1 | 指定参与比较的第一个字符串对象 |
| string2 | 指定参与比较的第二个字符串对象 |
| length | 必要参数，指定每个字符串中参与比较字符串的数量 |

如果参数 string1 和参数 string2 相等则函数返回值为 0；如果参数 string1 大于参数 string2，则函
数返回值大于 0；如果参数 string1 小于参数 string2，则函数返回值小于 0。

【例 5-12】指定从源字符的位置开始比较（实例文件：源文件\ch05\5.12.php）。

```php
<?php
$str1="appled";                          //定义字符串 str1
$str2="apples";                          //定义字符串 str2
$str3="appled";                          //定义字符串 str3
$str4="Apples ";                         //定义字符串 str4
echo strncmp($str1,$str2,6)."<br />";    //比较$str1 和$str2 中的前 6 个字符
echo strncmp($str3,$str4,6);             //比较$str3 和$str4 中的前 6 个字符
?>
```

运行结果如图 5-14 所示。

图 5-14　指定从源字符的位置开始比较

从上面代码中可以看出，由于变量$str1 和$str2 中的第 6 个字符串不同，且 d 的 ASCII 码小于 s
的 ASCII 码，所以函数返回值为-1；由于变量$str4 中字符串的首字母为大写，与变量$str3 中字符串
不同，a 的 ASCII 码大于 A 的 ASCII 码，因此比较后的函数返回值是 1。

## 5.4.5　检索字符串

在 PHP 中，提供了很多用于查找字符串的函数，PHP 也可以像 Word 那样实现对字符串的查找
功能。

### 1. 使用 strstr()函数查找指定的关键字

strstr()函数获取一个指定字符串在另一个字符串中首次出现的位置到后者末尾的子字符串。如果
执行成功，则返回剩余字符串（存在相匹配的字符）；如果没有找到相匹配的字符，则返回 False。
strstr()函数的语法格式如下：

```
strstr(string,search,before_search)
```

strstr()函数的参数说明如表 5-7 所示。

表 5-7　strstr()函数的参数说明

| 参　　数 | 说　　明 |
| --- | --- |
| string | 必须参数，规定被搜索的字符串 |
| search | 必须参数，规定所搜索的字符串。如果此参数是数字，则搜索匹配此数字对应的 ASCII 值的字符 |
| before_search | 可选参数，是布尔值，默认值为 False。如果设置为 True，它将返回 search 参数第一次出现之前的字符串部分 |

注意：strstr()函数区分字母大小写，如需进行不区分大小写的搜索，可以使用 stristr()函数。

【例 5-13】strstr()函数的应用（实例文件：源文件\ch05\5.13.php）。

```php
<?php
echo strstr("img.jpg",".",True);
echo "<br />";
echo strstr("img.jpg",".",False);
echo "<br />";
echo strstr("http://www.baidu.com","w");
echo "<br />";
var_dump(strstr("待到重阳日,还来就菊花.666","8"));
?>
```

运行结果如图 5-15 所示。

图 5-15　strstr()函数的应用

### 2. 使用 substr_count()函数检索子字符串出现的次数

substr_count()函数用来获取字符串中的某个子字符串出现的次数。语法格式如下：

```
substr_count(string,substring,start,length)
```

substr_count()函数的参数说明如表 5-8 所示。

表 5-8　substr_count()函数的参数说明

| 参　　数 | 说　　明 |
| --- | --- |
| string | 必须参数，规定被检查的字符串 |
| substring | 必须参数，规定要搜索的字符串 |
| start | 可选参数，指定在字符串中何处开始搜索，指定位置是从 0 开始计算的，字符串中的第一个字符的位置表示 0 |
| length | 可选参数，规定搜索的长度 |

【例 5-14】substr_count()函数的应用（实例文件：源文件\ch05\5.14.php）。

```php
<?php
$str = "Hello World!";
echo substr_count($str,"l",2);      //搜索字符 l 出现的次数,从第 3 个字符开始
echo "<br />";
echo substr_count($str,"l",3);      //搜索字符 l 出现的次数,从第 4 个字符开始
echo "<br />";
```

```
echo substr_count($str,"1",3,5);      //搜索字符1出现的次数,从第4个字符开始,搜索的长度为5
?>
```

运行结果如图 5-16 所示。

图 5-16  substr_count()函数的应用

## 5.4.6  替换字符串

替换字符串可以通过 str_ireplace()函数和 substr_replace()函数来实现。

### 1. str_ireplace()函数

str_ireplace()函数用于替换字符串中的一些字符，语法格式如下：

```
str_ireplace(find,replace,string,count)
```

str_ireplace()函数的参数说明如表 5-9 所示。

表 5-9  str_ireplace()函数的参数说明

| 参　　数 | 说　　明 |
| --- | --- |
| find | 必须参数，规定要查找的子字符串 |
| replace | 必须参数，规定替换 find 的值 |
| string | 必须参数，规定搜索的字符串 |
| count | 可选参数，一个变量，对替换次数进行计算 |

☆大牛提醒☆

str_ireplace()函数不区分大小写，如果需要区分大小写，可以使用 str_replace()函数。

【例 5-15】str_ireplace()函数的应用（实例文件：源文件\ch05\5.15.php）。

```
<?php
$str="月月岁岁花相似,岁岁月月人不同.";          //定义字符串$str
$str1="月月";                                    //定义字符串$str1
$str2="年年";                                    //定义字符串$str2
echo str_ireplace($str1,$str2,$str,$str3);       //输出替换后的字符串
echo "<br />替换的次数为: ".$str3;               //输出替换的次数
?>
```

运行结果如图 5-17 所示。

### 2. substr_replace()函数

substr_replace()函数把字符串的一部分替换为另一个字符串。

```
substr_replace(string,replacement,start,length)
```

substr_replace()函数的参数说明如表 5-10 所示。

图 5-17  str_ireplace()函数的应用

表 5-10  substr_replace()函数的参数说明

| 参　　数 | 说　　明 |
| --- | --- |
| string | 必须参数，规定要检查的字符串 |
| replacement | 必须参数，规定要插入的字符串 |
| start | 必须参数，规定在字符串的何处开始替换<br>正数：在字符串中的指定位置开始替换<br>负数：在从字符串结尾的指定位置开始替换<br>0：在字符串中的第一个字符处开始替换 |

续表

| 参　数 | 说　明 |
| --- | --- |
| length | 可选参数，规定要替换多少个字符，默认是与字符串长度相同<br>正数：被替换的字符串长度<br>负数：表示待替换的子字符串结尾处距离 string 末端的字符个数<br>0：插入而非替换 |

☆大牛提醒☆

substr_replace 函数存在缺陷，在中文替代时会出现乱码。

【例 5-16】substr_replace()函数的应用（实例文件：源文件\ch05\5.16.php）。

```php
<?php
$str="I like red and I like blue.";      //定义字符串$str
echo substr_replace($str,"yellow",7);
echo "<br />";
echo substr_replace($str,"yellow",7,3);
echo "<br />";
echo substr_replace($str,"yellow",7,0);
echo "<br />";
echo substr_replace($str,"yellow",7,-17);
?>
```

运行结果如图 5-18 所示。

## 5.4.7　分隔字符串

explode()函数用来分隔字符串。explode()函数的返回值是由字符串组成的数组，每个元素都是字符串的一个子串，它们被字符串分隔标识符分隔出来。语法格式如下：

图 5-18　substr_replace()函数的应用

```php
explode(separator,string,limit)
```

explode()函数的参数说明如表 5-11 所示。

表 5-11　explode()函数的参数说明

| 参　数 | 说　明 |
| --- | --- |
| separator | 必须参数，规定在哪里分隔字符串 |
| string | 必须参数，要分隔的字符串 |
| limit | 可选参数，规定所返回的数组元素的数目<br>可能的值：<br>大于 0：返回包含最多 limit 个元素的数组<br>小于 0：返回包含除了最后的-limit 个元素以外的所有元素的数组<br>0：返回包含一个元素的数组 |

**注意**：如果字符串中找不到相应的分隔标识符，并且使用了负数的 limit，那么会返回空的数组（array()），否则返回包含字符串单个元素的数组。

【例 5-17】分隔字符串（实例文件：源文件\ch05\5.17.php）。

```php
<?php
$str = '12,3456,7890';
print_r(explode(',',$str));            //没有设置 limit 的参数
echo "<br/>";
```

```php
print_r(explode(',',$str,0));        //limit 参数为 0 时
echo "<br/>";
print_r(explode(',',$str,2));        //limit 参数为正值时
echo "<br/>";
print_r(explode(',',$str,-1));       //limit 参数为负值时
?>
```

运行结果如图 5-19 所示。

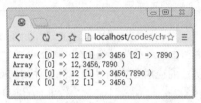

图 5-19　分隔字符串

## 5.4.8　合成字符串

implode()函数可以将一个数组的内容合并成一个字符串。语法格式如下：

```
implode(separator,array)
```

implode()函数的参数说明如表 5-12 所示。

表 5-12　implode()函数的参数说明

| 参　　数 | 说　　明 |
| --- | --- |
| separator | 可选参数。规定数组元素之间放置的内容。默认是""（空字符串） |
| array | 必须参数。要组合为字符串的数组 |

【例 5-18】合成字符串（实例文件：源文件\ch05\5.18.php）。

```php
<?php
$arr=array("我喜欢","吃","苹果！");
$str=implode("",$arr);
echo "$str";
?>
```

运行结果如图 5-20 所示。

图 5-20　合并字符串

☆大牛提醒☆

explode()函数和 implode()函数是两个相对的函数，分别用于分隔和合成。

# 5.5　正则表达式简介

微视频

　　正则表达式（Regular Expression）是一种文本模式，包括普通字符（例如，a～z 的字母）和特殊字符（称为"元字符"）。正则表达式是对字符串操作的一种逻辑公式，就是用事先定义好的一

些特定字符及这些特定字符的组合组成一个"规则字符串"。这个"规则字符串"用来表达对字符串的一种过滤操作，例如提取、编辑、替换或删除文本字符串等。对于处理字符串（例如 HTML 处理、日志文件分析和 HTTP 标头分析）的许多应用程序而言，正则表达式是不可缺少的工具。

# 5.6　正则表达式语法规则

微视频

正则表达式由两部分构成，元字符和文本字符。元字符就是具有特殊含义的字符，例如"*"和"?"等。文本字符就是普通的文本，例如字母和数字等。

构造正则表达式的方法是用多种元字符与运算符，将小的表达式结合在一起来创建更大的表达式。正则表达式可以是单个的字符、字符集合、字符范围、字符间的选择或者所有这些的任意组合。

## 5.6.1　行定位符

行定位符包含"^"和"$"两种，"^"表示行的开头，"$"表示行的结尾，经常应用它们来描述字符串的边界。

【例 5-19】使用行定位符（实例文件：源文件\ch05\5.19.php）。

```php
<?php
$str1="我喜欢吃苹果！";                      //定义字符串$str1
$str2="蒸藜炊黍饷东菑";                      //定义字符串$str2
$reg1="/^我/";                             //定义正则 reg1
$reg2="/东菑$/";                           //定义正则 reg2
if (preg_match($reg1,$str1)){              //判断$str1 是否以我为开头的
    echo $str1."是以我开头的";               //若是，输出内容
}
echo "<br />";
if (preg_match($reg2,$str2)){              //判断$str2 是否以东菑为结尾的
    echo $str2."是以东菑结尾的";             //若是，输出内容
}
?>
```

运行结果如图 5-21 所示。

在上面的实例中，使用"^我"来匹配$reg1，使用"东菑$"来匹配$reg2，如果满足则输出相应的内容。

☆大牛提醒☆

preg_match()函数用来进行正则表达式匹配，成功返回 1，否则返回 0，在后面的章节中将详细介绍。

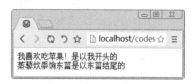

我喜欢吃苹果！是以我开头的
蒸藜炊黍饷东菑是以东菑结尾的

图 5-21　行定位符

## 5.6.2　单词定界符

在匹配部分单词时，例如 cats、cate 和 category 中都含有 cat，但有时我们只需要匹配的是某个单词，而不是单词的一部分，这时可以使用单词定界符\b，表示要查找的字符串是一个完整的单词。

【例 5-20】使用单词定界符（实例文件：源文件\ch05\5.20.php）。

```php
<?php
$str="I like cats";                       //定义字符串变量
$reg="/\bcat\b/";                         //定义正则 reg
if (preg_match($reg,$str)){               //判断$str 是否含有 cat
    echo "\$str 中含有 cat 单词 ";           //若含有，输出$str 中含有 cat 子串
```

```
}else{
    echo "\$str 中不含有 cat 单词";        //否则,输出$str 中不含有 cat 子串
}
```

运行结果如图 5-22 所示。

$str中不含有cat单词

**图 5-22　单词定界符**

还有大写的\B，意思与\b 刚好相反，它匹配的字符串不能是一个完整的单词，而是其他单词或字符串的一部分。例如：

```
\Bcat\B
```

### 5.6.3　字符类

正则表达式是区分大小写的，如果忽略大小写可使用方括号表达式 "[]"。只要匹配的字符出现在方括号内，即可表示匹配成功。但要注意，一个方括号只能匹配一个字符。例如，要匹配的字符串 AB 不区分大小写，那么该表达式应该写作如下格式：

```
[aB][Ab]
```

这样即可匹配字符中 AB 的所有写法。

### 5.6.4　选择字符

选择字符使用 "|"，它表示或的意思。例如 A|B 表示字母 A 或者 B。

【例 5-21】选择字符（实例文件：源文件\ch05\5.21.php）。

```php
<?php
$str1="山中习静观朝槿";                    //定义字符串变量$str1
$str2="松下清斋折露葵";                    //定义字符串变量$str2
$reg="/^山|松/";                          //定义正则 reg,匹配以山或者松头的字符串
if (preg_match($reg,$str1)){              //判断$str1 是否以山或者松开头
    echo $str1."是以山或者松开头的";       //若是,输出内容
}
echo "<br>";
if (preg_match($reg,$str2)){              //判断$str2 是否以山或者松为开头
    echo $str2."也是以山或者松开头的";     //若是,输出内容
}
?>
```

运行结果如图 5-23 所示。

山中习静观朝槿是以山或者松开头的
松下清斋折露葵也是以山或者松开头的

**图 5-23　选择字符**

注意，用 "[]" 与 "|" 的区别在于 "[]" 只能匹配单个字符，而 "|" 可以匹配任意长度的字符串。在使用 "[]" 的时候，往往配合连接字符 "-" 一起使用，如[a-d]，代表 a 或 b 或 c 或 d。

## 5.6.5 连字符

在用正则匹配字符串时，如果需要匹配 26 个英文字符或者 0～9 的数字时，像[a,b,c....]或者[1,2,3...]都写出来是很麻烦的。这时可以使用连字符"-"，连字符可以表示字符的范围，例如匹配在 a-z、A-Z 和 0-9 范围内的字符，可以写成：

```
[a-zA-Z0-9]
```

## 5.6.6 排除字符

在前面 5.6.1 节中讲过"^"的用法，表示行的开始，如果把它放到方括号里，则表示排除的意思。

【例 5-22】排除字符（实例文件：源文件\ch05\5.22.php）。

```php
<?php
$str=8;                                //定义整型常量
$reg="/[^1-7]/";                       //定义正则$reg,排除1~7的数;
if (preg_match($reg,$str)){            //判断$str是否满足$re
    echo "\$str 满足\$reg";            //若是,输出$str 满足$reg
} else{
    echo "\$str 不满足\$reg";          //否则,输出$str 不满足$reg
}
?>
```

运行结果如图 5-24 所示。

图 5-24 排除字符

在上面的实例中，判断$str 是否满足$reg，也就是数字 8 是否满足不在 1～7，显然满足，所以输出$str 满足$reg。

## 5.6.7 限定符

在当下互联网的年代，经常会登录或注册不同的网站，当用户登录或注册时，会对输入的账号或密码都有限制，例如输入的用户名不能大于 12 位、密码不能大于 18 位等。

对于这种情况，可以使用限定符来实现。限定符主要有 6 种，如表 5-13 所示。

表 5-13 限定符

| 限 定 符 | 说　明 | 举　例 |
| --- | --- | --- |
| ? | 匹配前面的字符零次或一次 | ab?c，该表达式可以匹配 ac 和 abc |
| + | 匹配前面的字符一次或多次 | ab+c，该表达式可以匹配的范围从 abc 到 abbb…c |
| * | 匹配前面的字符零次或多次 | ab*c，该表达式可以匹配的范围从 ac 到 abb…c |
| {n} | 匹配前面的字符 n 次 | ab{3}c，该表达式只匹配 abbbc |
| {n, } | 匹配前面的字符最少 n 次 | ab{3,}c，该表达式可以匹配的范围从 abbbc 到 abbb…c |
| {n, m} | 匹配前面的字符最少 n 次，最多 m 次 | ab{1,3}c，该表达式可以匹配 abc、abbc 和 abbbc |

### 5.6.8　点号字符

点号(.)字符在正则表达式中具有特殊意义，可以匹配除了回车符(\r)和换行符(\n)之外的任意字符。

例如要匹配一个单词，知道第一个字母为 b，第三个字母为 o，最后一个字母为 k，则匹配该单词的表达式为：

```
^b.ok$
```

### 5.6.9　转义字符

在前面"5.4.1 节转义和还原字符串数据"中介绍了 PHP 字符串的转义，正则表达式中的转义与其类似，都是使用转义字符"\"将特殊字符（例如"."、"?"、"\"等）变为普通的字符。

例如用正则表达式匹配 192.167.0.120 这样的 IP 地址，正则表达式为：

```
[0-9]{1,3}(\.[0-9]{1,3}){3}
```

在正则表达式中，"."表示除了回车符(\r)和换行符(\n)之外的任意字符，所以这里使用转义字符"\"转换为普通字符。

**提示**：表达式中圆括号"()"在正则表达式中也是一个元字符，将在 5.6.11 节中介绍。

### 5.6.10　反斜线

反斜线"\"除了可以做转义以外，还可以指定预定义的字符集，如表 5-14 所示。

**表 5-14　预定义字符集**

| 预定义字符集 | 说　　明 |
| --- | --- |
| \d | 匹配一个数字字符，相当于[0-9] |
| \D | 匹配一个非数字字符，相当于[^0-9] |
| \s | 匹配任何空白字符，包括空格、制表符、换页符等，相当于[\f\n\r\t\v] |
| \S | 匹配任何非空白字符，相当于[^\f\n\r\t\v] |
| \w | 匹配字母、数字、下画线，相当于[A-Za-z0-9_] |
| \W | 匹配非字母、数字、下画线，相当于[^A-Za-z0-9_] |

例如，使用上面的字符集来定义一个匹配用户名的正则表达式，该用户名以字母开头，长度为 5-12 位，表达式如下所示：

```
^[a-z]\w{4,11}$
```

### 5.6.11　括号字符

圆括号"()"本身不匹配任何内容，也不限制匹配任何内容，只是把括号内的内容看成一个整体，也就是一个表达式，例如：

```
(ABC){1,4};
```

这里就是把(ABC)看成一个整体，表示 ABC 最少出现 1 次，最多出现 4 次。如果这里没有圆括号，就表示 C 最少出现 1 次，最多出现 4 次了。

圆括号还可以改变限定符（例如"|" "*" "^"等）的作用范围，例如：

```
1(1|9);
```

这个表达式表示匹配 11 或者 19，如果去掉括号，则表示 11 或者 9 了。

## 5.6.12　模式修饰符

PHP 模式修饰符主要用来规定如何去解释正则表达式。模式修饰符增强了正则表达式在匹配、替换等操作的一些能力。模式修饰符如表 5-15 所示。

表 5-15　模式修饰符

| 修　饰　符 | 表达式写法 | 说　　明 |
| --- | --- | --- |
| i | (?i)…(?-i)、(?i:…) | 正则匹配时不区分大小写 |
| m | (?m)…(?-m)、(?m:…) | 当字符串含有换行符，且正则表达式中含有^或$时，m 才会起作用，作用是影响^或$的匹配 |
| s | (?s)…(?-s)、(?s:…) | 设置这个修饰符后，被匹配的字符串将被视为一行来看，包括换行符，此时换行符将作为普通的字符串 |
| x | (?x)…(?-x)、(?x:…) | 忽略空白字符 |

☆大牛提醒☆

模式修饰符既可以写在正则表达式的外面，也可以写在表达式的内部。例如忽略大小写模式可以写成/abc/i、(?i)abc(?-i)和(?i:abc)3 种格式。

【例 5-23】使用模式修饰符（实例文件：源文件\ch05\5.23.php）。

```php
<?php
$str="abc\ndef";
$reg='/^de/m';
if (preg_match($reg,$str,$arr)){
    echo "匹配成功: ";
    print_r($arr);
}
else{
    echo "匹配失败";
}
?>
```

运行结果如图 5-25 所示。

图 5-25　模式修饰符

# 5.7　PCRE 兼容正则表达式函数

在 PHP 中有两套正则表达式函数，一套是 POSIX 扩展正则表达式函数，它包含 ereg()、eregi()、ereg_replace()、eregi_replace()、split()和 spliti()等函数；另一套是 PCRE 兼容正则表达式函数，它包括 preg_grep()、preg_match()、preg_match_all()、preg_quote()、preg_replace()、preg_replace_callback()

和 preg_split()等函数。

　　PHP5.3 及其以上的版本，POSIX 扩展正则表达式已经不推荐使用，如果使用会提示用户使用了过期的函数。而 PCRE 兼容正则表达式函数更加规范，执行效率更高，所以推荐使用。下面分别了解一下 PCRE 兼容正则表达式函数。

## 5.7.1 preg_grep()函数

preg_grep()函数返回给定数组$array 与 pattern 匹配的元素组成的数组。语法格式如下：

```
preg_grep($pattern,$array,$flags)
```

preg_grep()函数的参数说明如表 5-16 所示。

表 5-16　preg_grep()函数的参数说明

| 参　　数 | 说　　明 |
| --- | --- |
| $pattern | 正则表达式，字符串形式 |
| $array | 匹配的数组 |
| $flags | 如果设置为 PREG_GREP_INVERT，这个函数返回输入数组中与给定模式 pattern 不匹配的元素组成的数组 |

【例 5-24】使用 preg_grep()函数（实例文件：源文件\ch05\5.24.php）。

```php
<?php
$array = array("abc", "abd", "bcd", "def");
$reg="/^a/";                          //定义正则表达式，以 a 开头
$arr1=preg_grep($reg,$array);         //使用 preg_grep 函数匹配满足$reg 的元素
$arr2=preg_grep($reg,$array,PREG_GREP_INVERT);//使用 preg_grep 函数匹配不满足$reg 的元素
var_export ($arr1);                   //输出满足$reg 的元素
echo "<p></p>";
var_export ($arr2);                   //输出不满足$reg 的元素
?>
```

运行结果如图 5-26 所示。

图 5-26　preg_grep()函数

## 5.7.2 preg_match()函数和 preg_match_all()函数

preg_match()函数和 preg_match_all()函数的语法格式基本一致，如下所示：

```
preg_match/preg_match_all($pattern,$subject,$matches)
```

preg_match()函数和 preg_match_all()函数的参数说明如表 5-17 所示。

表 5-17　preg_match()函数和 preg_match_all()函数的参数说明

| 参　　数 | 说　　明 |
| --- | --- |
| $pattern | 正则表达式，字符串形式 |
| $subject | 匹配的字符串 |
| $matches | 用来储存匹配结果的数组 |

preg_match()函数和 preg_match_all()函数都用来进行正则表达式匹配，函数返回匹配的次数。如果有$matches 参数，每次匹配的结果都存储在其中。

两者区别：preg_match()函数在匹配成功后就停止继续查找，preg_match_all()函数会一直匹配到最后才停止。

【例 5-25】使用 preg_match()函数和 preg_match_all()函数（实例文件：源文件\ch05\5.25.php）。

```php
<?php
$str="a1b2c3d4";
$reg="/\D/";                              //定义正则表达式（非数字）
$str1= preg_match($reg,$str,$arr1);       //使用 preg_match 函数匹配满足$reg 的字符
$str2= preg_match_all($reg,$str,$arr2);   //使用 preg_match_all 函数匹配满足$reg 的字符
echo "$str1"."<br/>";                     //输出 preg_match 函数匹配的次数
print_r($arr1);                           //输出 preg_match 函数匹配的结果
echo "<p></p>";
echo "$str2"."<br/>";                     //输出 preg_match_all 函数匹配的次数
print_r($arr2);                           //输出 preg_match_all 函数匹配的结果
?>
```

运行结果如图 5-27 所示。

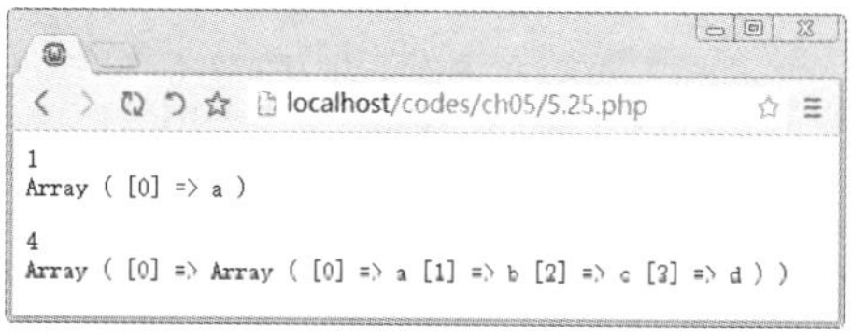

图 5-27　preg_match()函数和 preg_match_all()函数

## 5.7.3　preg_quote()函数

preg_quote()函数的语法格式如下：

```
preg_quote ($str,$delimiter);
```

该函数将字符串$str 中的所有特殊字符惊醒自动转义。如果有参数$delimiter，那么该参数所包含的字串也将被转义。函数返回转义后的字串。

【例 5-26】使用 preg_quote()函数（实例文件：源文件\ch05\5.26.php）。

```php
<?php
$str1='. \ + * ? [ ^ ] $ ( ) { } = ! < > | : - e';
$str2="e";
$str=preg_quote($str1,$str2);
echo $str;
?>
```

运行结果如图 5-28 所示。

图 5-28　preg_quote()函数

## 5.7.4　preg_replace()函数

preg_replace 函数的语法格式如下：

```php
preg_replace ($pattern , $replacement , $subject ,$limit);
```

该函数在字符串$subject中匹配表达式$pattern，并将匹配项替换为字符串$replacement。如果有参数$limit，则替换 limit 次。

有很多人喜欢看小说，然后去一些网站上下载小说，而下载的小说往往带有 HTML 标签，阅读起来很别扭，这时便可以使用 preg_replace()函数去掉标签，下面来看一下实现的代码。

【例 5-27】使用 preg_replace 函数（实例文件：源文件\ch05\5.27.php）。

```php
<?php
$str="<b>山中习静观朝槿,</b><p>松下清斋折露葵.</p>";
$reg="/<[^>]+>/";
$str1=preg_replace($reg,"",$str);
echo $str1;
?>
```

运行结果如图 5-29 所示。

图 5-29　preg_replace 函数

### 5.7.5　preg_replace_callback()函数

preg_replace_callback()函数与preg_replace()函数的功能相同，都用于查找和替换字串。不同的是preg_replace_callback()函数使用一个回调函数来代替 replacement 参数。

```php
preg_replace_callback (pattern, callback, subject, limit);
```

☆大牛提醒☆

在 preg_replace_callback()函数的回调函数中，字符串使用"，这样可以保证字符串中的特殊符号不被转义。

【例 5-28】使用 preg_replace_callback()函数（实例文件：源文件\ch05\5.28.php）。

```php
<?php
$str="<b>野老与人争席罢,</b><p>海鸥何事更相疑.</p>";
function callback(){
    return "*";
}
$reg="/<[^>]+>/";
$str1=preg_replace_callback($reg,"callback",$str);
echo $str1;
?>
```

运行结果如图 5-30 所示。

图 5-30　preg_replace_callback()函数

### 5.7.6　preg_split()函数

preg_split()函数是使用表达式来分隔字符串。语法格式如下：

```
preg_split($pattern,$subject,$limit);
```

preg_split()函数的参数说明如表 5-18 所示。

表 5-18　preg_split()函数的参数说明

| 参　　数 | 说　　明 |
|---|---|
| $pattern | 正则表达式 |
| $subject | 匹配的字符串 |
| $limit | 如果指定$limit，分隔后的数组中最多只有$limit 个元素，数组中最后一个元素将包含所有剩余部分。$limit 值为-1、0 或 null 时都表示"不限制" |

【例 5-29】使用 preg_split()函数（实例文件：源文件\ch05\5.29.php）。

```php
<?php
$str="洗衣机 4899 元,空调 5800 元,冰箱 3800 元";    //被分隔的字符串
$reg="/,/";                         //分隔字符串的表达式
$arr1 = preg_split("/,/", $str);    //使用 preg_split 函数分隔字符串
$arr2 = preg_split("/,/", $str,2);  //使用 preg_split 函数分隔字符串,设置$limit 参数
print_r($arr1);                     //输出分隔后的数组$arr1
echo "<br />";
print_r($arr2);                     //输出分隔后的数组$arr2
?>
```

运行结果如图 5-31 所示。

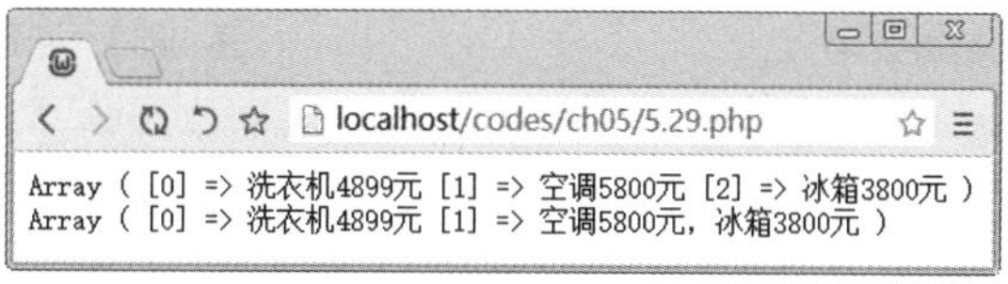

图 5-31　preg_split()函数

# 5.8　小白疑难问题解答

**问题 1**：如何确保一个字符串中只有首字母是大写字母？

**解答**：要想确保一个字符串的首字母是大写字母，而其余的都是小写字母，只通过某一个函数是无法完成的，这时可以采用复合的方式来完成任务。

例如以下代码：

```php
<?php
$str="we learned PHP、JavaScript and Mysql.";
echo ucfirst(strtolower($str));
?>
```

输出的结果为：We learned php、javascript and mysql.

从上面的代码可以看到，复合了 ucfirst()和 strtolower()两个函数，首先使用 strtolower()函数把字符串全部转换为小写，然后再使用 ucfirst()函数把首字母转换为大写字母。

**问题 2**：如何将字符串进行反转？

**解答**：使用 strrev()函数可以将输入的字符串反转，只提供一个要处理的字符串作为参数，返回反转后的字符串。例如下面代码：

```php
<?php
```

```
echo strrev("Hello World");
?>
```

输出的结果为：dlroW olleH。

# 5.9　实战训练

**实战 1**：生成可指定长度的随机验证码。

编程 PHP 程序，生成可指定长度的随机验证码。例如这里指定随机验证码的长度为 10，运行结果如图 5-32 所示。

**实战 2**：设计一个密码的正则表达式。

编程 PHP 程序，设计一个密码的正则表达式，这里设置正则表达式校验密码满足以下两个条件：

（1）密码必须由数字、字符、特殊字符三种中的两种组成。

（2）密码长度不能少于 8 个字符。

例如测试密码 1234abcd-*-*，运行结果如图 5-33 所示。

图 5-32　随机验证码

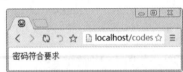
图 5-33　密码的正则表达式

# 第6章

# 日期和时间

在 PHP 开发中会有对日期和时间的使用。例如，在一些博客或论坛上评论时，会记录评论者评论的具体时间；规定时间删除 Cookie 或者 Session；电子商务网站活动倒计时等。本章将介绍日期和时间的使用和处理方法。

## 6.1　系统时区设置

微视频

这里的系统时区是指运行 PHP 的系统环境。常见的有 Windows 系统和 UNIX-like（类 UNIX）系统。对于它们的时区的设置，关系到运行应用的时间准确性。

### 6.1.1　时区划分

整个地球的时区总共划分为 24 个时区，分别是中时区（零时区）、东 1～12 区和西 1～12 区。在每个时区都有自己的本地时间，而且，在同一个时间，每个时区的本地时间会相差 1～23 个小时，例如英国伦敦的本地时间和中国北京的本地时间相差 8 小时。

在国际无线电通信领域，使用一个统一的时间，称为通用协调时间（Universal Time Coordinated，UTC），UTC 与格林尼治标准时间（Greenwich Mean Time，GMT）相同。

### 6.1.2　时区设置

在 PHP 中，默认的时间是格林尼治标准时间，也就是采用的是零时区。在中国，一般是根据北京时间确定全国的时间，北京属于东 8 区，所以要获取本地当前时间必须更改 PHP 语言的时区设置。

更改 PHP 中的时区设置有以下两种方法：

（1）修改 php.ini 文件中的设置，找到[data]下的 date.timezone=选项，修改为：date.timezone=Asia/Shanghai，然后重新启动 Apache 服务器。

（2）在应用程序中，需在使用时间日期函数之前添加以下函数：

```
date_default_timezone_set(timezone);
```

参数 timezone 为 PHP 提供可识别的时区名称，如果时区名称无法识别，系统会采用 UTC 时区。在 PHP 手册中提供了各时区名称列表，其中，设置我国北京时间可以使用的时区包括 PRC（中华人民共和国）、Asia/Urumqi（乌鲁木齐）、Asia/Shanghai（上海）或者 Asia/Chongqing（重庆），这几个时区名称是等效的。

设置完成后，date()函数便可以正常使用，不会再有时间差的问题。

注意：如果将程序上传到空间中，那么对系统时区设置时，不能修改 php.ini 文件，只能使用 date_default_timezone_set()函数对时区进行设置。

微视频

# 6.2 PHP 日期和时间函数

PHP 也提供了大量的内置函数，使开发者在日期和时间的处理上游刃有余，大大提高了工作效率。今天就为读者介绍一些常见的 PHP 日期和时间函数以及日期和时间的处理。

## 6.2.1 获取本地化时间戳

在 PHP 中应用 mktime()函数可以将一个日期和时间转换成一个本地化的 UNIX 时间戳，常与 date()函数一起完成时间的转换。

mktime()函数根据给出的参数返回 UNIX 时间戳。时间戳是一个长整数，包含从 UNIX 纪元（1970 年 1 月 1 日）到给定时间的秒数。其参数可以从右到左省略，任何省略的参数会被设置成本地日期和时间的当前值，mktime()函数的语法格式如下：

```
mktime(hour,minute,second,month,day,year,is_dst);
```

mktime()函数的参数说明如表 6-1 所示。

表 6-1 mktime()函数的参数说明

| 参　　数 | 说　　明 |
| --- | --- |
| hour | 小时 |
| minute | 分钟 |
| second | 秒数 |
| month | 月份 |
| day | 天数 |
| year | 年份 |
| is_dst | 如果时间在夏令时，则设置为 1，否则设置为 0，若未知则设置为-1（默认） |

PHP 有效的时间戳典型范围是格林尼治时间 1901 年 12 月 13 日 20:45:54 到 2038 年 1 月 19 日 03:14:07（此范围符合 32 位有符号整数的最小值和最大值）。在 PHP 5.1 之前，此范围在某些系统（例如 Windows）中限制为从 1970 年 1 月 1 日到 2038 年 1 月 19 日。在 PHP 5.1 之后 64 位系统不会受影响了，32 位系统也可以使用 newDateTime()函数解决。

【例 6-1】获取本地化时间戳（实例文件：源文件\ch06\6.1.php）。

```php
<?php
$date=mktime(0,0,0,10,1,2022);          //获取 2022 年 10 月 1 日的时间戳
echo $date;                              //输出 2022 年 10 月 1 日的时间戳
echo "<br />";
echo date("y-m-d h:i:s",$date);          //使用 date()函数输出格式化后的时间
?>
```

运行结果如图 6-1 所示。

图 6-1 获取本地化时间戳

## 6.2.2　获取当前时间戳

PHP 中，通过 time()函数获取当前的 UNIX 时间戳，返回值是从时间戳纪元（格林尼治时间 1970 年 1 月 1 日 00:00:00）到当前的秒数。语法格式如下：

```
time()
```

time()函数没有参数，返回值为 UNIX 时间戳的整数值。

【例 6-2】获取当前时间戳（实例文件：源文件\ch06\6.2.php）。

```php
<?php
$time=time();                    //获取当前的时间戳
echo $time . "<br>";             //输出当前的时间戳
echo date("Y-m-d",$time);        //使用 date()函数输出格式化后的当前时间
?>
```

运行结果如图 6-2 所示。

**图 6-2　获取当前时间戳**

## 6.2.3　获取当前日期和时间

在 PHP 中应用 date()函数获取当前的日期和时间，date()函数的语法格式如下：

```
date(format,timestamp)
```

其中 format 参数规定输出的日期时间格式，关于 format 参数的格式化选项将在 6.2.6 节进行介绍；timestamp 参数规定时间戳，默认是当前日期和时间。

【例 6-3】获取当前的日期和时间（实例文件：源文件\ch06\6.3.php）。

```php
<?php
echo date("Y-m-d h:i:s");                    //使用 date()函数获取当前的时间和日期
echo "<br />";
echo date("Y-m-d h:i:s","1840976674");       //使用 date()函数获取指定时间戳的日期和时间
?>
```

运行结果如图 6-3 所示。

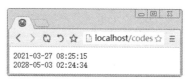

**图 6-3　获取当前的日期和时间**

☆**大牛提醒**☆

在上面的实例中，获取的时间和系统时间并不一定相同，这是因为 PHP 中默认的设置是标准的格林尼治时间，而不是北京时间。

## 6.2.4　获取日期信息

在日期数据处理中，有时会需要获取今天是一年中的第几天，今天是星期几等问题，可以使用 getdate()函数获取日期指定部分的相关信息。getdate()函数的语法格式如下：

```
getdate(timestamp);
```

getdate()函数返回的是一个关于日期时间的数组，如果没有 timestamp 参数，返回的是当前日期时间的信息。该数组中包含了许多的元素，分别表示日期时间的不同信息，具体如表 6-2 所示。

表 6-2　getdate()函数返回的数组元素

| 数 组 元 素 | 说　　明 | 数 组 元 素 | 说　　明 |
|---|---|---|---|
| seconds | 秒 | year | 年 |
| minutes | 分钟 | yday | 一年中的第几天 |
| hours | 小时 | weekday | 星期几的名称 |
| mday | 一个月中的第几天 | month | 月份的名称 |
| wday | 一个星期中的第几天 | 0 | 自 UNIX 纪元以来经过的秒数 |
| mon | 月 | | |

【例 6-4】获取日期信息（实例文件：源文件\ch06\6.4.php）。

```php
<?php
echo "<pre>";                    //预格式化数组
print_r(getdate());              //输出当前日期时间的信息
?>
```

运行结果如图 6-4 所示。

在处理日期时，只需要其中一部分信息，这时传入数组相关的元素参数就可以获取相应的日期信息了，下面通过一个简单的实例来介绍。

【例 6-5】获取部分日期信息（实例文件：源文件\ch06\6.5.php）。

```php
<?php
$date=getdate();                 //获取当前的所有日期信息,赋值给$date
echo $date["year"]."-".$date["mon"]."-".$date["mday"]."<br/>"; //获取当前的年-月-日
echo $date["hours"].":".$date["minutes"].":".$date["seconds"]; //获取当前的时-分-秒
$date["yday"]                    //获取当前处于一年中的第几天
?>
```

运行结果如图 6-5 所示。

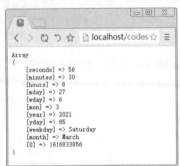

图 6-4　获取日期信息

图 6-5　获取部分日期信息

## 6.2.5　检验日期的有效性

在编写程序时，有时需要检测日期信息是否符合规范，例如 2 月 30 日就是错误的。在 PHP 中检测日期应用 checkdate()函数完成，它的语法格式如下：

```
checkdate(month,day,year);
```

其中 month 参数用来检测月份是否符合规范，有效值为 1～12；day 参数用来检测月份的天数是否符合规范，有效值为 1～31 天，2 月为 29 天（闰年）；year 参数用来检测年份，有效值为 1～32 767。

【例 6-6】检验日期的有效性（实例文件：源文件\ch06\6.6.php）。

```
<?php
var_export(checkdate(8,31,-2022));        //检测-2022 年 8 月 31 日是否符合规范
echo "<br />";
var_export(checkdate(2,29,2039));         //检测 2039 年 2 月 29 日是否符合规范
echo "<br />";
var_export(checkdate(2,29,2040));         //检测 2040 年 2 月 29 日是否符合规范
?>
```

运行结果如图 6-6 所示。

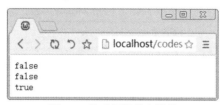

图 6-6  检验日期的有效性

## 6.2.6  输出格式化的日期和时间

在 6.2.3 节介绍了 date()函数的用法，用它来获取日期和时间，这只是它的一种用法，还可以用它来格式化日期和时间。格式化日期和时间主要是 format 参数在起作用，format 参数的格式化选项如表 6-3 所示。

表 6-3  format 参数的格式化选项

| 选　项 | 说　明 |
| --- | --- |
| a | 上午和下午的小写表示形式，返回值 am 或 pm |
| A | 上午和下午的大写表示形式，返回值 AM 或 PM |
| B | Swatch Internet 标准时间，返回值 000～999 |
| c | ISO 8601 标准的日期（例如 2018-11-01T04:51:03+00:00） |
| d | 一个月中的第几天，返回值 01～31 |
| D | 星期几的文本格式，用 3 个字母表示，返回值 Mon～Sun |
| e | 时区标识符（例如：UTC、GMT、Atlantic/Azores） |
| F | 月份的完整的文本格式，返回值 January～December |
| g | 12 小时制，不带前导零，返回值 1～12 |
| G | 24 小时制，不带前导零，返回值 0～23 |
| h | 12 小时制，带前导零，返回值 01～12 |
| H | 24 小时制，带前导零，返回值 00～23 |
| i | 分钟，带前导零，返回值 00～59 |

续表

| 选　项 | 说　明 |
|---|---|
| I（i 的大写形式） | 日期是否是在夏令时，如果是夏令时则为 1，否则为 0 |
| j | 一个月中的第几天，不带前导零，返回值 1～31 |
| l（L 的小写形式） | 星期几的完整的文本格式 |
| L | 是否是闰年，如果是闰年则为 1，否则为 0 |
| m | 月份的数字格式，带前导零，返回值 01～12 |
| M | 月份的短文本格式，用 3 个字母表示 |
| n | 月份的数字格式，不带前导零，返回值 1～12 |
| N | 星期几的 ISO 8601 数字格式，1 表示 Monday（星期一），7 表示 Sunday（星期日） |
| o | ISO 8601 标准下的年份数字 |
| O | 格林尼治时间（GMT）的差值，单位是小时 |
| P | 格林尼治时间（GMT）的差值，单位是 hours:minutes |
| r | RFC 2822 格式的日期（例如 Thu, 01 Nov 2018 05:02:48 +0000） |
| s | 秒数，带前导零，返回值 00～59 |
| S | 一个月中的第几天的英语序数后缀，2 个字符（st、nd、rd 或 th），与 j 搭配使用 |
| t | 给定月份中包含的天数，28～31 |
| T | 时区的简写 |
| U | 自 UNIX 纪元（January 1 1970 00:00:00 GMT）以来经过的秒数 |
| w | 星期几的数字格式，0 表示 Sunday（星期日），6 表示 Saturday（星期六） |
| W | 用 ISO 8601 数字格式表示一年中的星期数字，每周从 Monday（星期一）开始 |
| y | 年份的两位数格式 |
| Y | 年份的四位数格式 |
| z | 一年中的第几天，返回值 0～366 |
| Z | 以秒为单位的时区偏移量 |

对于上表中的 format 选项，可以根据需要随意的组合。下面通过一个实例来介绍。

【例 6-7】输出格式化的日期和时间（实例文件：源文件\ch06\6.7.php）。

```php
<?php
echo date("Y-m-d D h:i:s");                    //输出当前时间的年、月、日、星期、时、分、秒
echo "<br />";
echo "今天是一年中的第".date("z")."天";          //输出一年中的第几天
echo "<br />";
echo "今天是一年中的第".date("W")."个星期";       //输出一年中的第几个星期
?>
```

运行结果如图 6-7 所示。

图 6-7　输出格式化的日期和时间

还有一些关于时间和日期的预定义常量可以使用，预定义常量提供了标准的日期表达方式，具体的如表 6-4 所示。

表 6-4　时间和日期的预定义常量

| 常　　量 | 说　　明 | 常　　量 | 说　　明 |
| --- | --- | --- | --- |
| DATE_ATOM | Atom | DATE_RFC1036 | RFC 1036 |
| DATE_COOKIE | HTTP Cookies | DATE_RFC1123 | RFC 1123 |
| DATE_ISO8601 | ISO 8601 | DATE_RFC2822 | RFC 2822 |
| DATE_RFC822 | RFC 822 | DATE_RFC3339 | 与 DATE_ATOM 相同 |
| DATE_RFC850 | RFC 850 | DATE_RSS | RSS |
| DATE_W3C | 万维网联盟 | | |

【例 6-8】预定义常量（实例文件：源文件\ch06\6.8.php）。

```php
<?php
echo "DATE_ATOM = ".date(DATE_ATOM)."<br/>";
echo "DATE_COOKIE = ".date(DATE_COOKIE)."<br/>";
echo "DATE_ISO8601 = ".date(DATE_ISO8601)."<br/>";
echo "DATE_W3C = ".date(DATE_W3C)."<br/>";
echo "DATE_RSS = ".date(DATE_RSS);
?>
```

运行结果如图 6-8 所示。

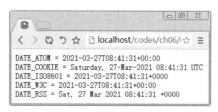

图 6-8　预定义常量

## 6.2.7　显示本地化的日期和时间

不同的国家和地区，使用不同的日期和时间。虽然是相同的时间，表示的方式却不一样，这时就需要设置本地化环境。本节使用 setlocale() 函数和 strftime() 函数来设置本地化环境和格式化输出日期和时间。

### 1. setlocale() 函数

setlocale() 函数用来改变 PHP 中默认的本地化环境。语法格式如下：

```
setlocale(category,locale)
```

参数 category 为必须参数，规定应该设置什么地区信息。可选项如表 6-5 所示。

表 6-5　category 参数的选项及说明

| 选　　项 | 说　　明 |
| --- | --- |
| LC_ALL | 包括下面的所有选项 |
| LC_COLLATE | 排序次序 |

续表

| 选　项 | 说　明 |
|---|---|
| LC_CTYPE | 字符类别及转换（例如所有字符大写或小写） |
| LC_MESSAGES | 系统消息格式 |
| LC_MONETARY | 货币格式 |
| LC_NUMERIC | 数字格式 |
| LC_TIME | 日期和时间格式 |

参数 locale 为必须参数。规定把地区信息设置为哪个国家/地区。可以是字符串或者数组。如果 locale 参数是 NULL，就会使用系统环境变量的 locale 或 lang 的值，否则就会应用 locale 参数所指定的本地化环境。

【例 6-9】使用 setlocale()函数改变本地化环境（实例文件：源文件\ch06\6.9.php）。

```php
<?php
echo setlocale(LC_ALL,NULL);
?>
```

运行结果如图 6-9 所示。

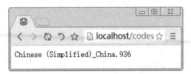

图 6-9　setlocale()函数

### 2. strftime()函数

strftime()函数根据本地化环境来格式化日期和时间。

```
strftime(format,timestamp)
```

该函数返回给定的字符串对参数 timestamp 进行格式化后输出的字符串。如果没用给出参数 timestamp，则用本地时间。月份、星期以及其他和语言有关的字符串写法和 setlocale()函数设置的当前区域有关。参数 format 识别的转换标记如表 6-6 所示。

表 6-6　参数 format 识别的转换标记

| 转换标记 | 说　明 |
|---|---|
| %a | 星期的简写 |
| %A | 星期的全称 |
| %b | 月份的简写 |
| %B | 月份的全称 |
| %c | 首选的日期和时间表示法 |
| %C | 表示世纪的数字（年份除以 100，范围从 00～99） |
| %d | 一个月中的第几天（01～31） |
| %D | 时间格式，与%m/%d/%y 表示法相同 |
| %e | 一个月中的第几天（1～31） |

续表

| 转 换 标 记 | 说　　　明 |
|---|---|
| %g | 与%G 表示法类似，但不带世纪 |
| %G | 与 ISO 星期数对应的 4 位数年份 |
| %h | 与%b 表示法相同 |
| %H | 小时，使用 24 小时制（00～23） |
| %I | 小时，使用 12 小时制（01～12） |
| %j | 一年中的第几天（001～366） |
| %m | 月份（01～12） |
| %M | 分 |
| %n | 换行符 |
| %p | 与给定的时间值相对应的 am 或 pm |
| %r | am 和 pm 的时间标记法 |
| %R | 24 小时制的时间标记法 |
| %S | 秒 |
| %t | tab 制表符 |
| %T | 当前时间，与%H:%M:%S 表示法相同 |
| %u | 星期几的数字表示（1～7），1 表示星期一 |
| %U | 当年包含的周数，从第一个星期日开始，作为第一周的第一天 |
| %V | 当年包含的 ISO 8601 格式下的周数（01～53），week1 表示当年的第一周，至少要有四天，且以星期一作为周的第一天 |
| %W | 当年包含的周数，从第一个星期一开始，作为第一周的第一天 |
| %w | 以十进制数形式表示一周中的某天，Sunday[星期日]=0 |
| %x | 首选的日期表示法，不带时间 |
| %X | 首选的时间表示法，不带日期 |
| %y | 不包含表示世纪的数字的年份表示（范围从 00 到 99） |
| %Y | 包含表示世纪的数字的年份表示 |
| %Z 或%z | 时区名称或简写 |
| %% | 输出一个%字符 |

【例 6-10】strftime()函数（实例文件：源文件\ch06\6.10.php）。

```php
<?php
echo "今天是星期".strftime("%w");
?>
```

运行结果如图 6-10 所示。

图 6-10　strftime()函数

## 6.2.8 将日期和时间解析为 UNIX 时间戳

在 PHP 中使用 strtotime()函数可以将任何英文文本的日期或时间描述解析为 UNIX 时间戳。strtotime()函数的语法格式如下：

```
strtotime(time,now);
```

strtotime()函数的参数说明如表 6-7 所示。

表 6-7　strtotime()函数的参数说明

| 参　　数 | 说　　明 |
| --- | --- |
| time | 必须参数，规定日期和时间字符串 |
| now | 可选参数，规定用来计算返回值的时间戳。如果省略该参数，则使用当前时间 |

☆大牛提醒☆

如果参数 time 的格式是绝对时间，则 now 参数不起作用；如果参数 time 是相对时间，那么其对应的时间就是参数 now 提供的。

【例 6-11】strtotime()函数（实例文件：源文件\ch06\6.11.php）。

```php
<?php
echo "当前时间的时间戳: ".strtotime("now")."<br />";                    //当前时间的时间戳
echo "当前的时间: ".date("Y-m-d H:i:s",strtotime("now"))."<br />";    //输出当前时间
echo "下周此时此刻的时间戳: ".strtotime("+1 week")."<br />";
echo "下周此时此刻的时间: ".date("Y-m-d H:i:s",strtotime("+1 week"));
?>
```

运行结果如图 6-11 所示。

图 6-11　strtotime()函数

# 6.3　计算代码执行时间

微视频

在网站中，经常需要计算代码执行时间，以衡量代码执行效率。使用 PHP 的 microtime()函数可以实现这个任务。该函数的语法格式如下：

```
microtime (void )
```

该函数返回当前 UNIX 时间戳和微秒数。返回格式为 msec sec 的字符串，其中 sec 是当前的 UNIX 时间戳，msec 为微秒数。

【例 6-12】计算页面脚本的运行时间（实例文件：源文件\ch06\6.12.php）。

本实例将计算当前时间与 2023 年过年的间隔小时数、当前时间与 2023 年元旦的间隔天数，最后计算此程序执行的时间。

```
<!doctype html>
<html>
<head>
```

```
    <meta charset="utf-8">
    <style type="text/css">
        .center{text-align:center;}
        .red {color:red;}
    </style>
    <title></title>
</head>
<body>
<div class="center">
    <?php
    function run_time(){
        list($msec, $sec) = explode(" ", microtime());
        return ((float)$msec + (float)$sec);
    }
    $start_time = run_time();
    $time1 = strtotime(date( "Y-m-d H:i:s"));
    $time2 = strtotime("2023-1-22 17:10:00");
    $time3 = strtotime("2023-1-1");
    $sub1 = ceil(($time2 - $time1) / 3600);    //60 * 60    ceil()为向上取整
    $sub2 = ceil(($time3 - $time1) / 86400);   //60 * 60 * 24
    echo "<p>离2023年过年还有<span class='red'>$sub1</span>小时!</p>" ;
    echo "<p>离2023年元旦还有<span class='red'>$sub2</span>天!</p>";
    $end_time = run_time();
    ?>
    <p>此程序运行时间:<span class="red"><?php echo ($end_time - $start_time); ?></span>
秒</p>
</div>
</body>
</html>
```

运行结果如图 6-12 所示。

图 6-12　页面脚本的运行时间

# 6.4　小白疑难问题解答

**问题 1**：如何输出明天此刻的时间？

**解答**：在 PHP 中打印出前一天此刻的时间，格式是年-月-日 时:分:秒。代码如下：

```
<?php
echo date('Y-m-d H:i:s', strtotime('+1 day'));
?>
```

**问题 2**：如何使用微秒单位？

**解答**：有时，某些应用要求使用比秒更小的时间单位表示时间。例如在一段测试程序运行的程序中，可能要使用到微秒级的时间单位来表示时间。如果需要微秒，只需要使用 microtime(True) 函数。

例如：

```php
<?php
$timestamp = microtime(True);
echo $timestamp;
?>
```

返回结果的时间戳精确到小数点后 4 位。

# 6.5　实战训练

**实战 1**：比较两个日期的先后。

在实际开发中经常会遇到比较两个日期的先后问题，但是 PHP 中的时间是不可以直接进行比较的。首先需要把时间转化为时间戳的格式，然后再进行比较，运行结果如图 6-13 所示。

**实战 2**：实现倒计时功能。

编程 PHP 程序，精确的计算出两个日期的时间差，运行结果如图 6-14 所示。

图 6-13　比较两个时间的大小

图 6-14　实现倒计时功能

# 第7章

# 面向对象程序设计

面向对象程序设计是在面向过程程序设计的基础上发展而来的，它比面向过程编程具有更强的灵活性和扩展性。PHP 是一种面向对象的语言，它可以创建类和对象，并且具有封装性和继承性。本章将对面向对象程序设计进行详细讲解。

## 7.1　认识面向对象

面向对象编程（OOP）是一种程序设计方法，它的核心就是将现实世界中的概念、过程和事务抽象成 C++语言中的模型，使用这些模型来进行程序的设计和构建。本节来学习面向对象中的一些重要的概念。

### 7.1.1　什么是对象

对象（object）是面向对象技术的核心。可以把我们生活的真实世界看成是由许多大小不同的对象所组成的。对象是指现实世界中的对象在计算机中的抽象表示，即仿照现实对象而建立的。

例如人和汽车，可以看成 2 个不同的对象，如图 7-1 所示。

图 7-1　人和汽车

对象是类的实例化。对象分为静态特征和动态特征两种。静态特征指对象的外观、性质、属性等，动态特征指对象具有的功能、行为等。客观事物是错综复杂的，人们总是习惯从某一目的出发，运用抽象分析的能力从众多特征中抽取具有代表性、能反映对象本质的若干特征加以详细研究。

人们将对象的静态特征抽象为属性，用数据来描述，在 PHP 语言中称之为变量。将对象的动态特征抽象为行为，用一组代码来表示，完成对数据的操作，在 PHP 语言中称之为方法（method）。一个对象由一组属性和一系列对属性进行操作的方法构成。

在计算机语言中也存在对象，可以定义为相关变量和方法的软件集。对象主要由下面两部分组成：

（1）一组包含各种类型数据的属性；

（2）对属性中的数据进行操作的相关方法。

面向对象中常用的技术术语及其含义如下：

（1）类（class）：用来描述具有相同属性和方法的对象的集合。它定义了该集合中每个对象所共有的属性和方法。对象是类的实例。

（2）类变量：类变量在整个实例化的对象中是公用的。类变量定义在类中且在函数体之外。类变量通常不作为实例变量使用。

（3）数据成员：类变量或实例变量用于处理类及其实例对象的相关数据。

（4）方法重写：如果从父类继承的方法不能满足子类的需求，那么可以对其进行改写，这个过程叫方法的覆盖（override），也称为方法的重写。

（5）实例变量：定义在方法中的变量只作用于当前实例的类。

（6）继承：即一个派生类（derived class）继承基础类（base class）的字段和方法。继承也允许把一个派生类的对象作为一个基础类对象对待。

（7）实例化：创建一个类的实例，类的具体对象。

（8）方法：类中定义的函数。

（9）对象：通过类定义的数据结构实例。对象包括两个数据成员（类变量和实例变量）和方法。

## 7.1.2　面向对象的特点

面向对象方法（Object-Oriented Method）是一种把面向对象的思想应用于软件开发过程中，指导开发活动的系统方法，简称 OO（Object-Oriented）方法。Object-Oriented 是建立在“对象”概念基础上的方法学。对象是由数据和容许的操作组成的封装体，与客观实体有着直接对应的关系。一个对象类定义了具有相似性质的一组对象，而继承性是对具有层次关系的类的属性和操作进行共享的一种方式。所谓面向对象就是基于对象概念，以对象为中心，以类和继承为构造机制，来认识、理解、刻画客观世界与设计、构建相应的软件系统。

面向对象方法作为一种新型的、独具优越性的方法正引起全世界越来越广泛的关注和高度重视，其被誉为“研究高技术的好方法”，更是当前计算机界关心的重点。

PHP 有完整的面向对象（Object-Oriented Programming，OOP）特性，面向对象程序设计提升了数据的抽象度、信息的隐藏、封装及模块化。

下面是面向对象程序的主要特性：

（1）封装性（encapsulation）：数据仅能通过一组接口函数来存取，经过封装的数据能够确保信息的隐密性。

（2）继承性（inheritance）：通过继承的特性，派生类（derived class）继承了其基础类（base class）的成员变量（data member）与类方法（class method）。派生类也叫作次类（subclass）或子类（child class），基础类也叫作父类（parent class）。

## 7.1.3　什么是类

将具有相同属性及相同行为的一组对象称为类。广义地讲，具有共同性质的事物的集合称为类。在面向对象程序设计中，类是一个独立的单位，它有一个类名，其内部包括成员变量和成员方法，分别用于描述对象的属性和行为。

类是一个抽象的概念，要利用类的方式来解决问题，必须先用类创建一个实例化的对象，然后通过对象访问类的成员变量及调用类的成员方法，来实现程序的功能。就如同“手机”本身是一个抽象的概念，只有使用了一个具体的手机，才能感受到手机的功能。

类是由使用封装的数据及操作这些数据的接口函数组成的一群对象的集合。类可以说是创建对象时所使用的模板（template）。

# 7.2　如何抽象一个类

微视频

本节来介绍一下如何定义一个类，以及类的属性和方法。

## 7.2.1　类的定义

PHP 中的类是通过 class 关键字加上类名来定义的。定义的格式如下：

```php
<?php
    class Students{      //定义学生类
      …
    }
?>
```

在两个花括号中间的部分是类的全部内容。

☆**大牛提醒**☆

定义类的时候，类名的第一个字母建议大写。

## 7.2.2　成员属性

类中的成员属性用来保存数据信息，或与成员方法进行交互实现某种功能。
定义成员变量的格式如下：

关键字　成员属性

**提示**：关键字可以使用 public、protected、private、static 和 final 中的任意一个。

下面创建一个学生类，并添加姓名、年龄等属性。

```php
<?php
    class Students {            //定义学生类
        public $name="小明";      //定义$name 属性
        public $age="18";        //定义$age 属性
    }
?>
```

## 7.2.3　成员方法

类中的函数被称为成员方法。函数和成员方法的区别：函数是实现某个独立的功能；成员是实现类的一个行为，是类的一部分。例如下面代码：

```php
<?php
    class Students {                //定义学生类
        public function mytest(){    //定义成员方法
            echo "我今天参加英语考试！";
        }
    }
?>
```

# 7.3　通过类实例化对象

微视频

类是对象的模板，所以对象需要通过类来实例。

## 7.3.1 实例化对象

类定义完成以后，接下来便可以使用类中的成员和方法了。但不像使用函数那么简单，因为类是一个抽象的描述，是功能相似的一组对象的集合。如果想使用类中的方法和属性，首先需要把它落实到一个实体，也就是对象上。所以需要先实例化一个对象，通过该对象来调用方法和属性。

实例化是通过关键字 new 来完成的，具体格式如下：

```
$对象名称=new 类名;
```

【例 7-1】实例化对象（实例文件：源文件\ch07\1.1.php）。

```php
<?php
class Cars{                          //定义汽车类
    public function mydata(){        //定义成员方法
        echo "这是最新款的汽车！";
    }
}
$cars=new Cars();                    //实例化一个对象$person
$cars->mydata();                     //访问成员方法
?>
```

运行结果如图 7-2 所示。

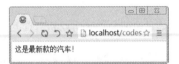

图 7-2　实例化对象

## 7.3.2 对象中成员的访问

访问成员属性和成员方法是一样的，都是使用实例化的对象来调用。具体的格式如下：

```
$实例化的对象->成员属性
$实例化的对象->成员方法
```

【例 7-2】访问对象的属性和方法（实例文件：源文件\ch07\7.2.php）。

```php
<?php
class Cars {                         //定义汽车类
    public $name="别克 <br />";       //定义成员属性
    public $price="12 万<br />";      //定义成员属性
    public function mydata(){        //定义成员方法
        echo "这是最新款的汽车！";
    }
}
$cars=new Cars();                    //实例化一个对象$person
echo $cars ->name;                   //访问成员属性
echo $cars->price;                   //访问成员属性
$cars-> mydata ();                   //访问成员方法
?>
```

运行结果如图 7-3 所示。

图 7-3　访问对象的属性和方法

### 7.3.3　特殊的对象引用$this

上一节介绍了在对象外访问对象的属性和方法，即"对象→成员属性、方法"。如果想在对象的内部，让对象里的方法访问本身对象的属性或方法时，如何实现呢？

因为对象里面所有成员都要用对象调用，包括对象内部成员之间的调用，所以 PHP 提供了一个对对象本身的引用$this。每个对象里面都有一个对象的引用$this 来代表这个对象，完成对象内部成员的调用。

【例 7-3】$this 的应用（实例文件：源文件\ch07\7.3.php）。

```php
<?php
class Cars{                                    //定义汽车类
    public $name="别克";                       //定义成员属性
    public $price="12 万<br />";               //定义成员属性
    public function mydata(){
        echo $this->name."的价格是：".$this->price;    //方法内访问成员属性
    }
    public function tests(){
        $this->mydata();                       //方法内访问成员方法 introduce()
        echo "这是最新款的汽车！";
    }
}
$cars=new Cars();                              //实例化一个对象$cars
$cars->tests();                               //访问成员方法
?>
```

运行结果如图 7-4 所示。

图 7-4　$this 的应用

### 7.3.4　构造函数与析构函数

构造函数是类中的一个特殊函数，当使用 new 关键字实例化对象时，相当于调用了类的构造函数。实例化对象时，自动调用，用于给对象的属性赋初值。

析构函数也是类中的特殊函数，在对象被销毁释放之前自动调用，并且该函数不能带有任何参数。

**1. 构造函数**

PHP 允许开发者在一个类中定义一个方法作为构造函数。具有构造函数的类会在每次创建新对象时先调用此方法，所以非常适合在使用对象之前做一些初始化工作。

当一个类实例化一个对象时，可能会有很多类属性，例如下面 Students 类中的成员属性：

```php
class Students{
    public $name;       //定义姓名属性
    public $sex;        //定义性别属性
    public $age;        //定义年龄属性
    public $grade;      //定义年级属性
    public $class;      //定义班级属性
}
```

然后定义一个 Students 类的对象，并对这个类的成员属性赋初值。代码如下：

```
$students =new Students ();
$students ->name="小明";
$students ->sex="男";
$students ->age="12";
$students ->grade="五年级";
$students ->class="3 班";
```

可以发现，如果赋初值比较多，写起来是相当麻烦的。为此，PHP 引入构造函数。构造函数是生成对象时自动执行的成员方法，作用是初始化对象。构造函数可以没有参数，也可以有多个参数。定义构造函数的语法格式如下：

```
__construct([arguments]);
```

【例 7-4】构造函数的应用（实例文件：源文件\ch07\7.4.php）。

```php
<?php
class Goods{
    public $name;                             //定义名称属性
    public $factory;                          //定义厂商属性
    public $price;                            //定义价格属性
    public function __construct($name, $factory, $price){ //定义构造函数
        echo $this->name=$name."-";          //为成员属性$name 赋值,并输出
        echo $this->factory=$factory."-";     //为成员属性$factory 赋值,并输出
        echo $this->price=$price;             //为成员属性$price 赋值,并输出
    }
}
$goods1=new Goods("洗衣机","云尚科技","4660"); //实例化一个对象$goods1,并传递参数
echo "<hr />";
$goods2=new Goods("冰箱","云尚科技","5660");  //实例化一个对象$goods2,并传递参数
?>
```

运行结果如图 7-5 所示。

**图 7-5 构造函数的应用**

从上面实例可以看出，使用构造函数，在实例化对象时只需一条语句即可完成对成员变量的赋值。

☆**大牛提醒**☆

如果子类中定义了构造函数则不会隐式调用其父类的构造函数；要执行父类的构造函数，需要在子类的构造函数中调用 parent::__construct()。如果子类没有定义构造函数，则会如同一个普通的类方法一样从父类继承。

**2. 析构函数**

析构函数会在到某个对象的所有引用都被删除或者当对象显示销毁时执行，作用是释放内存。定义析构函数的格式如下：

```
__destruct(void);
```

【例 7-5】析构函数的应用（实例文件：源文件\ch07\7.5.php）。

```php
<?php
class Goods{
```

```
    public $name;                                          //定义名称属性
    public $factory;                                       //定义厂商属性
    public $price;                                         //定义价格属性
    public function __construct($name, $factory, $price){   //定义构造函数
        echo $this->name=$name."-";                        //为成员属性$name赋值,并输出
        echo $this->factory=$factory."-";                  //为成员属性$factory赋值,并输出
        echo $this->price=$price;                          //为成员属性$price赋值,并输出
    }
    public function __destruct(){
        echo "<p>对象被销毁后,调用析构函数</p>";
    }
}
$goods1=new Goods("洗衣机","云尚科技","4660");             //实例化一个对象$goods1,并传递参数
echo "<hr />";
$goods2=new Goods("冰箱","云尚科技","5660");              //实例化一个对象$goods2,并传递参数
?>
```

运行结果如图 7-6 所示。

图 7-6　析构函数的应用

☆大牛提醒☆

PHP 采用的是一种"垃圾回收"的机制，自动清除不再使用的对象，释放内存。也就是说即使不使用 unset()函数，析构函数也会自动被调用。

# 7.4　封装性

微视频

所谓类的封装（encapsulation），就是指类将其属性（变量与方法）封装在该类内，只有该类内的成员，才可以使用该类中的其他成员。这种被封装的变量与方法，称为该类的私有变量（private variable）与私有方法（private method）。

## 7.4.1　设置私有成员

定义类时，使用 private 关键字可以将成员属性和方法设置为私有的。只能被这个类的其他成员方法调用，而不能被其他类中的方法调用。

【例 7-6】设置私有成员（实例文件：源文件\ch07\7.6.php）。

```
<?php
class My{
    private $name="私有属性";                //设置私有属性
    private function say(){                   //设置私有方法
        echo "私有方法";
    }
}
$my=new My;                                   //实例化一个对象$my
```

```
echo $my->name;
$my->say();
?>
```

程序运行结果为：Fatal error: Cannot access private property My::$name in···含义是无法访问私有属性。如果把 echo $my->name;去掉，刷新浏览器，运行结果变为 Fatal error: Call to private method My::say() from context '' in···含义是无法访问私有方法。

## 7.4.2 私有成员的访问

在类的封装中，可以自定义方法来访问私有成员，例如下面实例中的 setAtte()和 getAttr()方法。因为 setAtte()和 getAttr()方法是该类中的方法，所以可以访问该类的私有成员。而这两个方法是公有的，所以在类外可以访问这两个方法。因此通过这两个方法可以在类外面访问该类的私有成员。

下面通过一个实例进行介绍。在实例中定义了 setAtte()和 getAttr()两种方法。setAtte()方法用来为私有属性赋值，getAttr()方法用来获取私有属性。

【例 7-7】访问私有成员（实例文件：源文件\ch07\7.7.php）。

```php
<?php
class Goods{
    private $name="洗衣机";                    //设置私有属性
    private $price="8688 元";                  //设置私有属性
    public function setMess($name,$price){     //为私有属性赋值
        $this->name=$name;
        $this->price=$price;
    }
    public function getMess(){                 //获取私有属性
        echo $this->name;
        echo $this->price;
    }
}
$goods=new Goods;                              //实例化一个对象$goods
$goods->setMess ("电视机","3898 元");          //设置私有成员属性
$goods->getMess();                             //访问私有成员属性
?>
```

运行结果如图 7-7 所示。

**图 7-7 访问私有成员**

除了自定义方法以外，还可以使用 PHP 预定义的方法来获取和修改私有成员。

PHP 中预定义了__get()和__set()方法，其中__get()方法用于获取私有成员属性值，__set()方法用于为私有成员属性赋值，这两个方法获取或设置私有属性值时都是自动调用的。

## 7.4.3 __set()、__get()、__isset()和__unset()四种方法

__set()、__get()、__isset()和__unset()是实现属性重载的四种魔术方法。重载是指动态地创建类属性和方法。本节介绍的是重载属性的魔术方法，后面还会介绍重载方法的魔术方法，例如__call()方法。

☆**大牛提醒**☆

所有的重载方法都必须被定义为 public。

__set()、__get()、__isset()和__unset()四种方法的具体介绍如表 7-1 所示。

表 7-1　重载的四种魔术方法

| 方　法 | 说　　明 | 语　法 | 参数说明 |
|---|---|---|---|
| __set | 在给不可访问属性赋值时，__set()会被调用 | __set ($name ,$value ) | 参数 $name　是指要操作的变量名称。__set()方法的$value 参数指定了$name 变量的值 |
| __get | 读取不可访问属性的值时，__get()会被调用 | __get ($name ) | |
| __isset | 当对不可访问属性调用 isset()或 empty()时，__isset()会被调用 | __isset ($name ) | |
| __unset | 当对不可访问属性调用 unset()时，__unset()会被调用 | __unset ($name ) | |

☆**大牛提醒**☆

上述魔术方法的参数都不能通过引用传递。

【例 7-8】实现属性重载的四种魔术方法（实例文件：源文件\ch07\7.8.php）。

```php
<?php
class Goods{
    //下面是类的成员属性,都是封装的私有成员
    private $name;              //商品名称
    private $city;              //商品产地
    private $price;             //商品价格
    //在直接获取私有属性值的时候,自动调用了这个__get()方法
    public function __get($property){
        return($this->$property);
    }
    //在直接设置私有属性值的时候,自动调用了这个__set()方法为私有属性赋值
    public function __set($property, $value){
        $this->$property = $value;
    }
    //当用 isset()或 empty()判断一个不可见属性时,自动调用__isset()
    public function __isset($argument){
        echo $argument."属性不存在<br/>";
    }
    //当 unset 一个不可见属性时自动调用__unset()
    public function __unset($argument){
        echo $argument."属性不存在,无法销毁";
    }
}
$goods =new Goods();            //实例化一个对象
//直接为私有属性赋值的操作,会自动调用__set()方法进行赋值
$goods ->name="洗衣机";
$goods ->city="上海";
$goods ->price="6800 元";
//直接获取私有属性的值,会自动调用__get()方法,返回成员属性的值
echo "商品名称: ".$goods->name"<br />";
echo "商品产地: ".$goods->city"<br />";
echo "商品价格: ".$goods->price"<br />";
//判断不存在的属性 cities,会自动调用__isset()方法
isset($goods ->cities);
//销毁不存在的属性 cities,会自动调用__unset()方法
unset($goods->cities);
?>
```

运行结果如图 7-8 所示。

图 7-8　实现属性重载的四种魔术方法

# 7.5　继承性

微视频

在 PHP 中，对象的继承使用 extends 关键字来实现，而且最多只能继承一个父类，PHP 不支持多继承。继承对于功能的设计和抽象是非常有用的，而且对于类似的对象增加新功能就无须重新再写这些公用的功能。

## 7.5.1　类继承的应用

子类继承父类的所有成员和方法，包括构造函数。当子类实例化时，PHP 会先查找子类中是否有构造函数，如果子类有自己的构造函数，PHP 则会先调用子类的构造函数；如果子类没有自己的构造函数，则会调用父类的构造函数，这就是继承。

给子类使用 extends 关键字，让子类继承父类。例如下面代码：

```
class Student extends Person{}
```

【例 7-9】类继承的应用（实例文件：源文件\ch07\7.9.php）。

```php
<?php
class Goods{
    public $name;                                     //定义名称属性
    public $city;                                     //定义产地属性
    public $price;                                    //定义价格属性
    public function __construct($name,$city,$price){  //定义构造函数
        $this->name=$name;                            //为成员属性$name 赋值,并输出
        $this->city=$city;                            //为成员属性$city 赋值,并输出
        $this->price=$price;                          //为成员属性$price 赋值,并输出
    }
}
class Goods1 extends Goods{                            //定义子类 Goods1,继承父类
    public function mydata(){
        if ($this->price>=8000||$this->city=="北京"){
            echo $this->name."北京的商品价格有点高! ";
        }else{
            echo $this->name."北京的商品价格比较实惠! ";
        }
    }
}
class Goods2 extends Goods{                            //定义子类 Goods2,继承父类
    public function mydata(){
        if ($this->price>=8000||$this->city=="上海"){
            echo $this->name."上海的商品价格有点高! ";
        }else{
            echo $this->name."上海的商品价格比较实惠! ";
```

```
        }
    }
}
$goods1=new Goods1("洗衣机","北京","8800");        //实例化对象
$goods1->mydata();
echo "<hr/>";
$goods2=new Goods2("冰箱","上海","7900");          //实例化对象
$goods2->mydata();
?>
```

运行结果如图 7-9 所示。

图 7-9　类继承的应用

## 7.5.2　私有属性的继承

类中的私有属性或者方法是不能被子类继承的。但是当父类中某个方法调用了父类中的私有属性或者方法时，该方法在被继承以后，将能继续通过$this 访问父类中的私有属性或者方法。

【例 7-10】私有属性的继承（实例文件：源文件\ch07\7.10.php）。

```
<?php
class Student{
    private $name="章天佑";                      //定义私有属性
    private function showgrade(){                //定义私有方法
        echo "的总成绩是 368 分！";
    }
    public function saygrade (){                 //定义公有方法,访问私有属性和方法
        echo $this->name;
        echo $this->showgrade();
    }
}
class Student1 extends Student{}                 //定义子类,继承父类
$student =new Student();                         //实例化一个对象$student
$student->saygrade();
?>
```

运行结果如图 7-10 所示。

图 7-10　私有属性的继承

## 7.5.3　子类中重载父类的方法

因为在 PHP 中不能存在同名的函数，所以在同一个类中也就不能定义重名的方法。本节所说的重载是指在子类中可以定义与父类同名的方法从而覆盖从父类继承过来的方法。

包括构造函数在内，子类可以重新定义同名的类方法以覆盖父类的方法。在子类的构造函数中，可使用"parent::__construct()"调用父类中的构造函数。

☆**大牛提醒**☆

除构造函数之外，其他函数在覆盖时，函数的参数列表必须相同。

【例 7-11】子类中重载父类的方法（实例文件：源文件\ch07\7.11.php）。

```php
<?php
class Goods{
    public $name;                                //定义姓名属性
    public function __construct($name){          //定义构造函数
        $this->name=$name;                       //为成员属性$name 赋值,并输出
    }
    public function say(){
        echo $this->name."-";
    }
}
class Goods1 extends Goods{                       //定义子类 Goods1,继承父类
    public $price;                               //定义价格属性
    public function __construct($name,$price){
        parent::__construct($name);              //调用父类的构造函数
        $this->price=$price;
    }
    public function say(){                        //重载父类方法
        if ($this->price>=8500){
            echo "商品的价格有点贵! ";
        }else{
            echo "商品的价格不贵! ";
        }
    }
}
$goods1=new Goods1("洗衣机","8888");              //实例化一个对象$goods1
$goods1->say();
?>
```

运行结果如图 7-11 所示。

图 7-11　子类中重载父类的方法

# 7.6　常见的关键字

微视频

在 PHP 中，有很多关键字用来修饰类的属性和方法，例如 final，static，const 等。本节将介绍这些关键字的使用方法。

## 7.6.1　final 关键字

如果父类中的方法被声明为 final，则子类无法覆盖该方法。如果一个类被声明为 final，则不能被继承。

☆**大牛提醒**☆

属性不能被定义为 final，只有类和方法才能被定义为 final。

使用 final 标识的类，不能再被继承，也不能再有子类。例如下面代码：

```
final class class name{
    //…
}
```

在类中使用 final 标识的方法，在子类中不可以重写，也不能被覆盖。例如下面代码：

```
final function method_name();
```

下面通过一个实例来介绍。在实例中，首先定义一个类 Person，在类中定义一个 say()方法，在前面加上 final 关键字。然后定义一个子类 Man，在这个子类中覆盖父类中的 say()方法。

【例 7-12】final 关键字的应用（实例文件：源文件\ch07\7.12.php）。

```
<?php
class Goods{
    final function say(){            //定义公有方法,访问私有属性和方法
        echo "新产品上线了! ";
    }
}
class Goods1 extends Goods{
    public function say(){           //覆盖父类中的方法
        echo "新产品上线了! ";
    }
}
$goods1=new Goods1();                //实例化一个对象$goods1
$goods1->say();
?>
```

运行程序，输出结果如下：

```
Fatal error: Cannot override final method Goods::say()
```

## 7.6.2　static 关键字

static 关键字的作用：将类的成员属性或成员方法标识为静态的。

使用 static 关键字标识的成员属性和成员方法在类内、类外调用的方法是不一样的。

在类外调用的方式如下：

类调用：名::静态成员属性名；

类调用：类名::静态成员方法名()；

对象调用：对象名::静态成员属性名；

对象调用：对象名::静态成员方法名()。

【例 7-13】在类外调用 static 关键字标识的成员（实例文件：源文件\ch07\7.13.php）。

```
<?php
    class Example{
        public static $a="调用静态属性<br/>";       //定义静态属性
        public static function test(){              //定义静态方法
            echo "调用静态方法<br />";
        }
    }
    echo Example::$a;                               //Example 类调用属性
    echo Example::test();                           //Example 类调用方法
    echo "<hr/>";
    $example=new Example();                         //实例化一个对象$example
    echo $example::$a;                              //$example 对象调用属性
    echo $example::test();                          //$example 对象调用方法
?>
```

运行结果如图 7-12 所示。

在类内调用方式如下：

```
self::静态成员属性名
self::静态成员方法名()
```

【例 7-14】在类内调用 static 关键字标识的成员（实例文件：源文件\ch07\7.14.php）。

```php
<?php
class Example{
    public  static $a="在类中调用静态属性<br/>";        //定义静态属性
    public static function test(){                     //定义静态方法
        echo "在类中调用静态方法";
    }
    public function test1(){                           //定义静态方法
        echo self::$a;
        echo self::test();
    }
}
$example=new Example();                                 //实例化一个对象$example
$example->test1();                                      //调用 test1()方法
?>
```

运行结果如图 7-13 所示。

图 7-12　在类外调用 static 关键字标识的成员

图 7-13　在类内调用 static 关键字标识的成员

☆大牛提醒☆

在使用静态方法时需要注意，在静态方法中只能访问静态成员。因为非静态的成员必须通过对象的引用进行访问，通常是使用$this 来完成。而静态的方法在对象不存在的情况下也可以直接使用类名来访问，没有对象也就没有$this 引用，没有了$this 引用就不能访问类中的非静态成员，但是可以使用类名或者 self 在非静态方法中访问静态成员。

## 7.6.3　const 关键字

const 是一个定义常量的关键字。调用 const 常量的方式和静态成员（static）的调用是一样的，在类外通过类名访问，在成员方法中使用 self 关键字进行访问。具体的请参考"7.6.2 static 关键字"一节。

☆大牛提醒☆

const 标识的常量是一个恒定值，不能重新赋值，所以一定要在定义的时候初始化。使用 const 声明的常量名称前不能使用$符号，并且常量名通常都是大写的。

【例 7-15】const 关键字的应用（实例文件：源文件\ch07\7.15.php）。

```php
<?php
class Students{
    const COUNTS1=99;                                  //定义常量
    const COUNTS2=89;                                  //定义常量
    public $name="李磊";                               //定义变量(成员属性)
    public function saycounts(){                        //定义公有方法
        echo $this->name."的语文成绩是".self::COUNTS1."分,"; //类中调用常量 COUNTS1
    }
```

```
}
$students =new Students();                          //实例化对象
$students->saycounts();
echo "数学成绩是".Students::COUNTS2."分.";           //类外调用 COUNTS2
?>
```

运行结果如图 7-14 所示。

图 7-14　const 关键字的应用

## 7.6.4　instanceof 关键字

instanceof 关键字有以下两个作用：

（1）判断一个对象是否是某个类的实例。

（2）判断一个对象是否实现了某个接口。

本节主要介绍第一个用法。使用 instanceof 关键字判断一个对象是某个类的实例时，返回 True；否则返回 False。

instanceof 关键字语法格式如下：

```
对象引用 instanceof 类名
```

【例 7-16】instanceof 关键字的应用（实例文件：源文件\ch07\7.16.php）。

```
<?php
class Person{}                              //定义类
class Man extends Person{};                 //创建 Person 类的子类 Man
class Person1{}                             //定义类
$person=new Person();                       //实例化对象
$man=new Man();                             //实例化对象
$person1=new Person1();                     //实例化对象
if ($person instanceof Person) {            //判断$person 是否为 Person 类的实例
    echo "\$person"."是"."Person 的一个实例";
}
else{echo "\$person"."不是"."Person 的一个实例";}
echo "<br/>";
if ($man instanceof Person){                //判断$man 是否为 Person 类的实例
    echo "\$man"."是"."Person 的一个实例";
}
else{echo "\$man"."不是"."Person 的一个实例";}
echo "<br/>";
if ($person1 instanceof Person){            //判断$person1 是否为 Person 类的实例
    echo "\$person1"."是"."Person 的一个实例";
}
else{echo "\$person1"."不是"."Person 的一个实例";}
?>
```

运行结果如图 7-15 所示。

图 7-15　instanceof 关键字的应用

微视频

# 7.7　抽象类与接口

抽象类和接口是 PHP 对象的高级应用，本节来详细介绍它们。

## 7.7.1　抽象类

抽象类是一种不能被实例化的类，只能作为其他类的子类来使用。抽象类使用 abstract 关键字来定义。

抽象类和普通类类似，包含成员属性、成员方法。但是抽象类至少要包含一个抽象方法。抽象方法没有方法体，其功能的实现只能在子类中完成。抽象方法也需要使用 abstract 关键字来修饰。

抽象类和抽象方法的具体格式如下：

```
abstract class AbstractName{                        //定义抽象类
    abstract protected function abstractName();      //定义抽象方法
}
```

继承一个抽象类的时候，子类必须定义父类中的所有抽象方法；另外，这些方法的访问控制必须和父类中一样或者更为宽松。例如某个抽象方法被声明为受保护的，那么子类中实现的方法就应该声明为受保护的或者公有的，而不能定义为私有的。

抽象类和抽象方法主要应用于复杂的层次关系中，这种层次关系要求每一个子类都包含并重写某些特定的方法。

下面通过一个实例进行介绍。先定义一个商品抽象类 Fruits，该抽象类包含一个抽象方法 explain()。然后为抽象类生成两个子类 Apple 和 Banana，分别在两个子类中实现抽象方法。最后实例化两个对象，调用实现后的方法输出结果。

【例 7-17】抽象类的应用（实例文件：源文件\ch07\7.17.php）。

```php
<?php
abstract class Fruits{                                  //定义抽象类
    abstract protected function explain($name,$price,$num);  //定义抽象方法
}
class Apple extends Fruits{                             //定义子类,继承抽象类
    public function explain($name,$price,$num) {        //定义方法
        echo "你购买的是$name<br/>";
        echo $name."的单价是".$price."元<br/>";
        echo "你购买了".$num."斤<br/>";
    }
}
class Banana extends Fruits{                            //定义子类,继承抽象类
    public function explain($name,$price,$num) {        //定义方法
        echo "你购买的是$name<br/>";
        echo $name."的单价是".$price."元<br/>";
        echo "你购买了".$num."斤<br/>";
    }
}
$apple=new Apple();                                     //实例化子类
$apple->explain("苹果","15","2");                       //调用方法
echo "<br/>";
$banana= new Banana();                                  //实例化子类
$banana->explain("香蕉","25","3");                      //调用方法
?>
```

运行结果如图 7-16 所示。

图 7-16　抽象类的应用

## 7.7.2　接口技术

PHP 类是单继承，也就是不支持多继承，当一个类需要具有多个类的功能时，继承就无能为力了，为此 PHP 引入了接口技术。

接口是通过 interface 关键字来定义的，就像定义一个标准的类一样，但其中定义所有的方法都是空的。并且定义的所有方法都必须公有，这是接口的特性。接口中也可以定义常量。接口常量和类常量的使用完全相同，但是不能被子类或子接口所覆盖。例如下面代码：

```
interface InterfaceName{
    function interfaceName1();
    function interfaceName2();
    …
}
```

☆**大牛提醒**☆

如果一个抽象类里面的所有方法都是抽象方法，且没有声明变量，而且接口里面所有的成员都是public 权限的，那么这种特殊的抽象类就叫接口。

实现接口需要使用 implements 操作符。类中必须实现接口中定义的所有方法，否则会报一个致命错误。类可以实现多个接口，用逗号来分隔多个接口的名称。例如下面代码：

```
class Realize implements InterfaceName1,InterfaceName2{
    function InterfaceName1(){
        //功能实现
    }
    function InterfaceName2(){
        //功能实现
    }
    …
}
```

实现多个接口时，接口中的方法不能有重名。接口也可以继承，通过使用 extends 操作符。

【**例 7-18**】接口技术的应用（实例文件：源文件\ch07\7.18.php）。

```
<?php
interface Port1{
    function basketball();
}
interface Port2{
    function football();
}
class Person1 implements Port1{
    function basketball(){
        echo "小明的选修课选择篮球课.";
    }
}
class Person2 implements Port1,Port2{
```

```
    function basketball(){
        echo "小华的选修课选择篮球课.";
    }
    function football(){
        echo "还选择了足球课.";
    }
}
$person1=new Person1();              //类 Person1 实例化
$person1->basketball();              //调用方法
echo "<br />";
$person2= new Person2();             //类 Person2 实例化
$person2->basketball();              //调用方法
$person2->football();                //调用方法
?>
```

运行结果如图 7-17 所示。

图 7-17　接口技术的应用

通过上面的实例可以发现，抽象类和接口实现的功能十分相似。抽象类的优点是可以在抽象类中实现公共的方法，而接口则可以实现多继承。

# 7.8　小白疑难问题解答

**问题 1**：抽象类和类一样吗？

**解答**：抽象类是类的一种，通过在类的前面增加关键字 abstract 表示。抽象类是仅仅用来继承的类。通过 abstract 关键字声明，就是告诉 PHP，这个类不再用于生成类的实例，仅仅是用来被其子类继承的。可以说，抽象类只关注于类的继承。抽象方法就是在方法前面添加关键字 abstract 声明的方法。抽象类中可以包含抽象方法。一个类中只要有一个方法通过关键字 abstract 声明为抽象方法，则整个类都要声明为抽象类。然而，特定的某个类即便不含抽象方法，也可以通过 abstract 声明为抽象类。

**问题 2**：使用静态变量越多越好吗？

**解答**：静态变量不用实例化对象就可以使用，主要原因是因为当类第一次被加载时就已经分配了内存空间，所以可以直接调用静态变量，速度也比较快。但是如果静态变量声明得过多，空间就会一直被占用，从而影响系统的功能，可见静态变量的多少，还应根据实际开发的需要，而不是越多越好。

# 7.9　实战训练

**实战 1**：通过接口实现多态。

编程 PHP 程序，通过继承接口实现。设计一个通过接口实现多态的案例，运行结果如图 7-18 所示。

**图 7-18　通过接口实现多态**

**实战 2**：使用静态变量实现一个网站访问计数器效果。

编程 PHP 程序，使用静态变量实现一个网站访问计数器效果，每次对象实例化，计数器都会加 1 操作，运行结果如图 7-19 所示。

**图 7-19　网站访问计数器**

# 第8章

## 操作文件和目录

在前面的章节中，数据只是暂时存储在变量、序列和对象中，一旦程序结束，数据也会随之丢失。如果想长时间地保存程序中的数据，就需要将数据保存到磁盘文件中。在程序运行过程中将数据保存到文件中，则程序运行结束后，相关数据就保存在文件中了。本章将重点学习文件和目录的操作方法和技巧。

# 8.1 文件系统概述

微视频

在操作文件时，往往需要知道文件的类型和属性，才能更好地处理文件。本节介绍文件的类型和文件的属性。

## 8.1.1 文件类型

PHP 是以 UNIX 的文件系统为模型的，因此在 Windows 系统中只能获得 file、dir 或者 unknown 三种文件类型。而在 UNIX 系统中，可以获得 block、char、dir、fifo、file、link 和 unknown7 种类型。每种文件类型的说明如表 8-1 所示。

表 8-1　文件类型的说明

| 文 件 类 型 | 描　　述 |
|---|---|
| block | 块设备文件，如某个磁盘分区、软驱、光驱 CD-ROM 等 |
| char | 字符设备是指在 I/O 传输过程中以字符为单位进行传输的设备，例如键盘、打印机等 |
| dir | 目录类型，目录也是文件的一种 |
| fifo | 命名管道，常用于将信息从一个进程传递到另一个进程 |
| file | 普通文件类型，如文本文件或可执行文件 |
| link | 符号链接，是指向文件指针的指针，类似 Windows 系统中的快捷方式 |
| unknown | 位置类型 |

在 PHP 中可以使用 filetype() 函数获取文件的类型，该函数接收一个文件名作为参数，如果文件不存在将返回 False。

```php
<?php
echo filetype('index.php');
?>
```

上面代码输出的结果为 file，表明 index.php 为普通文件。

对于一个已知的文件，还可以使用 is_file()函数判断给定的文件名是否为一个正常的文件。和它类似，使用 is_dir()函数判断给定的文件名是否是一个目录，使用 is_link()函数判断给定的文件名是否为一个符号链接。

## 8.1.2　文件的属性

在进行编程时，需要使用到文件的一些常用的属性，例如文件的大小、文件的类型、文件的修改时间、文件的访问时间和文件的权限等。在 PHP 中，可以使用一些函数来获取这些文件属性，这些函数如表 8-2 所示。

表 8-2　获取文件属性的函数

| 函 数 名 | 作　　用 | 参　数 | 返　回　值 |
|---|---|---|---|
| file_exists() | 检查文件或目录是否存在 | 文件名 | 文件存在返回 True，不存在则返回 False |
| is_executable() | 判断给定文件名是否可执行 | 文件名 | 如果文件存在且可执行则返回 True |
| filesize() | 获取文件大小 | 文件名 | 返回文件大小的字节数，出错返回 False |
| is_readable() | 判断给定文件名是否可读 | 文件名 | 如果文件存在且可读则返回 True |
| is_writable() | 判断给定文件名是否可写 | 文件名 | 如果文件存在且可写则返回 True |
| filectime() | 获取文件的创建时间 | 文件名 | 返回 UNIX 时间戳格式 |
| filemtime() | 获取文件的修改时间 | 文件名 | 返回 UNIX 时间戳格式 |
| fileatime() | 获取文件的访问时间 | 文件名 | 返回 UNIX 时间戳格式 |
| stat() | 获取文件大部分属性值 | 文件名 | 返回关于给定文件有用的信息数组 |

【例 8-1】获取文件的属性（实例文件：源文件\ch08\8.1.php）。

```php
<?php
header("Content-type:text/html;charset=utf-8");
date_default_timezone_set("Asia/Shanghai");
//声明一个函数,通过传入一个文件名称获取文件的部分属性
function getFileAttr($filename){
    if (!file_exists($filename)){
        echo '目标文件不存在！！<br />';
        return;
    }
    if (is_file($filename)){
        echo $filename.'是一个文件<br />';
    }
    if (is_dir($filename)){
        echo $filename.'是一个目录<br />';
    }
    echo '文件的类型：'.getFileType($filename).'<br />';
    if (is_readable($filename)){
        echo '文件可读<br />';
    }
    if (is_writable($filename)){
        echo '文件可写<br />';
    }
    if (is_executable($filename)){
        echo '文件可执行.<br />';
```

```php
    }
    echo '文件建立时间：'.date('Y-m-d H:i:s',filectime($filename)).'<br />';
    echo '文件最后修改时间：'.date('Y-m-d H:i:s',filemtime($filename)).'<br />';
    echo '文件最后访问时间：'.date('Y-m-d H:i:s',fileatime($filename)).'<br />';
}
getFilcAttr('8.1.php');
//声明一个函数用来返回文件的类型
function getFileType($filename){
    switch(filetype($filename)){
        case 'file':
            $type = "普通文件";
            break;
        case 'dir':
            $type = '目录文件';
            break;
        case 'block':
            $type = '块设备文件';
            break;
        case 'char':
            $type = '字符设备文件';
            break;
        case 'fifo':
            $type = '命名管道文件';
            break;
        case 'link':
            $type = '符号链接';
            break;
        case 'unknown':
            $type = '位置类型';
            break;
        default;
            $type = '没有检测到文件类型';
    }
    return $type;
}
?>
```

运行结果如图 8-1 所示。

图 8-1　获取文件的属性

微视频

# 8.2　目录的基本操作

要描述一个文件的位置，可以使用绝对路径和相对路径。绝对路径是从根目录开始一级一级地进入各个子目录，最后指定该文件名或者目录名。而相对路径是从当前目录进入某个目录，最后指定该文件名或目录名。在系统的每个目录下都有两个特殊的目录.和..，分别指示当前目录和当前目录的父目录（上一级目录）。

## 8.2.1 解析目录路径

在 UNIX 系统中必须使用正斜线/作为路径分隔符，而在 Windows 系统中默认使用反斜线\作为路径分隔线，在程序中表示时还要将\转义，但也接受正斜线/作为分隔线的写法。为了程序可以有很好的移植性，建议都是用/作为文件的路径分隔符。另外，也可以使用 PHP 内部的常量 DIRECTORY_SEPARATOR，其值为当前操作系统的默认文件路径分隔符。

【例 8-2】解析目录路径（实例文件：源文件\ch08\8.2.php）。

```php
<?php
$fileName='ch08'.DIRECTORY_SEPARATOR.'8.1.php';
echo $fileName;
?>
```

运行结果如图 8-2 所示。

将目录路径中的各个属性分离开是很有用的，例如末尾的扩展名、目录部分和基本名。可以通过 PHP 的系统函数 basename()、dirname()和 pathinfo()完成这些任务。

### 1. basename ()函数

basename()函数返回路径中的文件名部分，语法格式如下：

```
basename(path,suffix)
```

该函数给出一个包含有指向一个文件全路径的字符串，本函数返回基本的文件名。第二个参数是可选参数，规定文件的扩展名。如果提供了则不会输出扩展名。

【例 8-3】basename()函数的应用（实例文件：源文件\ch08\8.3.php）。

```php
<?php
$path = './8.1.php';
echo basename($path)."<br />";        //显示带有文件扩展名的文件名,输出 8.1.php
echo basename($path,'.php');          //显示不带文件扩展名的文件名,输出 8.1
?>
```

运行结果如图 8-3 所示。

图 8-2　解析目录路径

图 8-3　basename()函数的应用

### 2. dirname()函数

该函数恰好与 basename()函数相反，只需要一个参数，给出一个包含有指向一个文件的全路径的字符串，本函数返回去掉文件名后的目录名。

【例 8-4】dirname()函数的应用（实例文件：源文件\ch08\8.4.php）。

```php
<?php
$path = './ch08/8.1.php';
echo dirname($path);                  //返回目录名./ch08
?>
```

运行结果如图 8-4 所示。

### 3. pathinfo()函数

pathinfo()函数返回一个关联数组，其中包括制定路径中的目录名、基本名和扩展名三个部分，分别通过数组键 dirname、basename 和 extension 引用。

**【例 8-5】**pathinfo()函数的应用（实例文件：源文件\ch08\8.5.php）。

```php
<?php
$path = '/ch08/8.1.php';
$path_parts = pathinfo($path);
echo $path_parts['dirname']."<br/>";        //输出目录名./ch08/8.1.php
echo $path_parts['basename']."<br/>";       //输出基本名 index.php
echo $path_parts['extension'];              //输出扩展名 php
?>
```

运行结果如图 8-5 所示。

图 8-4　dirname()函数的应用

图 8-5　pathinfo()函数的应用

## 8.2.2　遍历目录

在进行 PHP 编程时，需要对服务器某个目录下面的文件进行浏览，通常称为遍历目录。取得一个目录下的文件和子目录，就需要用到 opendir()函数、readdir()函数、closedir()函数和 rewinddir()函数，这些函数的具体说明如表 8-3 所示。

表 8-3　遍历目录的函数

| 函　　数 | 说　　明 |
| --- | --- |
| opendir() | 用于打开指定目录，接受一个目录的路径作为参数，函数返回值为可供其他目录函数使用的目录句柄（资源类型）。如果目录不存在或者没有访问权限，则返回 False |
| readdir() | 用于读取指定的目录，接受已经用 opendir()函数打开的可操作目录句柄作为参数，函数返回当前目录指针位置的一个文件名，并将目录指针向后移动一位。当指针位于目录的结尾时，因为没有文件存在则返回 False |
| closedir() | 关闭指定目录，接收已经用 opendir()函数打开的可操作句柄作为参数。函数无返回值，运行后将关闭打开的目录 |
| rewinddir() | 倒回目录句柄，接收已经用 opendir()函数打开的可操作目录句柄作为参数。将目录指针重置目录到开始处，即倒回目录的开头 |

**【例 8-6】**使用函数遍历目录（实例文件：源文件\ch08\8.6.php）。

```php
<?php
function listDir($dir){
    if (is_dir($dir)){
        if ($d = opendir($dir)) {
            while (($file= readdir($d)) !== False){
                if ((is_dir($dir."/".$file)) && $file!="." && $file!=".."){
                    echo "文件名: ".$file;
                    listDir($dir."/".$file."/");
                } else{
                    if ($file!="." && $file!=".."){
                        echo $file;
                    }
                }
            }
            closedir($d);
        }
```

```
    }
}
listDir("C:\wamp\www\codes\ch08 ");
?>
```

运行结果如图 8-6 所示。

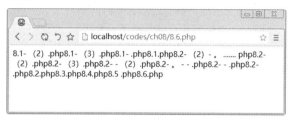

图 8-6　使用函数遍历目录

## 8.2.3　统计目录大小

计算文件、磁盘分区和目录的大小在各种应用程序中都是常见任务。计算文件的大小可以通过前面介绍的 filesize()函数完成，统计磁盘大小也可以使用 disk_free_space()和 disk_total_space()两个函数实现。但是 PHP 目前没有提供目录总大小的标准函数，因此需要自定义一个函数来完成任务。

【例 8-7】统计目录大小（实例文件：源文件\ch08\8.7.php）。

```
<?php
function directory_size($directory) {
    $Size=0;
    if ($dh = @opendir($directory)) {
        while (($filename = readdir ($dh))) {
            if ($filename != "." && $filename != "..") {
                if (is_file($directory."/".$filename)){
                    $Size += filesize($directory."/".$filename);
                }
                if (is_dir($directory."/".$filename)){
                    $Size += directory_size($directory."/".$filename);
                }
            }
        }
    }
    @closedir($dh);
    return $Size;
}
$directory = "../";
$totalSize = round((directory_size($directory) / 1024 /1024 ), 2);
echo "Directory $directory: ".$totalSize. "MB";
?>
```

运行结果如图 8-7 所示。

图 8-7　统计目录大小

## 8.2.4 建立和删除目录

在 PHP 中，使用 mkdir()函数只需传入一个目录名即可很容易地建立一个新目录。但是删除目录所用到的函数 rmdir()，只能删除一个空目录并且目录必须存在。如果是非空的目录就需要先进入目录中，使用 unlink()函数将这个目录中的文件都删除掉，再回来将这个空目录删除。如果目录中还存在子目录，而且子目录也非空，就要使用递归的方法了。

【例 8-8】建立和删除目录的函数（实例文件：源文件\ch08\8.8.php）。

```php
//自定义函数递归删除整个目录,$directory 为目录名
<?php
function delDir($directory){
    if (file_exists($directory)){
        if ($dir_handle = @opendir($directory)){
            while ($filename = readdir($dir_handle)){
                if ($filename != '.' && $filename != '..'){
                    $subFile = $directory.DIRECTORY_SEPARATOR.$filename;
                    if (is_dir($subFile)){
                        delDir($subFile);
                    }
                    if (is_file($subFile)){
                        unlink($subFile);
                    }
                }
            }
        }
        closedir($dir_handle);
        rmdir($directory);
    }
}
delDir('C:\wamp\www\codes\ch20');
?>
```

运行程序后，ch20 目录被删除了。

## 8.2.5 复制目录

要复制一个文件可以通过 PHP 提供的 copy()函数完成，创建目录可以使用 mkdir()函数。定义函数时，首先对源目录进行遍历，如果遇到的是普通文件，直接使用 copy()函数进行复制。如果遍历时遇到一个目录，则必须建立该目录，然后再对该目录下的文件进行复制操作，如果还有子目录，则使用递归重复操作，最终将整个目录复制完成。

【例 8-9】复制目录下的文件（实例文件：源文件\ch08\test1\8.9.php）。

```php
<?php
//自定义函数递归复制带有子目录的目录
//$dirSrc 源目录名字字符串
//$dirTo 目标目录名字字符串
function copyDir($dirSrc,$dirTo){
    if (!file_exists($dirTo)){
        mkdir($dirTo);
    }
    if ($dir_handle = @opendir($dirSrc)){
        while ($filename = readdir($dir_handle)){
            if ($filename != '.' && $filename != '..'){
                $subSrcFile = $dirSrc.DIRECTORY_SEPARATOR.$filename;
                $subToFile = $dirTo.DIRECTORY_SEPARATOR.$filename;
                if (is_dir($subSrcFile)){
```

```
                copyDir($subSrcFile,$subToFile);
            }
            if (is_file($subSrcFile)){
                copy($subSrcFile,$subToFile);
            }
        }
    }
    closedir($dir_handle);
    }
}
copyDir('./','../test2');
?>
```

运行结果如图 8-8 所示。

图 8-8　复制目录下的文件

# 8.3　文件的基本操作

文件的基本操作，包括文件的打开/关闭、写入、读取等。本节除了介绍这些基本操作外，还将　微视频
介绍移动文件指针和文件的锁定机制。

## 8.3.1　文件的打开与关闭

在处理文件内容之前，通常需要建立与文件资源的连接，即打开文件。同样，结束该资源的操作之后，应当关闭连接资源。打开文件，实际上是建立文件的各种有关信息，并使文件指针指向该文件，就可以将发起输入或输出流的实体联系在一起，以便进行其他操作。关闭文件则断开指针与文件的联系，也就禁止再对文件进行操作。

### 1. 打开文件

对文件进行操作时，首先要做的就是打开文件，这是进行数据存取的第一步。在 PHP 中使用 fopen()函数打开文件，fopen()函数的语法格式如下：

```
fopen ($filename , $mode ,$use_include_path , $context );
```

fopen()函数的参数说明如表 8-4 所示。

表 8-4　fopen()函数的参数说明

| 参　　数 | 说　　明 |
| --- | --- |
| $filename | 必须参数，规定要打开的文件或 URL，这个 URL 可以是脚本所在服务器中的绝对路径，也可以是相对路径，还可以是网络资源中的文件 |
| $mode | 必须参数，规定文件的访问类型。可选的值如表 8-5 所示 |
| $use_include_path | 可选参数，如果也需要在 include_path 中检索文件的话，可以将该参数设为 1 或 True |
| $context | 可选参数，规定文件句柄的环境。context 是可以修改流的行为的一组选项 |

表 8-5　$mode 参数的可选值

| Mode | 说　　明 |
|---|---|
| "r" | 只读方式打开，将文件指针指向文件头 |
| "r+" | 读写方式打开，将文件指针指向文件头 |
| "w" | 写入方式打开，将文件指针指向文件头。如果文件存在，则所有文件内容被删除，否则创建这个文件 |
| "w+" | 将文件指针指向文件头。如果文件存在，则所有文件内容被删除，否则创建这个文件 |
| "a" | 写入方式打开，将文件指针指向文件末尾。如果文件不存在则尝试创建它 |
| "a+" | 读写方式打开，将文件指针指向文件末尾。如果文件不存在则尝试创建它 |
| "x" | 创建并以写入方式打开，将文件指针指向文件头。如果文件已存在，则 fopen()函数调用失败并返回 False，并生成一条 E_WARNING 级别的错误信息。如果文件不存在则尝试创建它 |
| "x+" | 创建并以读写方式打开，将文件指针指向文件头。如果文件已存在，则 fopen()函数调用失败并返回 False，并生成一条 E_WARNING 级别的错误信息。如果文件不存在则尝试创建它 |
| b | 以二进制模式打开文件，用于与其他模式进行连接。如果文件系统能够区分二进制文件和文本文件，可能会使用它。例如 Windows 系统中可以区分，而 UNIX 系统则不区分。这个模式是默认的模式 |

如果 fopen()函数成功地打开一个文件，该函数将返回一个指向这个文件的文件指针。对该文件进行操作所使用的读、写以及其他的文件操作函数，都要使用这个资源来访问该文件。如果打开文件失败，则返回 False。

例如使用 fopen()函数打开文件：

```php
<?php
//使用相对路径打开 info.txt 文件,选择只读模式,并返回资源$handle
$handle = fopen('./001/index.php','r');
//使用绝对路径打开 index.php 文件,选择只读模式,并返回资源$handle
$handle = fopen('C:\wamp64\www\php1\ch13\001','r');
//在 Windows 平台上,转义文件路径中的每个反斜线,或者用斜线,以二进制和只写模式组合
$handle = fopen('C:\\wamp64\\www\\php1\\ch13\\001','wb');
?>
```

### 2. 关闭文件

资源类型属于 PHP 的基本类型，一旦完成资源的处理，一定要将其关闭，否则可能会出现一些预料不到的错误。fclose()函数就会撤销 fopen()打开的资源类型，成功时返回 True，否则返回 False。fclose()函数的语法格式如下：

```
fclose(file);
```

其中文件指针必须是有效的，并且是通过 fopen()函数成功打开的文件。例如下面代码：

```php
<?php
$file_open=fopen("../file.txt","rb");        //打开文件
…                                            //操作文件
fclose($file_open);                          //关闭文件
?>
```

## 8.3.2　写入文件

将程序中的数据保存到文件中比较容易，使用 fwrite()函数就可以将字符串内容写入文件中。在文件中通过字符序列\n 表示换行符，表示文件中一行的结尾。不同的操作系统具有不同的结束符号，

UNIX 系统使用\n 作为行结束符号，Windows 系统使用\r\n 作为行结束符号，Mac 系统使用\r 作为行结束字符。当要写入一个文本文件并想插入一个新行时，需要使用相应操作系统的行结束符号。

```
fwrite ($handle,$string,$length);
```

第一个参数需要提供 fopen()函数打开的文件资源，该函数将第二个参数提供的字符串内容输出到第一个参数指定的资源中。如果给出了第三个可选参数 length，fwrite()将在写入了 length 个字符后停止；否则将一直写入，直到到达内容结尾才停止。如果写入的内容少于 length 个字符，该函数也会在写完全部内容后停止。函数 fwrite()执行完成以后会返回写入的字符数，出现错误则返回 False。

【例 8-10】写入文件的操作（实例文件：源文件\ch08\8.10.php）。

```php
<?php
$fileName = 'data.txt';
$handle = fopen($fileName,'w') or die('打开<b>'.$fileName.'</b>文件失败');
for ($row = 0; $row < 5; $row++){
    fwrite($handle,$row.": 春花秋月何时了\r\n");       //写入文件
}
fclose($handle);
?>
```

程序运行，如果当前目录下存在 data.txt 文件，则清空该文件并写入 5 行数据；如果不存在 data.txt 文件，则会创建该文件并将 5 行数据写入。打开 data.txt 文件的内容如图 8-9 所示。

图 8-9　写入文件

## 8.3.3　读取文件内容

本小节来介绍读取文件的几个常用函数。

### 1. readfile()函数

readfile()函数可以读取指定的整个文件，立即输出到输出缓存区，并返回读取的字节数。该函数不需要使用 fopen()函数打开文件。该函数的语法格式如下：

```
readfile(filename,include_path,context);
```

readfile()函数的参数说明如表 8-6 所示。

表 8-6　readfile()函数的参数说明

| 参　　数 | 说　　明 |
| --- | --- |
| filename | 必须参数，规定要读取的文件 |
| include_path | 可选参数，如果也想在 include_path 中搜索文件，可以使用该参数并将其设为 True |
| context | 可选参数，规定文件句柄的环境。context 是可以修改流的行为的一组选项 |

【例 8-11】readfile()函数的应用（实例文件：源文件\ch08\8.11.php）。

```php
<?php
readfile("data.txt");
?>
```

运行结果如图 8-10 所示。

图 8-10　readfile()函数

### 2. file()函数

与 file_get_contents()函数类似，不需要使用 fopen()函数打开文件，不同的是 file()函数可以把整个文件读入到一个数组中。数组中的每个元素对应于文件中相应的行，各元素由换行符隔开，同时换行符仍附加在每个元素的末尾。

语法格式如下：

```php
file(filename,flags,context);
```

file()函数的参数说明如表 8-7 所示。

表 8-7　file()函数的参数说明

| 参　　数 | 说　　明 |
|---|---|
| filename | 必须参数，规定要读取文件的路径 |
| flags | 可选参数 flags 可以是以下一个或多个常量：<br>FILE_USE_INCLUDE_PATH：在 include_path 中查找文件<br>FILE_IGNORE_NEW_LINES：在数组每个元素的末尾不要添加换行符<br>FILE_SKIP_EMPTY_LINES：跳过空行 |
| context | context 是一组可以修改流的行为的选项。若使用 NULL，则忽略 |

【例 8-12】file()函数的应用（实例文件：源文件\ch08\8.12.php）。

```php
<?php
print_r(file("data.txt"));
?>
```

运行结果如图 8-11 所示。

图 8-11　file()函数

### 3. file_get_contents()函数

file_get_contents()函数用于把整个文件读入一个字符串，成功返回一个字符串，失败则返回 False。语法格式如下：

```php
file_get_contents(filename,offset,maxlen)
```

file_get_contents()函数的参数说明如表 8-8 所示。

表 8-8 file_get_contents()函数的参数说明

| 参 数 | 说 明 |
|---|---|
| filename | 必须参数,要读取的文件名称 |
| offset | 可选参数,指定读取开始的位置,默认为文件开始位置 |
| maxlen | 可选参数,指定读取文件的长度,单位字节 |

【例 8-13】file_get_contents()函数的应用(实例文件:源文件\ch08\8.13.php)。

```php
<?php
$str=file_get_contents('data.txt');
echo $str;
?>
```

运行结果如图 8-12 所示。

0: 春花秋月何时了 1: 春花秋月何时了 2: 春花秋月何时了 3: 春花秋月何时了 4: 春花秋月何时了

图 8-12 file_get_contents()函数

## 8.3.4 移动文件指针

在对文件进行读写过程中,有时需要在文件中跳转、将数据写入到不同的位置等。例如,使用文件模拟数据库保存数据,就需要移动文件指针。指针的位置是以从文件头开始的字节数度量的,默认以不同模式打开文件时,文件指针通常在文件的开头或是结尾处,可以通过 ftell()、fseek()和 rewind()三个函数对文件指针进行操作,它们的语法格式如下:

```
ftell(handle)                          //返回文件指针的当前位置
fseek(handle,offset, whence)           //移动文件指针到指定位置
rewind(handle)                         //移动文件指针到文件的开头
```

使用这些函数时,必须提供一个用 fopen()函数打开的、合法的文件指针。函数 ftell()获取由指定的资源中的文件指针当前位置的偏移量;函数 rewind()将文件指针移回到指定资源的开头;而函数 fseek()函数则将指针移动到第二个参数 offset 指定的位置,如果没有提供第三个可选参数 whence,则位置将设置为从文件开头的 offset 字节处。否则,第三个参数 whence 可以设置为三个可能的值,将影响指针的位置,具体如下所示:

(1)SEEK_CUR:设置指针位置为当前位置加上第二个参数所提供的 offset 字节。

(2)SEEK_END:设置指针位置为 EOF 加上 offset 字节。在这里,offset 必须设置为负值。

(3)SEEK_SET:设置指针位置为 offset 字节处。这与忽略第三个参数 whence 效果相同。

如果 fseek()函数执行成功,将返回 0,失败则返回-1。如果将文件以追加模式 a 或 a+打开,写入文件的任何数据会被附加在后面,不管文件指针的位置。

【例 8-14】移动文件指针(实例文件:源文件\ch08\8.14.php)。

```php
<?php
$fp = fopen('data.txt' ,'r')or die("文件打开失败");
echo ftell($fp)."<br>";          //输出刚打开文件的指针默认位置,指针在文件的开头位置为0
echo fread($fp, 9)."<br>";        //读取文件中的前9个字符输出,指针位置发生了变化
echo ftell($fp)."<br />";         //读取文件的前9个字符之后,指针移动的位置在第9个字节处
```

```
fseek($fp, 100,SEEK_CUR);      //又将指针移动 100 字节
echo ftell($fp)."<br />";
fseek($fp,-8,SEEK_END);        //将指针移动到倒数 8 字节位置处
echo fread($fp, 8)."<br />";   //输出文件中最后 8 字符
rewind($fp);                   //又移动文件指针到文件的开头
echo ftell($fp);               //指针在文件的开头位置,输出 0
fclose($fp);
?>
```

运行结果如图 8-13 所示。

图 8-13    移动文件指针

## 8.3.5    文件的锁定机制

文件系统操作是在网络环境下完成的，可能有多个客户端用户在同一时刻对服务器的同一个文件进行访问。如果有用户正在向文件中写入数据，当还没有写完的时候，其他用户在这一时刻也向这个文件写入数据，这样就可能造成数据写入混乱。还有，当用户没有将数据写完时，其他用户读取这个文件的内容时，就会得到残缺的数据。

如何避免这样的情况发生，需要做到如下几点：

（1）当有用户读取文件时，这个文件不能被写操作，同时可以多个用户对这个文件有读操作。

（2）当用户需要对这个文件进行写操作，不能读取这个文件，同时只能由一个用户对这个文件进行写操作。

PHP 提供了 flock()函数，可以对文件使用锁定操作，当一个进程访问一个文件时会加上锁，只有等这个锁被释放之后，其他进程才可以对该文件进行访问。

flock()函数的语法格式如下：

```
flock(file,lock,block)
```

flock()函数的参数说明如表 8-9 所示。

表 8-9    flock()函数的参数说明

| 参　　数 | 说　　　　明 |
| --- | --- |
| file | 必须参数。规定要锁定或释放的已打开的文件 |
| lock | 必须参数。规定要使用哪种锁定类型 |
| block | 可选参数。若设置为 1 或 True，则当进行锁定时阻挡其他进程 |

其中 lock 参数可以是以下值中的一个：

（1）共享锁定（读文件操作），将 lock 设为 LOCK_SH。

（2）独占锁定（写文件操作），将 lock 设为 LOCK_EX。

（3）释放锁定（无论共享或独占），将 lock 设为 LOCK_UN。

（4）如果不希望 flock()在锁定时堵塞，则给 lock 加上 LOCK_NB。

**注意**：flock()操作的 file 必须是一个已经打开的文件指针。

例如下面的代码，是对文件设置独占锁，然后再释放的过程。

```php
<?php
$file = "./data.txt";
$f = fopen($file, 'a');    //打开文件
if (flock($f, LOCK_EX)){   //设置独占锁.因为执行的是 fwrite,所以是 LOCK_EX
    fwrite($f, "hello world!");
}
flock($f,LOCK_UN);         //释放锁
fclose($f);
?>
```

# 8.4  文件的上传与下载

在互联网时代，基本上每天都会遇到上传文件或者下载文件的操作，例如下载歌曲、上传图片。微视频
本节就来介绍文件的上传和下载。

## 8.4.1  文件上传

对于上传文件来说，首先需要了解$_FILES 变量。$_FILES 变量存储的是上传文件的相关信息，这些信息对于上传功能有很大的作用。该变量是一个二维数组。预定义变量$_FILES 元素说明如表8-10 所示。

表 8-10  预定义变量$_FILES 元素说明

| 元 素 名 | 说　　明 |
| --- | --- |
| $_FILES["file"]["name"] | 被上传文件的名称 |
| $_FILES["file"]["type"] | 被上传文件的类型 |
| $_FILES["file"]["size"] | 被上传文件的大小，单位为字节 |
| $_FILES["file"]["tmp_name"] | 存储在服务器的文件临时副本的名称 |
| $_FILES["file"]["error"] | 存储上传文件的结果。如果为 0，说明上传成功 |

PHP 中使用 move_uploaded_file()函数上传文件。move_uploaded_file()函数将上传的文件存储到指定的位置。如果成功，则返回 True，否则返回 False。

move_uploaded_file()函数的语法格式如下：

```
move_uploaded_file(filename,destination)
```

move_uploaded_file()函数的参数说明如表 8-11 所示。

表 8-11  move_uploaded_file()函数的参数说明

| 参　　数 | 说　　明 |
| --- | --- |
| filename | 必须参数，规定要移动的文件 |
| destination | 必须参数，规定文件的新位置 |

**【例 8-15】** 上传图片（实例文件：源文件\ch08\8.15.php）。

```php
<form action="" enctype="multipart/form-data" method="post"
    name="uploadfile">上传文件: <input type="file" name="upfile" />
   <input type="submit" value="上传" /></form>
<?php
//print_r($_FILES["upfile"]);
if (@is_uploaded_file($_FILES['upfile']['tmp_name'])){
    $upfile=$_FILES["upfile"];
    //获取数组里面的值
    $name=$upfile["name"];                  //上传文件的文件名
    $type=$upfile["type"];                  //上传文件的类型
    $size=$upfile["size"];                  //上传文件的大小
    $tmp_name=$upfile["tmp_name"];          //上传文件的临时存放路径
    //判断是否为图片
    switch ($type){
        case 'image/pjpeg':$Type=True;
            break;
        case 'image/jpeg':$Type=True;
            break;
        case 'image/gif':$Type=True;
            break;
        case 'image/png':$Type=True;
            break;
    }
    if ($Type){
        $error=$upfile["error"];
        //上传后系统返回的值
        //0:文件上传成功<br/>
        //1: 超过了文件大小,在 php.ini 文件中设置<br/>
        //2: 超过了文件的大小 MAX_FILE_SIZE 选项指定的值<br/>
        //3: 文件只有部分被上传<br/>
        //4: 没有文件被上传<br/>
        //5: 上传文件大小为 0
        echo "<hr/>";
        echo "上传文件名称是: ".$name."<br/>";
        echo "上传文件类型是: ".$type."<br/>";
        echo "上传文件大小是: ".$size."<br/>";
        echo "上传后系统返回的值是: ".$error."<br/>";
        echo "上传文件的临时存放路径是: ".$tmp_name."<br/>";
        echo "开始移动上传文件<br/>";
    //把上传的临时文件移动到 C:/wamp/www/codes/目录下面
        move_uploaded_file($tmp_name," C:/wamp/www/codes/".$name);
        $destination="C:/wamp/www/codes/".$name;
        echo "<hr/>";
        if ($error==0){
            echo "图片上传成功! ";
            echo "<br>图片预览:<br>";
            echo "<img src='$name'>";
        }elseif ($error==1){
            echo "超过了文件大小,在 php.ini 文件中设置";
        }elseif ($error==2){
            echo "超过了文件的大小 MAX_FILE_SIZE 选项指定的值";
        }elseif ($error==3){
            echo "文件只有部分被上传";
        }elseif ($error==4){
            echo "没有文件被上传";
        }else{
            echo "上传文件大小为 0";
        }
```

```
    }else{
        echo "请上传 jpg,gif,png 等格式的图片！";
    }
}
?>
```

程序运行并选择上传文件的路径，结果如图 8-14 所示；最后单击上传，运行结果如图 8-15 所示。

上传文件名称是：1.jpg
上传文件类型是：image/jpeg
上传文件大小是：8343
上传后系统返回的值是：0
上传文件的临时存放路径是：C:\wamp\tmp\phpEA8D.tmp
开始移动上传文件

图片上传成功！
图片预览：

图 8-14 选择上传的图片　　　　　　　　图 8-15 上传成功效果

☆大牛提醒☆

使用 move_uploaded_file() 函数上传文件，在创建 form 表单时，必须设置 form 表单的 enctype 属性的值为 multipart/form-data。

## 8.4.2 文件下载

在添加文件的链接时，如果浏览器可以解析，会显示解析后的内容，例如图片的链接：

```
<a href="pic/m1.jpg ">图片文件下载</a>
```

此时单击链接，浏览器会直接显示图片效果，而不会下载文件。这就需要使用 header() 函数来实现文件下载，代码如下：

```
header('content-disposition:attachment;filename=somefile');
```

在添加文件的链接时，如果浏览器不能解析，会直接显示下载效果，例如压缩文件的链接：

```
<a href="pic/m1.zip ">压缩文件下载</a>
```

【例 8-16】下载文件（实例文件：源文件\ch08\8.16.php 和 index.html）。

其中 index.html 为显示文件下载的页面，代码如下：

```
<!DOCTYPE html>
<html>
<head>
<meta charset="UTF-8">
<title>多文件上传</title>
</head>
<body>
<a href="8.16.php?filename=1.jpg ">图片文件下载</a>
<a href="m1.zip ">压缩文件下载</a>
</body>
</html>
```

其中 8.16.php 为实现图片文件下载的功能，代码如下：

```php
<?php
$filename = $_GET['filename'];
header('content-disposition:attachment;filename=somefile');
header('content-length:'.filensize($filename));
readfile($filename)
?>
```

运行 index.html 文件，运行结果如图 8-16 所示。此时无论是单击"图片文件下载"链接，还是单击"压缩文件下载"链接，都会实现下载的效果。

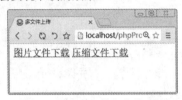

图 8-16　实现下载文件的功能

# 8.5　小白疑难问题解答

**问题 1**：路径解析函数有哪些？

**解答**：PHP 中常见的路径解析函数如下：

（1）basename()：获取文件名。

（2）dirname()：获取目录名。

（3）pathinfo()：将路径信息返回成数组。

（4）realpath()：返回规范化的绝对路径名。

**问题 2**：如何获取文件或目录的权限？

**解答**：PHP 提供的 fileperms()函数可以返回文件或目录的权限。如果成功，则返回文件的访问权限。如果失败，则返回 False。语法格式如下：

```php
fileperms($filename)
```

其中参数$filename 为需要检查的文件名。

# 8.6　实战训练

**实战 1**：统计目录下所有文件的个数。

本实例使用递归统计目录下所有文件的个数，运行结果如图 8-17 所示。

**实战 2**：设计两种方法将古诗写入文件中。

本实例通过使用 fwrite()或 file_put_contents()函数，将古诗写入文件中，运行结果如图 8-18 所示。

图 8-17　统计目录下所有文件的个数

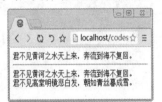

图 8-18　将古诗写入文件中

# 第9章

## PHP 与 Web 交互

PHP 是一种专门用于 Web 开发的服务器端脚本语言。PHP 与 Web 页面交互是学习 PHP 编程语言的基础。PHP 提供了两种方法和 Web 页面进行交互，一种是通过 Web 表单提交数据，另一种是通过 URL 参数传递数据。本章将重点学习 PHP 如何和 Web 页面进行数据交互。

## 9.1　Web 交互中的预定义变量

微视频

在 PHP 编程中，经常会遇到需要和 Web 页面交互数据的情况，这时就可以使用 PHP 提供的预定义变量。

### 9.1.1　$_GET 变量

在 PHP 中，预定义的$_GET 变量用于获取来自 method="GET"的表单中的值。

【例 9-1】$_GET 变量的应用（实例文件：源文件\ch09\9.1.php 和 9.2.php）。

首先创建 9.1.php 文件，添加 form 表单，用来提交商品名称和商品价格等信息。

```
<form action="9.2.php" method="GET">
    商品名称: <input type="text" name="name"><br />
    商品价格: <input type="text" name="price"><br />
    <input type="submit" value="提交">
</form>
```

当用户单击"提交"按钮时，会使用 GET 方法把数据发送到 9.2.php 文件。在 9.2.php 文件中，通过$_GET 变量来获取表单的数据。$_GET 变量是一个数组，表单域的 name 属性是该数组中的键，通过键来获取指定的数据值。

9.2.php 文件代码如下所示：

```
<?php
echo "商品名称: ".$_GET["name"];
echo "<br />";
echo "商品价格: ".$_GET["price"];
?>
```

运行 9.1.php 文件并输入商品名称和商品价格，效果如图 9-1 所示；当单击"提交"按钮时，数据会发送到 9.2.php 文件中，然后输出，运行结果如图 9-2 所示。

☆**大牛提醒**☆

在 HTML 表单中使用 method="GET"提交数据时，数据会显示在 URL 中，所以在发送密码或其他敏感信息时，不要使用该方法，可以使用 POST 方法。

图 9-1 页面加载并输入数据

图 9-2 输出数据

## 9.1.2 $_POST 变量

预定义的$_POST 变量用于获取来自 method="POST"的表单中的值，与$_GET 变量用法相似。下面通过一个实例来介绍。

**【例 9-2】** $_POST 变量的应用（实例文件：源文件\ch09\9.3.php 和 9.4.php）。

首先创建 9.3.php 文件，添加 form 表单，用来提交商品名称和采购数量等信息。

```
<form action="9.4.php" method="POST">
    商品名称：<input type="text" name="name"><br />
    采购数量：<input type="text" name="count"><br />
    <input type="submit" value="提交">
</form>
```

当用户单击"提交"按钮时，会使用 POST 方法把数据发送到 9.4.php 文件。在 9.4.php 文件中，通过$_POST 变量来获取表单的数据。$_POST 变量是一个数组，表单域的 name 属性是该数组中的键，通过键来获取指定的数据值。

9.4.php 文件代码如下所示：

```
<?php
echo "商品名称：".$_POST["name"];
echo "<br />";
echo "采购数量：".$_POST["count"];
?>
```

运行 9.3.php 文件并输入商品名称和采购数量，效果如图 9-3 所示；当单击"提交"按钮时，数据会发送到 9.4.php 文件中，然后输出，运行结果如图 9-4 所示。

图 9-3 页面加载并输入数据

图 9-4 输出数据

☆大牛提醒☆

使用 POST 方法提交的表单数据，对任何人都是不可见的，并且发送数据的大小也没有限制。

## 9.1.3 $_REQUEST 变量

在 PHP 中，$_REQUEST 包含了$_GET、$_POST 和$_COOKIE 三个变量，用法基本上与它们相同。

**【例 9-3】** $_REQUEST 函数的应用（实例文件：源文件\ch09\9.5.php 和 9.6.php）。

创建 9.5.php 文件，添加 form 表单，用来提交账号和密码等信息。

```
<form action="9.6.php" method="POST">
```

```
账号: <input type="text" name="name"><br />
密码: <input type="text" name="password"><br />
<input type="submit" value="登录">
</form>
```

当用户单击"登录"按钮时,会使用 POST 方法把数据发送到 9.6.php 文件。在 9.6.php 文件中,通过$_REQUEST 变量来获取表单的数据。$_REQUEST 变量是一个数组,表单域的 name 属性是该数组中的键,通过键来获取指定的数据值。

9.6.php 文件代码如下所示:

```php
<?php
echo "账号: ".$_REQUEST["name"]."<br/>";
echo "密码: ".$_REQUEST["password"];
?>
```

运行 9.5.php 文件并输入账号和密码,效果如图 9-5 所示;当单击"登录"按钮时,数据会发送到 9.6.php 文件中,然后输出,运行结果如图 9-6 所示。

图 9-5　页面加载并输入数据

图 9-6　输出数据

# 9.2　表单与 PHP

微视频

　　无论是一般的企业网站还是复杂的网络应用,都离不开数据的添加。通过 PHP 服务器端脚本语言,程序可以处理那些通过浏览器对 Web 应用进行数据调用或添加的请求。

　　回忆一下平常使用的网站数据输入功能,无论是 Web 邮箱还是 QQ 留言,都经常要填一些表格,再由这些表格把数据发送出去,而完成这个工作的部件就是"表单(form)"。

　　虽然表单(form)是 HTML 语言的内容,但是 PHP 与 form 变量的衔接是无缝的。PHP 关心的是怎么获得和使用 form 中的数据。由于 PHP 功能强大,因此可以很轻松地对它们进行处理。

　　处理表单数据的基本过程是:数据从 Web 表单(form)发送到 PHP 代码,经过处理再生成 HTML输出。它的处理原理是:当 PHP 处理一个页面的时候会检查 URL、表单数据、上传文件、可用 Cookie、Web 服务器和环境变量,如果有可用信息,就可以通过 PHP 自动访问全局变量数组$_GET、$_POST、$_FILES、$_COOKIE、$_SERVER 和$_ENV 得到。

# 9.3　表单设计

微视频

　　表单是一个比较特殊的组件,在 HTML 中有着比较特殊的功能与结构。下面了解一下表单的基本元素。

## 9.3.1　表单的基本结构

　　表单的基本结构是由<form></form>标识包裹的区域,例如:

```
<HTML>
<HEAD></HEAD>
<BODY>
<form action=" " method=" " enctype=" " >
    ……
</form>
</BODY>
</HTML>
```

其中，<form>标识内必须包含属性。action 指定数据所要发送的对象文件，method 指定数据传输的方式。如果进行上传文件等操作，还要定义 enctype 属性以指定数据类型。

## 9.3.2　表单元素和 PHP 交互

最常见的表单元素包括文本框、选项框、单选按钮、下拉列表、重置按钮和提交按钮。下面通过一个综合案例来学习表单元素和 PHP 交互的方法。

【例 9-4】表单元素和 PHP 交互（实例文件：源文件\ch09\9.7.php 和 9.1.html）。

创建文件 9.1.html，文件代码如下：

```
<HTML>
<HEAD></HEAD>
<BODY>
<form action="9.7.php" method="post">
    <h3>输入一个信息（例如名称）: </h3>
    <input type="text" name="name" size="10" />
    <h3>确认此项（可复选）: </h3>
    <input type="checkbox" name="achecked" checked="checked" value="1" />
    选择此项传递的 A 项的 value 值.
    <input type="checkbox" name="bchecked"  value="2" />
    选择此项传递的 B 项的 value 值.
    <input type="checkbox" name="cchecked"  value="3" />
    选择此项传递的 C 项的 value 值.
    <h3>单选一项: </h3>
    <input type="radio"  name="aradio" value="a1" />蓝天
    <input type="radio"  name="aradio" value="a2" checked="checked" />白云
    <input type="radio"  name="aradio" value="a3" />大海
    <h3>在下拉菜单中选择一项: </h3>
    <select name="aselect" size="1">
        <option value="hainan">海南</option>
        <option value="qingdao" selected>青岛</option>
        <option value="beijing">北京</option>
        <option value="xizang">西藏</option>
    </select>
    <h3>单击此按钮重置所有信息: </h3>
    <input type="RESET" value="重置" />
    <h3>单击此按钮提交所有信息</h3>
    <input type="submit" value="提交" />
</form>
</BODY>
</HTML>
```

创建文件 9.7.php，文件代码如下：

```
<?php
$name = $_POST['name'];
if (isset($_POST['achecked'])){
    $achecked = $_POST['achecked'];
}
if (isset($_POST['bchecked'])){
    $bchecked = $_POST['bchecked'];
```

```
}
if (isset($_POST['cchecked'])){
    $cchecked = $_POST['cchecked'];
}
$aradio = $_POST['aradio'];
$aselect = $_POST['aselect'];
echo $name."<br/>";
if (isset($achecked) and $achecked == 1){
    echo "选项 A 的 value 值已经被正确传递。<br/>";
}else{
    echo "选项 A 没有被选择，其 value 值没有被传递。<br/>";
}
if (isset($bchecked) and $bchecked == 2){
    echo "选项 B 的 value 值已经被正确传递。<br/>";
}else{
    echo "选项 B 没有被选择，其 value 值没有被传递。<br/>";
}
if (isset($cchecked) and $cchecked == 3){
    echo "选项 C 的 value 值已经被正确传递。<br/>";
}else{
    echo "选项 C 没有被选择，其 value 值没有被传递。<br/>";
}

if ($aradio == 'a1'){
    echo "蓝天<br/>";
}else if ($aradio == 'a2'){
    echo "白云<br/>";
}else{
    echo "大海<br/>";
}

if ($aselect == 'hainan'){
    echo "海南<br/>";
}else if ($aselect == 'qingdao'){
    echo "青岛<br/>";
}else if ($aselect == 'beijing'){
    echo "北京<br/>";
}else{
    echo "西藏";
}
?>
```

运行 9.1.html，运行结果如图 9-7 所示。设置完表单信息后，单击"提交"按钮，页面跳转到 9.7.php，输出运行结果如图 9-8 所示。

图 9-7　程序运行结果

图 9-8　提交数据

微视频

# 9.4 传递数据的两种方法

数据传递的常用方法有 POST 和 GET 两种，下面介绍这两种方法的使用技巧。

## 9.4.1 用 POST 方式传递数据

表单传递数据是通过 POST 和 GET 两种方式进行的。在定义表单属性的时候，要在 method 属性上定义使用哪种数据传递方式。

<form action="URI" method="post">定义了表单在把数据传递给目标文件的时候使用的是 POST 方式。<form action="URI" method="get">则定义了表单在把数据传递给目标文件的时候使用的是 GET 方式。

POST 是比较常见的表单提交方式。通过 POST 方式提交的变量不受特定变量大小的限制，并且被传递的变量不会在浏览器地址栏里以 URL 的方式显示出来。

## 9.4.2 用 GET 方式传递数据

GET 方式比较有特点。通过 GET 方式提交的变量有大小限制，不能超过 100 个字符。它的变量名和与之相对应的变量值都会以 URL 的方式显示在浏览器地址栏里。所以，若传递大而敏感的数据，一般不使用此方式。

使用 GET 方式传递数据时，通常使用 URL 连接来进行。下面对此操作进行讲解。

【例 9-5】用 GET 方式传递数据（实例文件：源文件\ch09\9.8.php）。

```php
<?php
if (!$_GET['u'])
{
  echo '您没有选择任何商品！';
}else{
    $user=$_GET['u'];
    switch ($user){
        case 1:
            echo "您需要的商品是洗衣机";
            break;
        case 2:
            echo "您需要的商品是电冰箱";
            break;
    }
}
?>
```

在浏览器地址栏中输入 http://localhost/codes/ch09/9.8.php?u，并按 Enter 键确认，运行结果如图 9-9 所示。

在浏览器地址栏中输入 http://localhost/codes/ch09/9.8.php?u=1，并按 Enter 键确认，运行结果如图 9-10 所示。

在浏览器地址栏中输入 http://localhost/codes/ch09/9.8.php?u=2，并按 Enter 键确认，运行结果如图 9-11 所示。

图 9-9 程序运行结果 1

图 9-10 程序运行结果 2

图 9-11 程序运行结果 3

## 9.5　PHP 对 URL 传递的参数进行编码

微视频

　　PHP 对 URL 中传递的参数进行编码，既可以实现对所传递数据的加密，又可以对无法通过浏览器传递的字符进行传递。要实现此操作，一般使用 urlencode() 和 rawurlencode() 函数。而对此过程的反向操作就是使用 urldecode() 函数和 rawurldecode() 函数。

　　【例 9-6】对 URL 传递的参数进行编码（实例文件：源文件\ch09\9.9.php）。

```php
<?php
$user = '张笑笑 王鹏鹏';                                    //定义变量
$link1 = "index.php?userid=".urlencode($user)."<br/>";    //对字符串进行编码
$link2 = "index.php?userid=".rawurlencode($user)."<br/>"; //对字符串进行编码
echo $link1.$link2;
//对编码的反向操作
echo urldecode($link1);
echo urldecode($link2);
echo rawurldecode($link2);
?>
```

运行结果如图 9-12 所示。

图 9-12　对 URL 传递的参数进行编码

## 9.6　设计商品订单表页面

微视频

　　下面的案例将设计一个商品订单表页面。

　　创建一个 HTML 文件 9.2.html，代码如下：

```html
<HTML>
<HEAD></HEAD>
<BODY>
<h2 align="center">商品订单表</h2>
<form action="9.10.php" method="post">
<table>
<tr bgcolor="#3399FF">
    <td>商品名称：</td>
    <td><input type="text" name="name" size="10" /></td>
</tr>
<tr bgcolor="#CCCCCC" >
    <td>订购数量：</td>
    <td><input type="text" name="count" size="3" />台</td>
</tr>
<tr bgcolor="#3399FF" >
    <td>收货地址：</td>
    <td><input type="text" name="phone" size="15" /></td>
</tr>
<tr bgcolor="#666666" >
    <td align="center"><input type="submit" value="确认商品信息" /></td>
```

```
</tr>
</table>
</form>
</BODY>
</HTML>
```

创建文件 9.10.php，代码如下：

```php
<?php
$name = $_POST['name'];
$count = $_POST['count'];
$phone = $_POST['phone'];
echo '<p>确认商品信息:</p>';
echo '您订购的商品 '.$name.',数量是'.$count.'台.';
echo '您的收货地址是 '.$phone.'.';
?>
```

运行 9.2.html，输入商品信息，如图 9-13 所示。

单击"确认商品信息"按钮，浏览器会自动跳转到 9.10.php 页面，显示运行结果如图 9-14 所示。

图 9-13　商品订单表

图 9-14　生成商品订单信息

# 9.7　小白疑难问题解答

**问题 1：** PHP 获取表单传递数据的方法？

**解答：** 如果表单使用 POST 方式传递数据，则 PHP 要使用全局变量数组$_POST[]来读取所传递的数据。表单中元素传递数据给$_POST[]全局变量数组，其数据以关联数组中的数组元素形式存在。以表单元素的名称属性为键名，以表单元素的输入数据或传递的数据为键值。

如果表单使用 GET 方式传递数据，则 PHP 要使用全局变量数组$_GET[]来读取所传递的数据。与$_POST[]相同，表单中元素传递数据给$_GET[]全局变量数组，其数据以关联数组中的数组元素形式存在。以表单元素的名称属性为键名，以表单元素的输入数据或传递的数据为键值。

**问题 2：** GET 和 POST 的区别与联系是什么？

**解答：** GET 和 POST 的区别与联系如下。

（1）POST 是向服务器传送数据；GET 是从服务器上获取数据。

（2）POST 是通过 HTTP POST 机制将表单内各个字段与其内容放置在 HTML HEADER 中一起传送到 ACTION 属性所指的 URL 地址，用户看不到这个过程；GET 是把参数数据队列添加到提交表单的 ACTION 属性所指的 URL 中，值和表单内各个字段一一对应，在 URL 中可以看到。

（3）对于 GET 方式，服务器端用 Request.QueryString 获取变量的值；对于 POST 方式，服务器端用 Request.Form 获取提交的数据。

（4）POST 传送的数据量较大，一般默认为不受限制，但理论上，IIS4 中最大量为 80KB，IIS5

中为 100KB；GET 传送的数据量较小，不能大于 2KB。

（5）POST 安全性较高；GET 安全性非常低，但是执行效率却比 POST 高。

（6）在做数据添加、修改或删除时，建议用 POST 方式；在做数据查询时，建议用 GET 方式。

（7）对于机密信息数据，建议用 POST 数据提交方式。

# 9.8 实战训练

**实战 1：**设计网站会员注册页面。

使用一个表单内的各种元素来开发一个网站的注册页面，并用 CSS 样式来美化这个页面效果，运行结果如图 9-15 所示。

**图 9-15 网站会员注册页面**

**实战 2：**设计一个酒店客户登记表。

编程 PHP 程序，设计一个酒店客户登记表，运行结果如图 9-16 所示。在表单中输入数据，"客人姓名"为"李丽"，"到达时间"为"2"，"联系电话"为"135XXXXXXXX"， 单击"确认订房信息"按钮，显示运行结果如图 9-17 所示。

**图 9-16 在线订房表首页**

**图 9-17 生成订房信息**

# 第10章

# 管理 Cookie 和 Session

Cookie 和 Session 都是用来存储信息的，但是存储机制不同。Cookie 是从一个 Web 页面到下一个页面的数据传递方法，存储在客户端；Session 是让数据在页面中持续有效的方法，存储在服务器端。本章主要讲解创建、读取、删除 Cookie 的方法，以及 Session 管理和高级应用技巧。

## 10.1　Cookie 管理

微视频

Cookie 是互联网的产物，用来保存用户的一些基本信息，也可以理解为服务器在计算机上暂时保存的一些信息。Cookie 的使用很普遍，许多提供个人化服务的网站都是利用 Cookie 来区别不同的用户，以显示与用户相应的内容。

### 10.1.1　了解 Cookie

Cookie 技术的产生源于 HTTP 协议在互联网上的急速发展。随着互联网的发展，人们需要更复杂的互联网交互活动，就必须同服务器保持活动状态。于是，在浏览器发展初期，为了适应用户的需求，技术上推出了各种保持 Web 浏览状态的手段，其中就包括了 Cookie 技术。

Cookie 可以翻译为"小甜品，小饼干"。现在，Cookie 在网络系统中几乎无处不在，当浏览以前访问过的网站时，网页中可能会出现"你好，小明"，这会让浏览者感觉很亲切，就好像吃了一个小甜品一样。这其实是通过访问主机中的一个文件来实现的，这个文件就是 Cookie。

Cookie 在计算机中是个存储在浏览器目录中的文本文件，当浏览器运行时，一旦用户从该网站或服务器退出，Cookie 可存储在用户的本地硬盘上。

在 Cookie 文件夹下，每个 Cookie 文件都是一个简单的文本文件。Cookie 文件中的内容大多经过了加密处理，因此，表面看起来只是一些字母和数字组合，只有服务器的 CGI 处理程序才知道它们的真正含义。

通常情况下，当用户结束浏览器会话时，系统将终止所有的 Cookie。当 Web 服务器创建了 Cookie 后，只要在其有效期内，当用户访问同一个 Web 服务器时，浏览器首先要检查本地的 Cookie，并将其原样发送给 Web 服务器。

☆**大牛提醒**☆

一般不使用 Cookie 保存数据集或其他大量数据，并非所有的浏览器都支持 Cookie，并且数据信息是以明文文本的形式保存在客户端计算机中，因此不要保存重要的、私密的、未加密的数据。

## 10.1.2　创建 Cookie

在 PHP 中通过 setcookie()函数创建 Cookie。setcookie()函数的语法格式如下：

```
setcookie(name,value,expire,path,domain,secure);
```

setcookie()函数的参数说明如表 10-1 所示。

表 10-1　setcookie()函数的参数说明

| 参　数 | 说　明 |
|---|---|
| name | 必须参数，规定 Cookie 的名称 |
| value | 必须参数，规定 Cookie 的值 |
| expire | 可选参数，规定 Cookie 的过期时间。time()+60 将设置 Cookie 的过期时间为 1 分钟。如果不规定过期时间，Cookie 将永远有效，除非手动删除 |
| path | 可选参数，规定 Cookie 的服务器路径。如果路径设置为/，那么 Cookie 将在整个域名内有效。如果路径设置为/file，那么 Cookie 将在 file 目录下以及其所有子目录下有效。默认的路径值是 Cookie 所处的当前目录 |
| domain | 可选参数，规定 Cookie 的域名。为了让 Cookie 在 file.com 的所有子域名中有效，需要把 Cookie 的域名设置为.file.com。当把 Cookie 的域名设置为 www.file.com 时，Cookie 仅在 www 子域名中有效 |
| secure | 可选参数，规定是否需要在安全的 HTTPS 连接来传输 Cookie。如果 Cookie 需要在安全的 HTTPS 连接下传输，则设置为 True，默认是 False |

setcookie()函数定义一个和其余的 HTTP 标头一起发送的 Cookie，它的所有参数是对应 HTTP 标头 Cookie 资料的属性。虽然 setcookie()函数的导入参数看起来不少，但除了参数 name，其他参数都是非必须的，经常使用的有 name、value 和 expire 这三个参数。

【例 10-1】创建 Cookie（实例文件：源文件\ch10\10.1.php）。

在该例子中，将创建名为 name 的 Cookie，把它赋值为"洗衣机"，并且规定了此 Cookie 在 1 小时后过期。

```php
<?php
setcookie("name", "洗衣机", time()+3600);
?>
```

在谷歌浏览器运行上述程序，会在 Cookies 文件夹下自动生成一个 Cookie 文件，有效期为 1 小时，在 Cookie 失效后，Cookie 文件将自动被删除。

下面来查看创建的 Cookie。在谷歌浏览器页面右击，在弹出的快捷菜单中选择"检查"菜单命令，如图 10-1 所示。

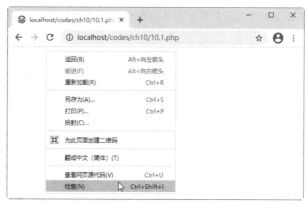

图 10-1　选择"检查"菜单命令

在浏览器上方选择 Application 选项，然后在左侧列表中选择 Storage 选项，最后选择 Cookies 选项下的 http://localhost，即可查看到 Cookie 的内容，如图 10-2 所示。

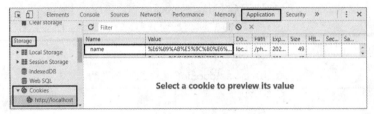

图 10-2　查看 Cookie 的内容

## 10.1.3　读取 Cookie

在 PHP 中可以直接通过超级全局数组$_COOKIE[]来读取浏览器端的 Cookie 值。

【例 10-2】读取 Cookie（实例文件：源文件\ch10\10.2.php）。

```php
<?php
//创建数组 Cookie
setcookie("cookie[name1]","洗衣机");
setcookie("cookie[name2]","冰箱");
setcookie("cookie[name3]","电视机");
setcookie("cookie[name4]","空调");
if (isset($_COOKIE["cookie"])){                      //判断是否存在
    echo "cookie 如下:<br/>";
    foreach ($_COOKIE["cookie"] as $name => $value){  //使用 foreach 循环输出 cookie
        echo "$name:$value"."<br />";
    }
}
?>
```

在谷歌浏览器运行上述程序，运行结果如图 10-3 所示。

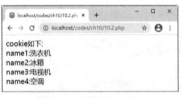

图 10-3　读取 Cookie

☆大牛提醒☆

打开文件时可能不会显示效果，刷新一下页面即可显示效果，后面小节中遇到这样的问题采用同样的方法。

## 10.1.4　删除 Cookie

要想删除 Cookie 文件，既可以使用 Setcookie()函数删除 Cookie 文件，也可以在浏览器中手动删除 Cookie 文件。

### 1. 使用 setcookie()函数删除 Cookie

setcookie()函数可以创建 Cookie，也可以用来删除 Cookie。使用 setcookie()函数删除 Cookie 有以下 3 种方法：

（1）设置 Cookie 的有效时间为过去时间或者是当前时间，例如 time()、time()-60。

（2）设置 Cookie 的 value 值为空字符串或 NULL。

（3）不设置 Cookie 的 value 值。

【例 10-3】使用 setcookie()函数删除 Cookie（实例文件：源文件\ch10\10.3.php）。

```php
<?php
//创建数组 cookie
setcookie("cookie[name]","user1");                //创建有效的 Cookie
setcookie("cookie[name1]","user2",time()-60);     //设置过期时间来删除 Cookie
setcookie("cookie[name2]",null);        //设置 Cookie 的 value 值为 null 来删除 Cookie
setcookie("cookie[name3]","");          //设置 Cookie 的 value 值为空字符串来删除 Cookie
setcookie("cookie[name4]");             //不设置 value 值来删除 Cookie
if (isset($_COOKIE["cookie"])){         //判断是否存在
    echo "cookie 如下:<br/>";
    foreach ($_COOKIE["cookie"] as $name => $value){//若存在,使用 foreach 循环输出 Cookie
        echo "$name:$value"."<br/>";
    }
}else{
    echo "不存在 cookie";
}
?>
```

在谷歌浏览器运行上述程序，运行结果如图 10-4 所示。

可以发现，输出的 Cookie 只有 name，其他的 Cookie 都不存在。

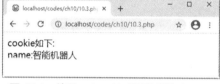

图 10-4　使用 setcookie()函数删除 Cookie

### 2. 在浏览器中手动删除 Cookie

除了上面的方法外，还可以在浏览器中手动删除 Cookie。Cookie 一般是一个文本文件，存储于 IE 浏览器的临时文件夹中。下面来看一下具体的步骤。

启动 IE 浏览器，选择"工具"→"Internet 选项"，打开"Internet 选项"对话框，如图 10-5 所示。在"常规"选项卡中单击"删除"按钮，将弹出如图 10-6 所示的对话框，选择"Cookie 和网站数据"，然后单击下面的"删除"按钮，即可删除所有 Cookie 文件。

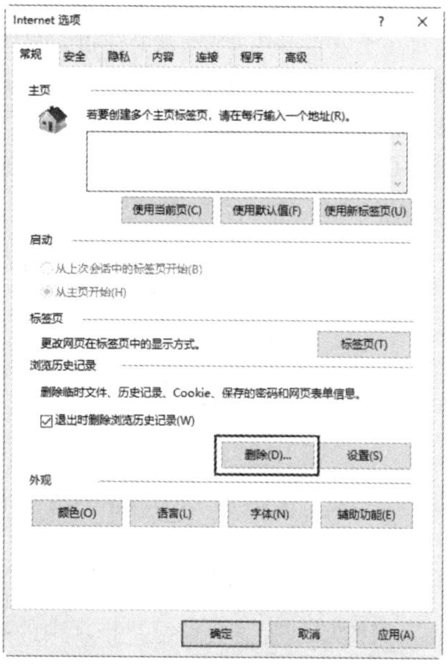

图 10-5　"Internet 选项"对话框

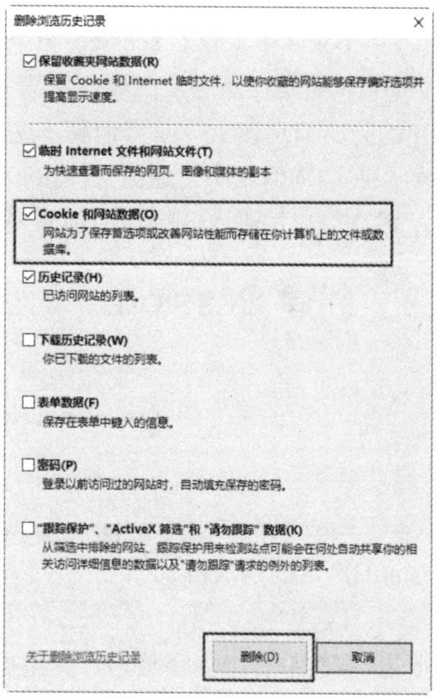

图 10-6　删除所有 Cookie 文件

### 10.1.5　Cookie 的生命周期

Cookie 的生命周期可以理解为：Cookie 在客户端存在的有效时间。

有效时间取决于是否设置 Cookie 的过期时间。如果没有设置过期时间，此时 Cookie 为会话 Cookie，不保存在硬盘上，而是保存在内存里，只要关闭浏览器窗口，Cookie 就会消失；如果设置过期时间，此时 Cookie 为持久性 Cookie，浏览器会把 Cookie 保存到硬盘上，关闭后再次打开浏览器，Cookie 依然有效，直到超过设定的过期时间。

虽然 Cookie 在有效时间内可以保存在客户端浏览器中，但也不是一成不变的。因为每个域名的 Cookie 数量和每个 Cookie 的大小是有限制的，如果达到了限制数量，浏览器会自动地随机删除 Cookie 文件。

# 10.2　Session 管理

微视频

与 Cookie 相比，Session 会话是存储在服务器端的，比较安全，并且不像 Cookie 那样有存储长度的限制。

### 10.2.1　了解 Session

Session 称为"会话控制"，在网络应用中，Session 的生存时间为用户在浏览某个网站时，从进入网站到关闭这个网站所经过的这段时间，也就是用户浏览这个网站所花费的时间。

由于 HTTP 是一种无状态的协议，只负责请求服务器，当它在服务器响应之后，就与浏览器失去了联系，不能保存用户的个人信息。Session 的使用就很好地解决了这个问题。

当第一次访问网站时，seesion_start()函数就会创建一个唯一的 Session_id，并自动通过 HTTP 的响应头，将这个 Session_id 保存到客户端 Cookie 中。同时，也在服务器端中创建一个以 Session_id 命名的文件，用于保存这个用户的会话信息。当同一个用户再次访问这个网站时，也会自动通过 HTTP 的请求头将 Cookie 中保存的 seesion_id 再携带过来，这时 session_start()函数就不会再去分配一个新的 Session_id，而是在服务器的硬盘中去寻找和这个 Session_id 同名的 Session 文件，将之前为这个用户保存的会话信息读出，在当前脚本中应用，达到跟踪这个用户的目的。

例如，在购物网站中，通过 Session 记录用户登录的信息，以及用户所购买的商品，如果没有 Session，那么用户每进入一个页面都需要登录用户名和密码。

### 10.2.2　创建 Session

创建 session 通过以下步骤来完成：

启动会话→注册会话→使用会话→删除会话

**1. 启动会话**

Session 的设置不同于 Cookie，必须先启动。启动 PHP 会话使用 session_start()函数来完成。session_start()函数的语法格式如下：

```
session_start(options);
```

其中 options 参数是一个关联数组，如果提供，那么会用其中的项目覆盖会话配置指示中的配置项。

**注意**：一般 session_start()函数在页面开始位置调用，然后会话变量被传入到$_SESSION。

### 2. 注册会话

启动 Session 会话，并创建一个$admin 变量。

所有的会话变量都保存在$_SESSION 中。$_SESSION 是一个数组，可以通过它来创建会话变量，只要给它添加一个元素即可。例如，创建一个 Session 变量并赋值为 Session。

```php
<?php
session_start();                      //启动 Session
$_SESSION["admin"] ="session";        //声明一个名为 admin 的变量,并赋空值
?>
```

运行完程序后，可以到系统临时文件夹找到这个 Session 文件，一般文件名形如：sess_atneh2q3v ufb0n22h2o06m2ch5，后面是 32 位编码后的随机字符串。用编辑器或者浏览器打开它，可以看到内容。

提示：可以使用 session_save_path()函数来查看 Session 保存的位置。

打开上面这个程序对应的 Session 文件，结果如下：

```
admin|s:7:"session";
```

一般 Session 文件的结构如下：

变量名|类型:长度:值;

### 3. 使用会话

使用会话很简单，首先判断会话变量是否存在，如果不存在，就创建一个；如果存在，则将这个会话变量载入以供用户使用。

```php
<?php
if (!empty($_SESSION["admin"])){       //判断用于存储用户名的 Session 会话变量是否存在
    $mySession=$_SESSION["admin"];     //若存在,赋值给一个变量$mySession
}
?>
```

### 4. 删除会话

删除会话有 3 种方式，分别为删除单个会话、删除多个会话和结束当前会话。下面分别进行介绍。

（1）删除单个会话。

所有会话内容都是保存在$_SESSION 数组中，所以可以通过注销数组中的某个元素来完成。例如注销$_SESSION['username1']变量，可以使用 unset()函数，代码如下：

```php
<?php
session_start();                      //启动 session 的初始化
$_SESSION["username1"]="user1";       //注册 session 变量,赋值为一个用户的名称
$_SESSION["username2"]="user2";       //注册 session 变量,赋值为一个用户的名称
unset($_SESSION["username1"]);        //注销$_SESSION["username1"]变量
?>
```

运行上面文件，打开对应的 Session 文件，结果如下：

```
username2|s:5:"user2";
```

可以发现$_SESSION["username1"]变量已经注销了。

（2）删除多个会话。

删除多个会话，可以给$_SESSION 赋值一个空的数组来实现，代码如下：

```php
<?php
session_start();                      //启动 Session 的初始化
$_SESSION["username1"]="user1";       //注册 Session 变量,赋值为一个用户的名称
$_SESSION["username2"]="user2";       //注册 Session 变量,赋值为一个用户的名称
```

```
$_SESSION=array ();
?>
```

运行上面文件，打开相应的 Session 文件，可以发现内容为空。

（3）结束当前会话。

如果整个会话已经结束，应先注销所有的会话变量，然后使用 session_destroy()函数结束当前的对话，销毁当前会话中的全部数据。代码如下：

```
session_destroy();
```

## 10.2.3 通过 Session 判断用户的操作权限

在大多数网站的开发过程中，一般是通过 Session 来判断登录的用户是管理员还是普通用户，进而划分管理员和普通用户操作网站的权限。

【例 10-4】通过 Session 判断用户的操作权限（实例文件：源文件\ch10\10.4.php、index.html 和 lose.php）。

设计登录页面 index.html，添加 form 表单，应用 POST 方法传递，action 指向的数据处理页面为 index.php，添加一个用户名文本框并命名为 user，添加一个密码域文本框并命名为 pwd。

```
<!DOCTYPE html>
<html>
<head>
    <meta charset="UTF-8">
    <title>Title</title>
</head>
<body background="128398365389236566.jpg">
<form action="10.4.php" method="post" name="form1">
    <table>
        <tr>
            <td>用户名: </td>
            <td><input type="text" name="user" id="user"></td>
        </tr>
        <tr>
            <td>密码: </td>
            <td><input type="password" name="pwd" id="pwd"></td>
        </tr>
        <tr>
            <td>
                <input type="submit" name="sub1" value="提交" onclick="return verifier (form)">
                <input type="reset" name="sub2" value="重置">
            </td>
        </tr>
    </table>
</form>
<p>管理员: admin<br/>密码: 123456</p>
<p>普通用户: demo<br/>密码: 456789</p>
</body>
</html>
```

在提交按钮的单击事件下，调用自定义函数 verifier()来验证表单元素是否为空。自定义函数 verifier() 的代码如下：

```
<script>
    function verifier (){
        if (form.user.value==""){
            alert("请输入用户名");form.user.focus();return False;
        }
```

```
            if (form.pwd.value==""){
                alert("请输入密码");form.pwd.focus();return False;
            }
            form.submit();
        }
    </script>
```

提交表单元素到数据处理页面 10.4.php。首先使用 session_start()函数初始化 Session 变量，然后通过 POST 方法接收表单的元素值，将获取的用户名和密码分别赋给 Session 变量。然后在 10.4.php中添加导航栏。具体代码如下：

```php
<?php
session_start();
$_SESSION["user"]=$_POST["user"];
$_SESSION["pwd"]=$_POST["pwd"];
if ($_SESSION["user"]==""||$_SESSION["pwd"]==""){
    echo "<script>alert('请输入用户名和密码');history.back();</script>";
}
if ($_SESSION["user"]=="admin"&&$_SESSION["pwd"]=="123456"){
    echo "<p>管理员:".$_SESSION["user"]."</p>";
}else{
    echo "<p>普通用户:".$_SESSION["user"]."</p>";
}
?>
<table>
    <tr>
        <style>
            body{background-image:url("128398365389236566.jpg") }
            .tdStyle{
                border: 1px solid blue;
            }
        </style>
        <td><a href="index.html">论坛首页</a></td>
        <td><a href="index.html">我的信息</a></td>
        <td><a href="index.html">我的文章</a></td>
        <td><a href="index.html">论坛头条</a></td>
        <td><a href="lose.php">用户注销</a></td>
        <?php
            if ($_SESSION["user"]=="superMan"&&$_SESSION["pwd"]=="123"){
        ?>
        <td class="tdStyle"><a href="index.html">用户管理</a></td>
        <?php
            }
        ?>
    </tr>
</table>
```

导航栏中的"注销用户"将链接到 lose.php,该页具体代码如下：

```php
<?php
session_start();                    //初始化 Session
unset($_SESSION["user"]);          //删除用户名会话变量
unset($_SESSION["pwd"]);           //删除密码会话变量
session_destroy();                 //删除当前所有的会话变量
header("location:index.html");     //跳转到论坛用户登录页
?>
```

在论坛用户登录页面输入用户名和密码，以管理员的身份登录网站，如图 10-7 所示，单击"提交"按钮进入管理员页面，如图 10-8 所示。

图 10-7　管理员登录

图 10-8　管理员界面

以普通用户的身份登录网站，如图 10-9 所示，单击"提交"按钮进入普通用户页面，如图 10-10 所示。

图 10-9　普通用户登录

图 10-10　普通用户界面

# 10.3　Session 的应用

微视频

从 10.2.1 节中，大家已经了解了什么是 Session，本节介绍一些关于 Session 的应用。

## 10.3.1　Session 临时文件

Session 保存在服务器中的临时文件中。如果大量的 Session 都保存在临时文件中，会降低服务的效率。在 PHP 中，使用 session_save_path()函数设置 Session 临时文件的储存位置，可以缓解因临时文件过大导致服务器效率降低和站点打开缓慢的问题。

【例 10-5】Session 临时文件（实例文件：源文件\ch10\10.5.php）。

```php
<?php
echo session_save_path();              //输出默认的 Session 存储位置
session_save_path("d:/session");       //自定义存储路径
session_start();                       //初始化 Session
$_SESSION["username"]="123";           //创建一个 Session 文件
echo "<br/>";
echo session_save_path();              //输出现在的 Session 存储位置
?>
```

运行结果如图 10-11 所示，这时 d:/session 路径下就会出现创建的 Session 文件，如图 10-12 所示。

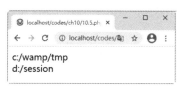

图 10-11　页面加载效果

图 10-12　Session 文件

☆**大牛提醒**☆

在运行上面代码之前，切记在 D 盘根目录下新建名为 session 的文件夹，否则会报错。session_save_path() 必须放在 session_start() 的前面调用。

## 10.3.2　Session 缓存

Session 缓存是将网页中的内容临时存储到客户端，并可以设置缓存的时间。当第一次浏览网页后，页面的部分内容在规定时间内就被临时存储在客户端的临时文件夹中，在下次访问这个页面的时候，就可以直接读取缓存的内容，而不需要再次下载，从而提高网站的浏览效率。

Session 缓存使用 session_cache_limiter() 函数来实现，语法格式如下：

```
session_cache_limiter(cache_limiter)
```

参数 cache_limiter 为 public 或者 private。

缓存的时间设置，使用 session_cache_expire() 函数来实现，语法格式如下：

```
session_cache_expire(new_cache_expire);
```

其中 new_cache_expire 参数是 Session 缓存的时间，单位为分钟。

**注意**：Session 的缓存函数和缓存时间函数必须放在 session_start() 函数之前调用，否则会报错。

在下面代码中，把缓存限制为 private，并设定缓存 Session 页面的失效时间在 60 分钟之后。

```php
<?php
session_cache_limiter("private");
$cache_limit=session_cache_limiter();          //开启客户端缓存
session_cache_expire(60);
$cache_expire=session_cache_expire();          //设定客户端缓存的时间
session_start();
?>
```

# 10.4　小白疑难问题解答

**问题 1**：Session 和 Cookie 哪个更安全？

**解答**：Session 比 Cookie 更安全。真正的 Cookie 存在于客户端硬盘上的一个文本文件，如果两者一样的话，只要 Cookie 就好了，让客户端来分担服务器的负担，并且对于用户来说又是透明的，但实际上不是。Session 的 session_id 是放在 Cookie 里，要想攻破 Session 的话，得分两步：

（1）要得到 session_id。攻破 Cookie 后，还要得到 session_id，session_id 是要有人登录，或者启动 session_start 才会有，不知道什么时候会有人登录。

（2）获取有效 session_id。session_id 是加密的，第二次 session_start 时，前一次的 session_id 就没有用了，Session 过期时 session_id 也会失效，想在短时间内攻破加了密的 session_id 很难。Session

是针对某一次通信而言，会话结束 Session 也就随之消失了。

**问题 2**：Session 如何访问 Cookie 的内容？

**解答**：在浏览器中，有些用户出于安全性的考虑，关闭了其浏览器的 Cookie 功能，导致 Cookie 不能正常工作。

使用 Session 可以不需要手动设置 Cookie，PHP Session 可以自动处理。可以使用会话管理及 PHP 中的 session_get_cookie_params()函数来访问 Cookie 的内容。这个函数将返回一个数组，包括 Cookie 的生存周期、路径、域名、secure 等。它的格式为：

session_get_cookie_params(生存周期,路径,域名,secure)

# 10.5　实战训练

**实战 1**：使用 Session 在页面间传递变量。

通过 Session 在多网页之间传递变量。本实例将包括三个页面，第一个页面创建 Session 变量，第二个页面接收 Session 变量，第三个页面注销 Session 变量。程序初始页面效果如图 10-13 所示。单击"下一页"链接，进入新页面，效果如图 10-14 所示。再次单击"下一页"链接，即可注销 Session 变量，效果如图 10-15 所示。

图 10-13　程序初始结果

图 10-14　点击链接后的结果

图 10-15　会话变量已注销

**实战 2**：使用 Cookie 记录用户访问网站的时间。

通过 setcookie()函数创建 Cookie，通过 isset()函数检查 Cookie 是否存在，如果是第一次访问页面，则显示效果如图 10-16 所示。如果刷新页面，则显示上次访问时间和本次访问时间，如图 10-17 所示。

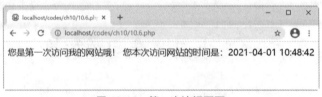

图 10-16　第一次访问页面

图 10-17　再次刷新页面

# 第11章

## 处理错误和异常

当 PHP 代码运行时，会发生各种错误：可能是语法错误（通常是程序员造成的编码错误）；可能是缺少功能（由于浏览器差异）；可能是由于来自服务器或用户的错误输出而导致的错误；当然，也可能是由于许多其他不可预知的因素而导致的错误。本章主要讲述错误处理和异常处理。

## 11.1 处理错误

微视频

错误属于 PHP 脚本自身的问题，大部分情况是由错误的语法、服务器环境导致，使得编译器无法通过检查，甚至无法运行。warning、notice 都是错误，只是它们的级别不同而已。

### 11.1.1 错误报告级别

错误报告级别指定了在什么情况下，脚本代码中的错误（这里的错误是广义的错误，包括 E_NOTICE 注意、E_WARNING 警告、E_ERROR 致命错误等）会以错误报告的形式输出。

只有熟悉错误级别才能对错误有更好的认识。错误有不同的错误级别，以下是几类常见的错误级别：

（1）Fatal Error：致命错误（脚本终止运行）。

```
E_ERROR——致命的运行错误,错误无法恢复,暂停执行脚本.
E_CORE_ERROR——PHP 启动时初始化过程中的致命错误.
E_COMPILE_ERROR——编译时的致命错误.
E_USER_ERROR——自定义错误消息.例如在使用 trigger_error 函数时,设置错误类型为:E_USER_ERROR.
```

（2）Parse Error：编译时解析错误、语法错误（脚本终止运行）。

```
E_PARSE——编译时的语法解析错误.
```

（3）Warning Error：警告错误（仅给出提示信息，脚本不终止运行）。

```
E_WARNING——运行时警告.
E_CORE_WARNING——PHP 初始化启动过程中发生的警告.
E_COMPILE_WARNING——编译警告.
E_USER_WARNING——用户产生的警告信息.
```

（4）Notice Error：通知错误（仅给出通知信息，脚本不终止运行）。

```
E_NOTICE——运行时通知,表示脚本遇到可能会表现为错误的情况.
E_USER_NOTICE——用户产生的通知信息.
```

## 11.1.2　调整错误报告级别

在 PHP 脚本中使用 error_reporting()函数来调整错误报告级别。这个函数用于确定 PHP 应该在特定的页面内报告哪些类型的错误。语法格式如下所示：

```
error_reporting(level);
```

level 参数规定新的 error_reporting 级别，可以是一个位掩码也可以是一个已命名的常量。例如下面所示：

```
error_reporting(0);                     //关闭错误报告
error_reporting(E_ALL);                 //报告所有错误
error_reporting(E_ALL & ~E_NOTICE);     //报告 E_NOTICE 之外的所有错误
```

☆**大牛提醒**☆

该函数只在使用的脚本中有效果。

下面通过一个实例来介绍。在实例中，在 PHP 脚本中分别创建一个"注意"、一个"警告"和一个"致命错误"。

【**例 11-1**】调整错误报告级别（实例文件：源文件\ch11\11.1.php）。

```
<h2>测试错误报告</h2>
<?php
//通过 error_reporting()函数设置在本脚本中,输出所有级别的错误报告
error_reporting(E_ALL);
//注意(notice)的报告,不会阻止脚本的执行,并且可能不一定是一个问题
getType($var);       //调用函数时提供的参数变量没有在之前声明
//警告(warning)的报告,指示一个问题,但是不会阻止脚本的执行
getType();           //调用函数时没有提供必要的参数
get_Type();          //调用一个没有被定义的函数
?>
```

运行结果如图 11-1 所示。

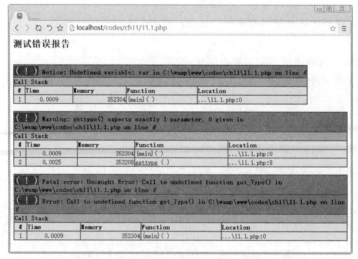

**图 11-1　调整错误报告级别**

在上面的实例中，如果只想输出致命错误，可以把 error_reporting()函数的参数值改为 E_ERROR 即可实现，代码如下：

```
error_reporting(E_ERROR);
```

重新运行上面的实例，运行结果如图 11-2 所示。

图 11-2　更改后的结果

## 11.1.3　使用 trigger_error()函数替代 die()函数

die()函数如果执行，会终止 PHP 程序的运行，可以在退出程序之前输出一些错误报告。trigger_error()则可以生成一个用户警告来代替，使程序更具有灵活性。

trigger_error()函数的语法格式如下：

```
trigger_error(error_message,error_types)
```

trigger_error()函数的参数说明如表 11-1 所示。

表 11-1　trigger_error()函数的参数说明

| 参　　数 | 说　　明 |
| --- | --- |
| error_message | 必须参数。规定错误消息，最大长度 1024 节 |
| error_types | 可选参数。规定错误类型，可能的值如下：<br>E_USER_ERROR<br>E_USER_WARNING<br>E_USER_NOTICE（默认） |

【例 11-2】trigger_error()函数的应用（实例文件：源文件\ch11\11.2.php）。

```php
<?php
$a=100;
if ($a<1000){
    trigger_error("$a 不能小于 1000");
}
echo "<h1>"."\$a 的值为".$a."</h1>";
?>
```

运行结果如图 11-3 所示。

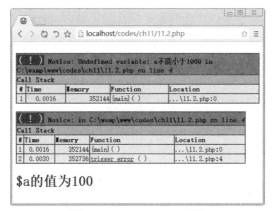

图 11-3　trigger_error()函数

如果把上面实例中的 trigger_error()函数换成 die()函数，运行结果如图 11-4 所示。

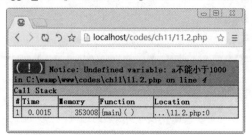

图 11-4　die()函数

## 11.1.4　自定义错误处理

自定义错误报告的处理方式，可以完全绕过标准的 PHP 错误处理函数，这样就可以按照自己定义的格式打印错误报告，或者改变错误报告打印的位置（标准 PHP 的错误报告是哪里发生错误就在哪里显示报告错误）。下面几种情况可以考虑自定义错误处理。

（1）想要记下错误的信息，及时发现一些生产环境出现的问题。

（2）想要屏蔽错误。出现错误会把一些信息暴露，极有可能成为黑客攻击网站的工具。

（3）做相应的处理，将所有错误报告放到脚本最后输出，或出错时可以显示跳转到预先定义好的出错页面，提供更好的用户体验。如果必要，还可以在自定义错误处理程序中，根据情况去终止脚本运行。

（4）作为调试工具。有时候必须在运行环境下调试一些东西，但又不想影响正在使用的用户。

通常使用 set_error_handler()函数去设置用户自定义的错误处理函数。该函数有两个参数，其中第一个参数是必选的，是一个回调函数，规定发生错误时运行的函数。这个回调函数必须要定义 4 个参数，否则无效。按顺序，参数分别为"是否存在错误""错误信息""错误文件"和"错误行号"。set_error_handler()函数的第二个参数为可选的参数，规定哪个错误报告级别会显示用户自定义的错误。默认是 E_ALL。

【例 11-3】自定义错误处理（实例文件：源文件\ch11\11.3.php）。

```php
<?php
error_reporting(0);    //关掉程序中所有错误报告
//定义 error_report 函数,作为 set_error_handler()函数的第一个参数"回调"
function error_report($handler,$error_message,$file,$line){
    $EXIT =False;
    switch($handler){
    //提醒级别
        case E_NOTICE:
        case E_USER_NOTICE:
            $error_type = 'Notice';
            break;
        //警告级别
        case E_WARNING:
        case E_USER_WARNING:
            $error_type='warning';
            break;
        //错误级别
        case E_ERROR:
        case E_USER_ERROR:
            $error_type='Fatal Error';
            $EXIT = True;
```

```
                break;
            //其他未知错误
            default:
                $error_type='Unknown';
                $EXIT = True;
                break;
        }
    //直接打印错误信息
     printf("<b>%s</b>:%s  in<b>%s</b>  on  line  <b>%d</b><br>\n",$error_type, $error_
message, $file, $line);
    }
    set_error_handler('error_report');    //把错误的处理交给 set_error_handler()
    echo $var;                            //使用未定义的变量报 notice
    echo 1/0;                             //除以 0 报警告
    //自定义一个错误
    trigger_error('我是一个错误');
    ?>
```

运行结果如图 11-5 所示。

图 11-5　自定义错误处理结果

# 11.2　处理异常

微视频

异常提供了控制应用程序生成和处理错误的方法。通过提供异常发生的场景细节，能够更加轻松地编写程序。另外，通过使用异常，能够创建具有容错特性的更加稳定的应用程序，并且在发生问题时，异常也能够通知到管理员。

异常处理用于在指定的错误发生时改变脚本的正常流程，是 PHP5 中的一个新的重要特性。异常处理是一种可扩展、易维护的错误处理统一机制，并提供了一种新的面向对象的错误处理方式。

## 11.2.1　异常处理实现

异常用来处理不应该在正常的代码执行中发生的任何类型的错误。异常是通过增加 try、catch 和 throw 这三个关键字和内置的 Exception 类来实现的。异常处理和编写程序的流程控制相似，所以也可以通过异常处理实现一种另类的条件选择结构。

### 1. try

try 关键字用来定义检测异常的代码块。使用异常的函数应该位于 try 代码块内。如果没有触发异常，则代码将照常继续执行；如果异常被触发，会抛出一个异常。

使用 try 语句块要加上花括号，语句形式如下：

```
try{
    //代码
}
```

### 2. catch

catch 代码块会捕获异常，并创建一个包含异常信息的对象。catch 允许定义要捕捉的类型，并且可以访问捕捉到的异常细节。

```
catch(Exception $e){
    echo $e;
}
```

在这个例子中，$e 是 Exception 类的一个包含异常信息的实例对象。Exception 类是所有类型异常的父类，所以捕捉 Exception 类会捕捉到任何类型的异常。

为了处理不同类型的异常，也许会定义多个 catch 语句块。应该先定义最特定的类型，这是因为 catch 是按照顺序来解析的，在前面的语句块会先执行。

### 3. throw

throw 语句规定如何触发异常，每一个 throw 必须对应至少一个 catch。

必须给 throw 语句传递一个 Exception 类的实例。代码如下：

```
throw new Exception('Error message');
```

### 4. Exception

Exception 类是所有异常类的父类。为了自定义异常类，可以从 Exception 类派生。

Exception 的构造函数可以接收一条错误信息和一个错误代码作为参数。错误信息很容易理解，但错误代码的含义就需要做一些解释。

通过提供的错误代码，在处理异常事件时，就可以灵活处理异常了。通过检查返回的代码，可以以数字的形式映射异常类型，而不是依赖于错误的字符串，因为错误的字符串可能会随时发生改变。

构造好异常的实例后，异常就获得了几个关键的信息，其中包括构造异常的代码所处于的位置、在构造时执行的代码、错误信息和错误代码。这些关键信息可以通过一些方法来获取，具体如表 11-2 所示。

表 11-2　获取关键信息的方法

| 方　　法 | 说　　明 |
| --- | --- |
| getMessage() | 返回异常信息，此信息是描述错误状态的字符串 |
| getCode() | 返回错误代码 |
| getFile() | 返回发生错误所在的源文件。此信息对于查找异常抛出的位置是非常有用的 |
| getLine() | 返回异常抛出位置在文件中的行号，需要和 getFile() 方法一起使用 |
| getTrace() | 返回包含场景的一个数组，这是当前正在执行的方法以及执行顺序的一个列表 |
| getTraceAsString() | 与 getTrace() 相同，不过这个函数返回的是字符串而不是数组 |
| __toString() | 返回用字符串表达的整个异常信息 |

由于数组中的每个键值都包含了文件、行号、函数名称以及重要的信息，所以 getTrace() 方法非常有用。使用回溯信息，可以看到导致问题发生的所有数据流，从而简化了调试工作。

【例 11-4】实现异常处理（实例文件：源文件\ch11\11.4.php）。

```php
<?php
//定义连接数据库的函数
function con($config){
    if (!$conn = mysqli_connect($config['host'],$config['user'],$config['password'],
$config['database'])){
```

```
        throw new Exception('不能连接到数据库');
    }
}
try{
    $config = [
        'host' => 'localhost',
        'user' => 'root',
        'password' => '123',
        'datebase' => 'student'
    ];
    con($config);
}catch(Exception $e){
    echo $e->getMessage();
}
?>
```

运行结果如图 11-6 所示。

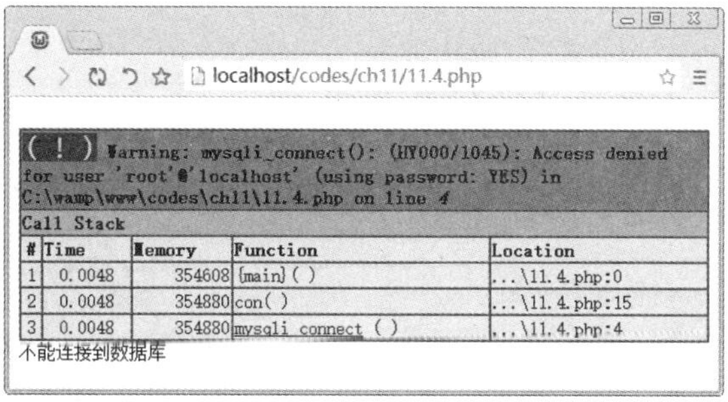

图 11-6　异常处理

如果无法连接数据库，连接函数就会返回 False，异常就会被抛出。throw 关键字要和一个 Exception 类的对象一起使用，它会告诉应用程序什么时候发生了错误。一旦抛出了异常，这个函数就不会执行到最后，它会直接跳出到 catch 语句块。在 catch 语句块中，应用程序会打印出错误信息。

## 11.2.2　扩展 PHP 内置的异常处理类

在 try 代码块中，需要使用 throw 语句抛出一个异常对象，才能跳转到 catch 代码块中执行，并在 catch 代码块中捕获并使用这个异常类的对象。虽然在 PHP 中提供的内置异常处理类 Exception 已经具有非常不错的特性，但在某些情况下，可能还要扩展这个类来得到更多的功能。所以用户可以用自定义的异常处理类来扩展 PHP 内置的异常处理类。

如果使用自定义的类作为异常处理类，则必须是扩展内置异常处理类 Exception 的子类，非 Exception 类的子类是不能作为异常处理类使用的。如果在扩展内置处理类 Exception 时重新定义构造函数的话，建议同时调用 parent::construct()来检查所有的变量是否已被赋值。当对象要输出字符串的时候，可以重载__toString()并自定义输出的样式。可以在自定义的子类中，直接使用内置异常处理 Exception 类中的所有成员属性。

创建自定义的异常处理程序非常简单，和传统类的声明方式相同，但该类必须是内置异常处理类 Exception 的一个扩展。当 PHP 中发生异常时，可调用自定义异常类中的方法进行处理。创建一个自定义的 MyException 类，继承了内置异常处理类 Exception 中的所有属性，并向其添加了自定义的方法。

【例 11-5】扩展 PHP 内置的异常处理类的应用（实例文件：源文件\ch11\11.5.php）。

```
<?php
```

```php
//自定义一个异常处理类,但必须是扩展内置异常处理类的子类
class MyException extends Exception{
    //重定义构造器是第一个参数 message 变为必须被指定的属性
    public function __construct($message, $code=0){
        //同时调用 parent::construct()来检查所有的变量是否已被赋值
        parent::__construct($message,$code);
    }
    //重写父类方法,自定义字符串输出的样式
    public function __toString(){
        return __CLASS__.":[".$this->code."],".$this->message."<br/>";
    }
    //为这个异常自定义一个处理方法
    public function method(){
        echo "按自定义的方法处理出现的这个异常<br/>";
    }
}
try {
    $error = "抛出这个异常";
    $code = "1";
    throw new MyException($error,$code);
    echo '我不会被执行';
} catch (MyException $e) {
    echo '捕获异常:'.$e."<br/>";
    $e->method();
}
echo "异常已经捕获,并且已经处理";
?>
```

运行结果如图 11-7 所示。

图 11-7　扩展 PHP 内置的异常处理类

在自定义的 MyException 类中，使用父类中的构造方法检查所有的变量是否已被赋值。而且重载了父类中的__toString()方法，输出自己定制捕获的异常消息。自定义和内置的异常处理类，在使用上没有多大区别，只不过在自定义的异常处理类中，可以调用为异常专门编写的处理方法。

## 11.2.3　捕获多个异常

在 try 代码块之后，必须至少给出一个 catch 代码块，也可以将多个 catch 代码块与一个 try 代码块进行关联。如果每个 catch 代码块可以捕获一个不同类型的异常，那么使用多个 catch 就可以捕获不同的类所产生的异常。当产生一个异常时，PHP 将查询一个匹配的 catch 代码块。如果有多个 catch 代码块，传递给每一个 catch 代码块的对象必须具有不同的类型，这样 PHP 可以找到需要进入的 catch 代码块。当 try 代码块不再抛出异常或者找不到 catch 能匹配所抛出的异常时，PHP 代码就会在跳转到最后一个 catch 的后面继续执行。

【例 11-6】捕获多个异常（实例文件：源文件\ch11\11.6.php）。

```php
<?php
//自定义的一异常处理类,但必须是扩展内置异常处理类的子类
class MyException extends Exception{
```

```
    //重定义构造器使第一个参数 message 变为必须被指定的属性
    public function __construct($message, $code=0){
        //调用 parent::construct()来检查所有的变量是否已被赋值
        parent::__construct($message, $code);
    }
    //重写父类中继承过来的方法,自定义字符串输出的样式
    public function __toString() {
        return __CLASS__.":[".$this->code."]:".$this->message."<br>";
    }
    //为这个异常自定义一个处理方法
    public function method() {
        echo "按自定义的方法处理出现的这个异常";
    }
}
//创建一个用于测试自定义扩展的异常类 TestException
class TestException {
    public $var;                                //用来判断对象是否创建成功的成员属性
    function __construct($value=0) {            //通过构造方法的传值决定抛出的异常
        switch($value){                         //对传入的值进行选择性的判断
            case 1:                             //传入的参数为 1 时,则抛出自定义的异常对象
                throw new MyException("传入的值为 1,抛出自定义的异常对象", 1);
                break;
            case 2:                             //传入参数 2,则抛出 PHP 内置的异常对象
                throw new Exception("传入的值为 2,抛出 PHP 内置的异常对象", 2);
                break;
            default:                            //传入参数合法,则不抛出异常
                $this->var=$value;              //为对象中的成员属性赋值
                break;
        }
    }
}
//示例 1,在没有异常时,程序正常执行,try 中的代码全部执行并不会执行任何 catch 区块
try{
    $testObj = new TestException();             //使用默认参数创建异常的测试类对象
    echo "$testObj->var<br>";                   //没有抛出异常这条语句就会正常执行
}catch(MyException $e){                          //捕获用户自定义的异常区块
    echo "捕获自定义的异常: $e <br>";            //按自定义的方式输出异常消息
    $e->method();                               //可以调用自定义的异常处理方法
}catch(Exception $e) {                           //捕获 PHP 内置的异常处理类的对象
    echo "捕获 PHP 内置的异常: ".$e->getMessage()."<br>";   //输出异常消息
}
var_dump($testObj);                             //判断对象是否创建成功,如果没有任何异常,则创建成功
echo "<hr/>";
//示例 2,抛出自定义的异常,并通过自定义的异常处理类捕获这个异常并处理
try{
    $testObj1 = new TestException(1);           //传 1 时,抛出自定义异常
    echo "$testObj->var<br>";                   //这条语句不会被执行
}catch(MyException $e){                          //这个 catch 区块中的代码将被执行
    echo "捕获自定义的异常: $e <br>";
    $e->method();
}catch(Exception $e) {                           //这个 catch 区块不会执行
    echo "捕获 PHP 内置的异常: ".$e->getMessage()."<br>";
}
var_dump($testObj1);                            //有异常产生,这个对象没有创建成功
echo "<hr/>";
//示例 3,抛出内置的异常,并通过自定义的异常处理类捕获这个异常并处理
try{
    $testObj2 = new TestException(2);           //传入 2 时,抛出 PHP 内置异常
    echo "$testObj->var<br>";                   //这条语句不会被执行
}catch(MyException $e){                          //这个 catch 区块不会执行
```

```
    echo "捕获自定义的异常: $e <br>";
    $e->method();
}catch(Exception $e) {                      //这个 catch 区块中的代码将被执行
    echo "捕获 PHP 内置的异常: ".$e->getMessage()."<br>";
}
var_dump($testObj2);                         //有异常产生,这个对象没有创建成功
?>
```

运行结果如图 11-8 所示。

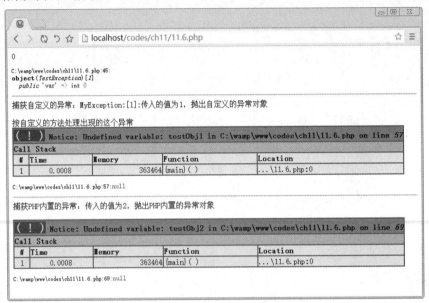

图 11-8 捕获多个异常

# 11.3 小白疑难问题解答

**问题 1：**PHP 常见的错误级别有哪几种？

**解答：**常见的错误级别有以下几种。

（1）E_ERROR：致命错误，会导致脚本终止运行。

（2）E_WARNING：运行时警告（非致命错误）。仅给出提示信息，但是脚本不会终止运行。

（3）E_NOTICE：运行时通知。表示脚本遇到可能会表现为错误的情况，但是在可以正常运行的脚本里面也可能会有类似的通知。

（4）E_STRICT：启用 PHP 对代码的修改建议，以确保代码具有最佳的互操作性和向前兼容性。

（5）E_ALL：E_STRICT 除外的所有错误和警告信息。

**问题 2：**处理异常有什么规则？

**解答：**在处理异常时，有下列规则需要用户牢牢掌握：

（1）需要进行异常处理的代码应该放入 try 代码块内，以便捕获潜在的异常。

（2）每个 try 或 throw 代码块必须至少拥有一个对应的 catch 代码块。

（3）使用多个 catch 代码块可以捕获不同种类的异常。

（4）可以在 try 代码块内的 catch 代码块中再次抛出（re-thrown）异常。

# 11.4 实战训练

**实战 1**：自定义错误触发器。

编程 PHP 程序，自定义错误和错误触发器。当传入的参数为字符串时，运行结果如图 11-9 所示。

**实战 2**：处理找不到文件时的异常或错误。

编程 PHP 程序，处理路径有误或者找不到文件时的异常或错误，运行结果如图 11-10 所示。

图 11-9 错误触发器

图 11-10 处理异常或错误

# 第12章

# MySQL 基础操作

目前，尽管 PHP 支持各种数据库，不过在 Web 开发中，最常用的是 MySQL 数据库，被认为是 PHP Web 开发的黄金搭档。如果想更加深入地使用 MySQL 数据库，就需要进一步学习 MySQL 中相关的 SQL 语句和 MySQL 服务器上的重要操作等知识。由于 WampServer 集成环境已经安装好了 MySQL 数据库，通过 phpMyAdmin 即可管理 MySQL 数据库，更重要的是，其操作非常简单。下面重点学习 MySQL 数据库的基本操作方法。

## 12.1 MySQL 概述

微视频

MySQL 是一个小型关系数据库管理系统，与其他大型数据库管理系统例如 Oracle、DB2、SQL Server 等相比，MySQL 规模小、功能有限，但是它体积小、速度快、成本低，且它提供的功能对稍微复杂的应用来说已经够用，这些特性使得 MySQL 成为世界上最受欢迎的开放源代码数据库。

MySQL 的主要优势如下：

（1）速度：运行速度快。

（2）价格：MySQL 对多数个人来说是免费的。

（3）容易使用：与其他大型数据库的设置和管理相比，其复杂程度较低，易于学习。

（4）可移植性：能够工作在众多不同的系统平台上，例如：Windows、Linux、Unix、Mac OS 等。

（5）丰富的接口：提供了用于 C、C++、Eiffel、Java、Perl、PHP、Python、Ruby 和 Tcl 等语言的 API。

（6）支持查询语言：MySQL 可以利用标准 SQL 语法和支持 ODBC（开放式数据库连接）的应用程序。

（7）安全性和连接性：十分灵活和安全的权限和密码系统，允许基于主机的验证。连接到服务器时，所有的密码传输均采用加密形式，从而保证了密码安全。并且由于 MySQL 是网络化的，因此可以在因特网上的任何地方访问，提高数据共享的效率。

## 12.2 启动 phpMyAdmin 管理程序

微视频

phpMyAdmin 是一套使用 PHP 程序语言开发的管理程序，它采用网页形式的管理界面。如果要正确执行这个管理程序，就必须要在网站服务器上安装 PHP 与 MySQL 数据库。

步骤 1：如果要启动 phpMyAdmin 管理程序，只要单击桌面右下角的 WampServer 图标，在弹出的菜单中选择 phpMyAdmin 4.9.2 命令，如图 12-1 所示。

步骤 2：phpMyAdmin 启动后进入登录页面。默认情况下，MySQL 数据库的管理员用户名为 root，密码为空，选择服务器为 MySQL，单击"执行"按钮，如图 12-2 所示。

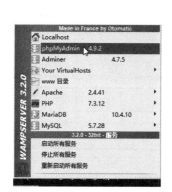

图 12-1　选择 phpMyAdmin 命令　　　　　　图 12-2　数据库登录页面

步骤 3：进入 phpMyAdmin 的主界面，如图 12-3 所示。

图 12-3　phpMyAdmin 的工作界面

# 12.3　MySQL 数据类型

微视频

MySQL 支持多种数据类型，主要有数值类型、日期/时间类型和字符串类型。

（1）数值类型：包括整数类型 TINYINT、SMALLINT、MEDIUMINT、INT、BIGINT、浮点小数类型 FLOAT 和 DOUBLE，定点小数类型 DECIMAL。

（2）日期/时间类型：包括 YEAR、TIME、DATE、DATETIME 和 TIMESTAMP。

（3）字符串类型：包括 CHAR、VARCHAR、BINARY、VARBINARY、BLOB、TEXT、ENUM 和 SET 等。字符串类型又分为文本字符串和二进制字符串。

### 12.3.1　整数类型

数值型数据类型主要用来存储数字，MySQL 提供了多种数值数据类型，不同的数据类型提供不同的取值范围，可以存储的值范围越大，其所需要的存储空间也会越大。MySQL 提供的整数类型主要有：TINYINT、SMALLINT、MEDIUMINT、INT(INTEGER)、BIGINT。整数类型的属性字段可以添加 AUTO_INCREMENT 自增约束条件。表 12-1 列出了 MySQL 中的整数类型。

表 12-1　MySQL 中的整数类型

| 类 型 名 称 | 说　　明 | 存 储 需 求 |
| --- | --- | --- |
| TINYINT | 很小的整数 | 1 个字节 |
| SMALLINT | 小的整数 | 2 个字节 |
| MEDIUMINT | 中等大小的整数 | 3 个字节 |
| INT(INTEGER) | 普通大小的整数 | 4 个字节 |
| BIGINT | 大整数 | 8 个字节 |

从表 12-1 中可以看到，不同类型整数存储所需的字节数是不同的，占用字节数最小的是 TINYINT 类型，占用字节数最大的是 BIGINT 类型，相应的占用字节越多的类型所能表示的数值范围越大。根据占用字节数可以求出每一种数据类型的取值范围，例如 TINYINT 需要 1 个字节（8 bits）来存储，那么 TINYINT 无符号数的最大值为 $2^8-1$，即 255；TINYINT 有符号数的最大值为 $2^7-1$，即 127。其他类型的整数的取值范围计算方法相同，如表 12-2 所示。

表 12-2　不同整数类型的取值范围

| 类 型 名 称 | 有 符 号 | 无 符 号 |
| --- | --- | --- |
| TINYINT | -128～127 | 0～255 |
| SMALLINT | 32768～32767 | 0～65535 |
| MEDIUMINT | -8388608～8388607 | 0～16777215 |
| INT(INTEGER) | -2147483648～2147483647 | 0～4294967295 |
| BIGINT | -9223372036854775808～9223372036854775807 | 0～18446744073709551615 |

### 12.3.2　浮点数类型和定点数类型

MySQL 中使用浮点数和定点数来表示小数。浮点类型有两种：单精度浮点类型（FLOAT）和双精度浮点类型（DOUBLE）。定点类型只有一种：DECIMAL。浮点类型和定点类型都可以用（M，N）来表示，其中 M 称为精度，表示总共的位数；N 称为标度，是表示小数的位数。表 12-3 列出了 MySQL 中的小数类型。

表 12-3　MySQL 中的小数类型

| 类 型 名 称 | 说　明 | 存 储 需 求 |
|---|---|---|
| FLOAT | 单精度浮点数 | 4 个字节 |
| DOUBLE | 双精度浮点数 | 8 个字节 |
| DECIMAL（M,D），DEC | 压缩的"严格"定点数 | M+2 个字节 |

DECIMAL 类型不同于 FLOAT 和 DOUBLE，DECIMAL 实际是以串存放的，DECIMAL 可能的最大取值范围与 DOUBLE 一样，但是其有效的取值范围由 M 和 D 的值决定。如果改变 M 而固定 D，则其取值范围将随 M 的变大而变大。从表 12-3 可以看到，DECIMAL 的存储空间并不是固定的，而由其精度值 M 决定，占用 M+2 个字节。

FLOAT 类型的取值范围如下：

- 有符号的取值范围：-3.402823466E+38 ～ -1.175494351E-38。
- 无符号的取值范围：0 和 1.175494351E-38 ～ 3.402823466E+38。

DOUBLE 类型的取值范围如下：

- 有符号的取值范围：-1.7976931348623157E+308 ～ -2.2250738585072014E-308。
- 无符号的取值范围：0 和 2.2250738585072014E-308 ～ 1.7976931348623157E+308。

## 12.3.3　日期与时间类型

MySQL 中有多种表示日期的数据类型，主要有：DATETIME、DATE、TIMESTAMP、TIME 和 YEAR。例如，当只记录年信息时，可以只使用 YEAR 类型，而没有必要使用 DATE。每一个类型都有合法的取值范围，当指定确实不合法的值时系统将"零"值插入到数据库中。本节将介绍 MySQL 日期与时间类型的使用方法。表 12-4 列出了 MySQL 中的日期与时间类型。

表 12-4　日期与时间类型

| 类 型 名 称 | 日 期 格 式 | 日 期 范 围 | 存 储 需 求 |
|---|---|---|---|
| YEAR | YYYY | 1901～2155 | 1 字节 |
| TIME | HH:MM:SS | -838:59:59 ～838:59:59 | 3 字节 |
| DATE | YYYY-MM-DD | 1000-01-01～9999-12-3 | 3 字节 |
| DATETIME | YYYY-MM-DD HH:MM:SS | 1000-01-01 00:00:00～9999-12-31 23:59:59 | 8 字节 |
| TIMESTAMP | YYYY-MM-DD HH:MM:SS | 1970-01-01 00:00:01 UTC～ 2038-01-19 03:14:07 UTC | 4 字节 |

### 1. YEAR

YEAR 类型是一个单字节类型用于表示年，在存储时只需要 1 个字节。可以使用各种格式指定 YEAR 值，如下所示：

（1）以 4 位字符串或者 4 位数字格式表示的 YEAR，范围为'1901'～'2155'。输入格式为 'YYYY'或者 YYYY，例如，输入'2010'或 2010，插入到数据库的值均为 2010。

（2）以 2 位字符串格式表示的 YEAR，范围为'00'到'99'。'00'～'69'和'70'～'99' 范围的值分别被转换为 2000～2069 和 1970～1999 的 YEAR 值。'0'与'00'的作用相同。插入超过取值范围的值将被转换为 2000。

（3）以 2 位数字表示的 YEAR，范围为 1～99。1～69 和 70～99 的值分别被转换为 2001～2069

和 1970～1999 的 YEAR 值。

**注意**：在这里 0 值将被转换为 0000，而不是 2000。

### 2. TIME

TIME 类型用在只需要时间信息的值，在存储时需要 3 个字节。格式为 'HH:MM:SS'。HH 表示小时；MM 表示分钟；SS 表示秒。TIME 类型的取值范围为−838:59:59 ～838:59:59，小时部分会如此大的原因是 TIME 类型不仅可以用于表示一天的时间（必须小于 24 小时），还可能是某个事件过去的时间或两个事件之间的时间间隔（可以大于 24 小时，或者甚至为负）。可以使用各种格式指定 TIME 值，如下所示：

（1）'D HH:MM:SS' 格式的字符串。还可以使用下面任何一种"非严格"的语法：'HH:MM:SS'、'HH:MM'、'D HH:MM'、'D HH' 或 'SS'。这里的 D 表示日，可以取 0～34 的值。在插入数据库时，D 被转换为小时保存，格式为 "D*24＋HH"。

（2）'HHMMSS' 格式的、没有间隔符的字符串或者 HHMMSS 格式的数值，假定是有意义的时间。例如：'101112' 被理解为 '10:11:12'，但 '109712' 是不合法的（它有一个没有意义的分钟部分），存储时将变为 00:00:00。

### 3. DATE 类型

DATE 类型用在仅需要日期值时，没有时间部分，在存储时需要 3 个字节，日期格式为 'YYYY-MM-DD'。其中 YYYY 表示年；MM 表示月；DD 表示日。在给 DATE 类型的字段赋值时，可以使用字符串类型或者数字类型的数据插入，只要符合 DATE 的日期格式即可，如下：

（1）以 'YYYY-MM-DD' 或者 'YYYYMMDD' 字符串格式表示的日期，取值范围为 '1000-01-01' ～ '9999-12-31'。例如，输入 '2012-12-31' 或者 '20121231'，插入数据库的日期都为 2012-12-31。

（2）以 'YY-MM-DD' 或者 'YYMMDD' 字符串格式表示的日期，在这里 YY 表示两位的年值。包含两位年值的日期会令人模糊，因为不知道世纪。MySQL 使用以下规则解释两位年值：'00～69' 的年值转换为 '2000～2069'；'70～99' 的年值转换为 '1970～1999'。例如，输入 '12-12-31'，插入数据库的日期为 2012-12-31；输入 '981231'，插入数据库的日期为 1998-12-31。

（3）以 YY-MM-DD 或者 YYMMDD 数字格式表示的日期，与前面相似，00-69 范围的年值转换为 2000～2069；70～99 范围的年值转换为 1970～1999。例如，输入 12-12-31，插入数据库的日期为 2012-12-31；输入 981231，插入数据库的日期为 1998-12-31。

（4）使用 CURRENT_DATE 或者 NOW()，插入当前系统日期。

### 4. DATETIME

DATETIME 类型用在需要同时包含日期和时间信息的值，在存储时需要 8 个字节。日期格式为 'YYYY-MM-DD HH:MM:SS'，其中 YYYY 表示年；MM 表示月；DD 表示日；HH 表示小时；MM 表示分钟；SS 表示秒。在给 DATETIME 类型的字段赋值时，可以使用字符串类型或者数字类型的数据插入，只要符合 DATETIME 的日期格式即可，如下所示：

（1）以 'YYYY-MM-DD HH:MM:SS' 或者 'YYYYMMDDHHMMSS' 字符串格式表示的日期和时间，取值范围为 '1000-01-01 00:00:00' ～ '9999-12-31 23:59:59'。例如输入 '2012-12-31 05: 05: 05' 或者 '20121231050505'，插入数据库的 DATETIME 值都为 2012-12-31 05: 05: 05。

（2）以 'YY-MM-DD HH:MM:SS' 或者 'YYMMDDHHMMSS' 字符串格式表示的日期和时间，在这里 YY 表示两位的年值。与前面相同，'00～69' 的年值转换为 '2000～2069'；'70～99' 的年值转换为 '1970～1999'。例如输入 '12-12-31 05: 05: 05'，插入数据库的 DATETIME 为 2012-12-31 05: 05: 05；输入 '980505050505'，插入数据库的 DATETIME 为 1998-05-05 05: 05: 05。

（3）以 YYYYMMDDHHMMSS 或者 YYMMDDHHMMSS 数字格式表示的日期和时间，例如输入 20121231050505，插入数据库的 DATETIME 为 2012-12-31 05:05:05；输入 981231050505，插入数据的 DATETIME 为 1998-12-31 05: 05: 05。

### 5. TIMESTAMP

TIMESTAMP 的显示格式与 DATETIME 相同，显示宽度固定在 19 个字符，日期格式为 YYYY-MM-DD HH:MM:SS，在存储时需要 4 个字节。但是 TIMESTAMP 列的取值范围小于 DATETIME 的取值范围，为 '1970-01-01 00:00:01' UTC～ '2038-01-19 03:14:07' UTC，其中，UTC（Universal Time Coordinated），为世界标准时间，因此在插入数据时，要保证在合法的取值范围内。

## 12.3.4　文本字符串类型

字符串类型用来存储字符串数据，除了可以存储字符串数据之外，还可以存储其他数据，比如图片和声音的二进制数据。MySQL 支持两类字符串型数据：文本字符串和二进制字符串。本小节主要讲解文本字符串类型，文本字符串可以进行区分或者不区分大小写的串比较，另外，还可以进行模式匹配查找。MySQL 中文本字符串类型指 CHAR、VARCHAR、TEXT、ENUM 和 SET。表 12-5 列出了 MySQL 中的文本字符串类型。

表 12-5　MySQL 中文本字符串数据类型

| 类 型 名 称 | 说　　　明 | 存 储 需 求 |
| --- | --- | --- |
| CHAR(M) | 固定长度非二进制字符串 | M 字节，1 <= M <= 255 |
| VARCHAR(M) | 可变长度非二进制字符串 | L+1 字节，在此 L <= M 和 1 <= M <= 255 |
| TINYTEXT | 非常小的非二进制字符串 | L+1 字节，在此 L < 2 ^ 8 |
| TEXT | 小的非二进制字符串 | L+2 字节，在此 L < 2 ^ 16 |
| MEDIUMTEXT | 中等大小的非二进制字符串 | L+3 字节，在此 L < 2 ^ 24 |
| LONGTEXT | 大的非二进制字符串 | L+4 字节，在此 L < 2 ^ 32 |
| ENUM | 枚举类型，只能有一个枚举字符串值 | 1 或 2 个字节, 取决于枚举值的数目 (最大值 65535) |
| SET | 一个设置，字符串对象可以有零个或多个 SET 成员 | 1, 2, 3, 4 或 8 个字节, 取决于集合成员的数量 (最多 64 个成员) |

VARCHAR 和 TEXT 类型与下一小节讲到的 BLOB 一样是变长类型，对于其存储需求取决于列值的实际长度（在前面的表格中用 L 表示），而不是取决于类型的最大可能尺寸。例如，一个 VARCHAR(10)列能保存最大长度为 10 个字符的一个字符串，实际的存储需要是字符串的长度 L，加上 1 个字节以记录字符串的长度。对于字符 abcd，L 是 4 而存储要求是 5 个字节。本章节介绍了这些数据类型的作用以及如何在查询中使用这些类型。

CHAR(M) 为固定长度字符串，在定义时指定字符串列长。当保存时在右侧填充空格以达到指定的长度。M 表示列长度，M 的范围是 1～255 个字符。例如，CHAR(4)定义了一个固定长度的字符串列，其包含的字符个数最大为 4。当检索到 CHAR 值时，尾部的空格将被删除掉。

VARCHAR(M) 是长度可变的字符串，M 表示最大列长度。M 的范围是 1～255。VARCHAR 的最大实际长度由最长的行的大小和使用的字符集确定，而其实际占用的空间为字符串的实际长度加 1。例如，VARCHAR(50)定义了一个最大长度为 50 的字符串，如果插入的字符串只有 10 个字符，则实际存储的字符串为 10 个字符和一个字符串结束字符。VARCHAR 在值保存和检索时尾部的空格仍保留。

## 12.3.5　二进制字符串类型

前面讲解了存储文本数据的字符串类型，这一小节将讲解 MySQL 中存储二进制数据的字符串类型。MySQL 中的二进制字符串类型有：BIT、BINARY、VARBINARY、TINYBLOB、BLOB、MEDIUMBLOB 和 LONGBLOB，本节将讲解各类二进制字符串类型的特点和使用方法。表 12-6 列出了 MySQL 中的二进制字符串类型。

表 12-6　MySQL 中的二进制字符串类型

| 类 型 名 称 | 说　　明 | 存 储 需 求 |
|---|---|---|
| BIT(M) | 位字段类型 | 大约（M+7）/8 个字节 |
| BINARY(M) | 固定长度二进制字符串 | M 个字节 |
| VARBINARY(M) | 可变长度二进制字符串 | M+1 个字节 |
| TINYBLOB(M) | 非常小的 BLOB | L+1 字节，在此 L<2^8 |
| BLOB(M) | 小的 BLOB | L+2 字节，在此 L<2^16 |
| MEDIUMBLOB(M) | 中等大小的 BLOB | L+3 字节，在此 L<2^24 |
| LONGBLOB(M) | 非常大的 BLOB | L+4 字节，在此 L<2^32 |

#### 1. BIT 类型

BIT 类型是位字段类型。M 表示每个值的位数，范围为 1～64。如果 M 被省略，默认为 1。如果为 BIT(M)列分配的值的长度小于 M 位，在值的左边用 0 填充。例如，为 BIT(6)列分配一个值 b'101'，其效果与分配 b'000101'相同。BIT 数据类型用来保存位字段值，例如：以二进制的形式保存数据 13，13 的二进制形式为 1101，在这里需要位数至少为 4 位的 BIT 类型，即可以定义列类型为 BIT(4)。大于二进制 1111 的数据是不能插入 BIT(4)类型的字段中的。

#### 2. BINARY 和 VARBINARY 类型

BINARY 和 VARBINARY 类型类似于 CHAR 和 VARCHAR，不同的是它们包含二进制字节字符串。其使用的语法格式如下：

列名称 BINARY(M) 或者 VARBINARY(M)

BINARY 类型的长度是固定的，指定长度之后，不足最大长度的，将在它们右边填充 "\0" 补齐以达到指定长度。例如：指定列数据类型为 BINARY(3)，当插入 "a" 时，存储的内容实际为 "a\0\0"，当插入 "ab" 时，实际存储的内容为 "ab\0"，不管存储的内容是否达到指定的长度，其存储空间均为指定的值 M。

VARBINARY 类型的长度是可变的，指定好长度之后，其长度可以在 0 到最大值之间。例如：指定列数据类型为 VARBINARY(20)，如果插入的值的长度只有 10，则实际存储空间为 10 加 1，即其实际占用的空间为字符串的实际长度加 1。

#### 3. BLOB 类型

BLOB 是一个二进制大对象，用来存储可变数量的数据。BLOB 类型分为 4 种：TINYBLOB、BLOB、MEDIUMBLOB 和 LONGBLOB，它们可容纳值的最大长度不同，如表 12-7 所示。

表 12-7　BLOB 类型的存储范围

| 数　据　类　型 | 存　储　范　围 |
| --- | --- |
| TINYBLOB | 最大长度为 255($2^8$–1)B |
| BLOB | 最大长度为 65 535($2^{16}$–1)B |
| MEDIUMBLOB | 最大长度为 16 777 215($2^{24}$–1)B |
| LONGBLOB | 最大长度为 4 294 967 295B 或 4GB($2^{32}$–1)B |

BLOB 列存储的是二进制字符串（字节字符串）；TEXT 列存储的是非二进制字符串（字符字符串）。BLOB 列没有字符集，并且排序和比较基于列值字节的数值；TEXT 列有一个字符集，并且根据字符集对值进行排序和比较。

# 12.4　创建数据库和数据表

微视频

这里以在 MySQL 中创建一个商品管理数据库 commodity 为例，并添加一个商品信息表 goods。

步骤 1：在 phpMyAdmin 的主界面的左侧中单击"新建"按钮，在右侧的文本框中输入要创建数据库的名称 commodity，选择排序规则为 utf8mb4_general_ci，如图 12-4 所示。

图 12-4　输入要创建数据库的名称

步骤 2：单击"创建"按钮，即可创建新的数据库 commodity，如图 12-5 所示。

图 12-5　创建数据库 commodity

步骤 3：输入添加的数据表名称 goods 和字段数，然后单击"执行"按钮，如图 12-6 所示。

图 12-6　新建数据表 goods

步骤 4：输入数据表中的各个字段和数据类型，如图 12-7 所示。

图 12-7　添加数据表字段

步骤 5：单击"保存"按钮，在打开的界面中可以查看完成的 goods 数据表，如图 12-8 所示。

图 12-8　goods 数据表信息

添加数据表后，还需要添加具体的数据，具体的操作步骤如下。

步骤 1：选择 goods 数据表，选择菜单上的"插入"链接。依照字段的顺序，将对应的数值依次输入，单击"执行"按钮，即可插入数据，如图 12-9 所示。

步骤 2：重复执行上一步的操作，将数据输入到数据表中，如图 12-10 所示。

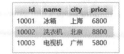

图 12-9　插入数据　　　　　　　　　　　　　　图 12-10　输入更多的数据

## 12.5　为 MySQL 管理账号加上密码

微视频

在 MySQL 数据库中的管理员账号为 root，为了保护数据库账号的安全，可以为管理员账号加密。具体的操作步骤如下。

步骤 1：进入 phpMyAdmin 的管理主界面。单击"权限"链接，设置管理员账号的权限，如图 12-11 所示。

图 12-11　单击"权限"链接

步骤 2：进入的窗口中可以看到 root 用户和本机 localhost，单击"修改权限"链接，如图 12-12 所示。

图 12-12　单击"修改权限"链接

步骤 3：进入账户窗口，单击"修改密码"链接，如图 12-13 所示。

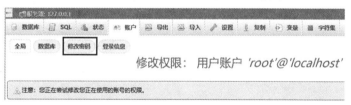

图 12-13　单击"修改密码"链接

步骤 4：在打开的界面中的"密码"文本框中输入所要使用的密码，如图 12-14 所示。单击"执行"按钮，即可添加密码。

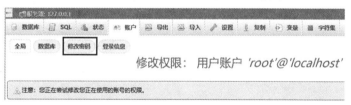

图 12-14　添加密码

微视频

# 12.6 MySQL 数据库的基本操作

本节将详细介绍 MySQL 数据库的基本操作。

## 12.6.1 创建数据库

创建数据库是在系统磁盘上划分一块区域，用于数据的存储和管理。如果管理员在设置权限的时候为用户创建了数据库，就可以直接使用，否则需要自己创建数据库。MySQL 中创建数据库的基本 SQL 语法格式为：

```
CREATE DATABASE database_name;
```

database_name 为要创建的数据库的名称，该名称不能与已经存在的数据库重名。

【例 12-1】创建测试数据库 test_db，输入语句如下。

```
CREATE DATABASE test_db;
```

在 phpMyAdmin 主界面中单击 SQL 链接，在窗口中输入需要执行的 SQL 语句，然后单击"执行"按钮即可，如图 12-15 所示。

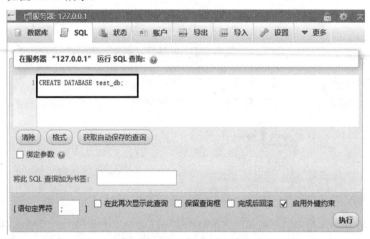

图 12-15 执行 SQL 语句

## 12.6.2 查看数据库

数据库创建好之后，可以使用 SHOW CREATE DATABASE 声明查看数据库的定义。

【例 12-2】查看创建好的数据库 test_db 的定义，输入语句如下。

```
SHOW CREATE DATABASE test_db;
*************************** 1. row ***************************
       Database: test_db
Create Database: CREATE DATABASE 'test_db' /*!40100 DEFAULT CHARACTER SET utf8 */
```

可以看到，如果数据库创建成功，将显示数据库的创建信息。

再次使用 SHOW DATABASES;语句来查看当前所有存在的数据库，输入语句如下。

```
SHOW databases;
```

执行结果如图 12-16 所示。可以看到，数据库列表中包含刚刚创建的数据库 test_db 和其他已经存在的数据库名称。

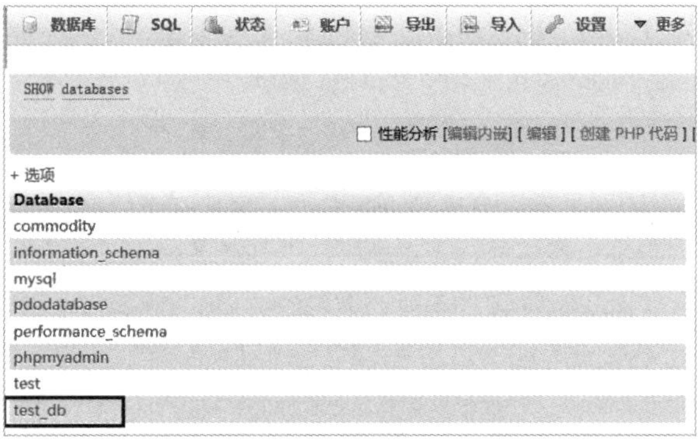

图 12-16　查看数据库 test_db

## 12.6.3　删除数据库

删除数据库是将已经存在的数据库从磁盘空间上清除，清除之后，数据库中的所有数据也将一同被删除。删除数据库语句和创建数据库的命令相似，MySQL 中删除数据库的基本语法格式为：

```
DROP DATABASE database_name;
```

database_name 为要删除的数据库的名称，如果指定的数据库不存在，删除就会出错。

【例 12-3】删除测试数据库 test_db，输入如下语句。

```
DROP DATABASE test_db;
```

语句执行完毕之后，数据库 test_db 将被删除，再次使用 SHOW CREATE DATABASE test_db; 查看数据库的定义，执行结果给出一条错误信息#1049 - Unknown database 'test_db'，即数据库 test_db 已不存在，删除成功。

# 12.7　MySQL 数据表的基本操作

微视频

本节将详细介绍 MySQL 数据表的基本操作，主要包括创建数据表、查看数据表、修改数据表和删除数据表。

## 12.7.1　创建数据表

数据表属于数据库，在创建数据表之前，应该使用语句"USE <数据库名>"指定操作是在哪个数据库中进行，如果没有选择数据库，就会抛出 No database selected 的错误。

创建数据表的语句为 CREATE TABLE，语法规则如下：

```
CREATE   TABLE <表名>
(
字段名 1,数据类型 [列级别约束条件] [默认值],
字段名 2,数据类型 [列级别约束条件] [默认值],
…
[表级别约束条件]
);
```

使用 CREATE TABLE 创建表时，必须指定以下信息：

（1）要创建的表的名称，不区分大小写，不能使用 SQL 语言中的关键字，如 DROP、ALTER、INSERT 等。

（2）数据表中每一列（字段）的名称和数据类型，如果创建多个列，要用逗号隔开。

【例 12-4】创建员工表 tb_emp1，结构如表 12-8 所示。

表 12-8 tb_emp1 表结构

| 字 段 名 称 | 数 据 类 型 | 备 注 |
| --- | --- | --- |
| id | INT | 员工编号 |
| name | VARCHAR(25) | 员工名称 |
| deptId | INT | 所在部门编号 |
| salary | FLOAT | 工资 |

首先创建数据库，SQL 语句如下：

```
CREATE DATABASE test_db;
```

在 phpMyAdmin 主界面中选择数据库 test_db，然后创建 tb_emp1 表，SQL 语句为：

```
CREATE TABLE tb_emp1
(
id      INT,
name    VARCHAR(25),
deptId  INT,
salary  FLOAT
);
```

语句执行后，即可创建数据表 tb_emp1。

## 12.7.2 查看数据表

使用 SQL 语句创建好数据表之后，可以查看表结构的定义，以确认表的定义是否正确。在 MySQL 中，查看表结构可以使用 DESCRIBE 和 SHOW CREATE TABLE 语句。本节将针对这两条语句分别进行详细的讲解。

DESCRIBE/DESC 语句可以查看表的字段信息，其中包括字段名、字段数据类型、是否为主键、是否有默认值等。语法规则如下：

```
DESCRIBE 表名;
```

或者简写为：

```
DESC 表名;
```

【例 12-5】使用 DESC 查看表 tb_emp1 的表结构。

```
DESC tb_emp1;
```

执行结果如图 12-17 所示。

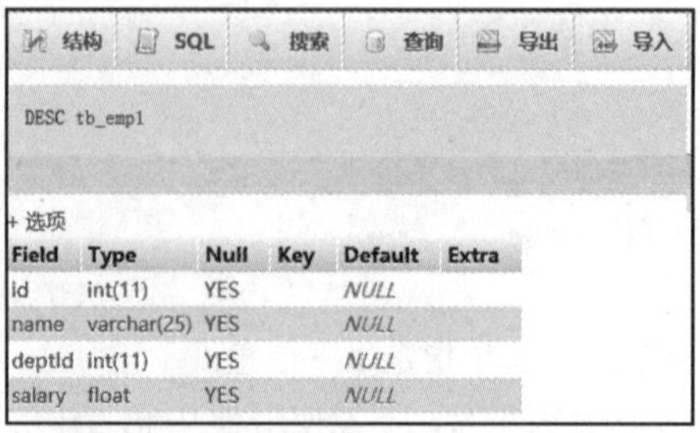

图 12-17 查看数据表 tb_emp1 的结构

其中，各个字段的含义分别解释如下。

（1）Field：表示该列字段的名称。

（2）Type：表示该列的数据类型。

（3）Null：表示该列是否可以存储 NULL 值。

（4）Key：表示该列是否已编制索引。PRI 表示该列是表主键的一部分；UNI 表示该列是 UNIQUE 索引的一部分；MUL 表示在列中某个给定值允许出现多次。

（5）Default：表示该列是否有默认值，如果有的话值是多少。

（6）Extra：表示可以获取的与给定列有关的附加信息，例如 AUTO_INCREMENT 等。

## 12.7.3　修改数据表

MySQL 通过 ALTER TABLE 语句来修改表结构，具体的语法规则如下：

```
ALTER[IGNORE] TABLE 数据表名 alter_spec[,alter_spec]…
```

其中，alter_spec 子句定义要修改的内容，语法如下：

```
alter_specification:
  ADD [COLUMN] create_definition [FIRST|AFTER column_name]        //添加新字段
  | ADD INDEX [index_name](index_col_name,…)                      //添加索引名称
  | ADD PRIMARY KEY (index_col_name,…)                            //添加主键名称
  | ADD UNIQUE[index_name](index_col_name,…)                      //添加唯一索引
  | ALTER [COLUMN] col_name{SET DEFAULT literal |DROP DEFAULT}    //修改字段名称
  | CHANGE [COLUMN] old_col_name create_definition                //修改字段类型
  | MODIFY [COLUMN] create_definition                             //添加子句定义类型
  | DROP [COLUMN] col_name                                        //删除字段名称
  | DROP  PRIMARY KEY                                             //删除主键名称
  | DROP INDEX idex_name                                          //删除索引名称
  | RENAME [AS] new_tbl_name                                      //更改表名
  | table_options
```

【例 12-6】将数据表 tb_emp1 中 name 字段的数据类型由 VARCHAR(22)修改成 VARCHAR(30)。输入如下 SQL 语句并执行：

```
ALTER TABLE tb_emp1 MODIFY name VARCHAR(30);
```

## 12.7.4　删除数据表

删除数据表就是将数据库中已经存在的表从数据库中删除。注意，在删除表的同时，表的定义和表中所有的数据均会被删除。因此，在进行删除操作前，最好对表中的数据备份，以免造成无法挽回的后果。

在 MySQL 中，使用 DROP TABLE 可以一次删除一个或多个没有被其他表关联的数据表，语法格式如下：

```
DROP TABLE [IF EXISTS]表 1, 表 2,…表 n;
```

其中，"表 n" 指要删除的表的名称，后面可以同时删除多个表，只需将要删除的表名依次写在后面，相互之间用逗号隔开即可。如果要删除的数据表不存在，则 MySQL 会提示一条错误信息，"ERROR 1051 (42S02): Unknown table '表名'"。参数 IF EXISTS 用于在删除前判断删除的表是否存在，加上该参数后，在删除表的时候，如果表不存在，SQL 语句可以顺利执行，但是会发出警告（warning）。

【例 12-7】删除数据表 tb_emp1 的 SQL 语句如下：

```
DROP TABLE IF EXISTS tb_emp1;
```

微视频

# 12.8　MySQL 语句的操作

本节讲述 MySQL 语句的基本操作。

## 12.8.1　插入记录

使用基本的 INSERT 语句插入数据时要求指定表名称和插入到新记录中的值。基本语法格式为：

```
INSERT INTO table_name (column_list) VALUES (value_list);
```

table_name 指定要插入数据的表名，column_list 指定要插入数据的列，value_list 指定每个列对应插入的数据。注意，使用该语句时字段列和数据值的数量必须相同。

在 MySQL 中，可以一次性插入多行记录，各行记录之间用逗号隔开即可。

【例 12-8】创建数据表 tmp1，定义数据类型为 TIMESTAMP 的字段 ts，向表中插入值 '19950101010101'、'950505050505'、'1996-02-02 02:02:02'、'97@03@03 03@03@03'、121212121212、NOW()，SQL 语句如下：

```
CREATE TABLE tmp1( ts TIMESTAMP);
```

向表中插入多条数据的 SQL 语句如下：

```
INSERT INTO tmp1 (ts) values ('19950101010101'),
('950505050505'),
('1996-02-02 02:02:02'),
('97@03@03 03@03@03'),
(121212121212),
( NOW() );
```

## 12.8.2　查询记录

MySQL 从数据表中查询数据的基本语句为 SELECT 语句。SELECT 语句的基本格式是：

```
SELECT
      {* | <字段列表>}
      [
            FROM <表 1>,<表 2>…
            [WHERE <表达式>
            [GROUP BY <group by definition>]
            [HAVING <expression> [{<operator> <expression>}…]]
            [ORDER BY <order by definition>]
            [LIMIT [<offset>,] <row count>]
      ]
SELECT [字段 1,字段 2,…,字段 n]
FROM [表或视图]
WHERE [查询条件];
```

其中，各条子句的含义如下：

（1）{*|<字段列表>}包含星号通配符和字段列表，表示查询的字段，其中字段列至少包含一个字段名称，如果要查询多个字段，多个字段之间用逗号隔开，最后一个字段后不要加逗号。

（2）FROM <表 1>,<表 2>…，表 1 和表 2 表示查询数据的来源，可以是单个或者多个。

（3）WHERE 子句是可选项，如果选择该项，将限定查询行必须满足的查询条件。

（4）GROUP BY <字段>，该子句告诉 MySQL 如何显示查询出来的数据，并按照指定的字段分组。

（5）ORDER BY <字段 >，该子句告诉 MySQL 按什么样的顺序显示查询出来的数据，可以进行的排序有：升序（ASC）、降序（DESC）。

（6）[LIMIT [<offset>,] <row count>]，该子句告诉 MySQL 每次显示查询出来的数据条数。

本章将使用样例表 person，创建语句如下：

```
CREATE TABLE person
(
id    INT UNSIGNED NOT NULL AUTO_INCREMENT,
name  CHAR(40) NOT NULL DEFAULT '',
age   INT NOT NULL DEFAULT 0,
info  CHAR(50) NULL,
PRIMARY KEY (id)
);
```

插入演示数据，SQL 语句如下：

```
INSERT INTO person (id ,name, age , info)
VALUES (1,'Green', 21, 'Lawyer'),
(2, 'Susan', 22, 'Dancer'),
(3,'Mary', 24, 'Musician');
```

【例 12-9】从 person 表中获取 name 和 age 两列，SQL 语句如下：

```
SELECT name, age FROM person;
```

## 12.8.3　修改记录

表中有数据之后，接下来可以对数据进行更新操作，MySQL 中使用 UPDATE 语句更新表中的记录，可以更新特定的行或者同时更新所有的行。基本语法结构如下：

```
UPDATE table_name
SET column_name1 = value1,column_name2=value2,…,column_namen=valuen
WHERE (condition);
```

column_name1,column_name2,…,column_namen 为指定更新的字段的名称；value1, value2,… valuen 为相对应的指定字段的更新值；condition 指定更新的记录需要满足的条件。更新多列时，每个 "列-值" 对之间用逗号隔开，最后一列之后不需要逗号。

【例 12-10】在 person 表中，更新 id 值为 1 的记录，将 age 字段值改为 15，将 name 字段值改为 LiMing，SQL 语句如下：

```
UPDATE person SET age = 15, name='LiMing' WHERE id = 1;
```

## 12.8.4　删除记录

从数据表中删除数据使用 DELETE 语句，DELETE 语句允许 WHERE 子句指定删除条件。DELETE 语句基本语法格式如下：

```
DELETE FROM table_name [WHERE <condition>];
```

table_name 指定要执行删除操作的表；[WHERE <condition>]为可选参数，指定删除条件，如果没有 WHERE 子句，DELETE 语句将删除表中的所有记录。

【例 12-11】在 person 表中，删除 id 等于 1 的记录，SQL 语句如下：

```
DELETE FROM person WHERE id = 1;
```

# 12.9　小白疑难问题解答

问题 1：每一个表中都要有一个主键吗？

**解答：** 并不是每一个表中都需要主键，一般来说，在多个表之间进行连接操作时需要用到主键。因此，并不需要为每个表建立主键，而且有些情况最好不使用主键。

**问题 2：** 如何导出指定的数据表？

**解答：** 如果用户想导出指定的数据表，在 phpMyAdmin 的管理主界面单击"导出"链接，在选择导出方式时，选择"自定义-显示所有可用的选项"，然后在"数据表"列表中选择需要导出的数据表即可，如图 12-18 所示。

图 12-18　设置导出方式

# 12.10　实战训练

**实战 1：** 在数据库 coms 中创建数据表。

创建数据库 coms，按照表 12-9 和表 12-10 给出的表结构创建两个数据表 offices 和 employees。

表 12-9　offices 表结构

| 字　段　名 | 数据类型 | 主　键 | 外　键 | 非　空 | 唯　一 | 自　增 |
|---|---|---|---|---|---|---|
| officeCode | INT | 是 | 否 | 是 | 是 | 否 |
| city | INT | 否 | 否 | 是 | 否 | 否 |
| address | VARCHAR(50) | 否 | 否 | 否 | 否 | 否 |
| country | VARCHAR(50) | 否 | 否 | 是 | 否 | 否 |
| postalCode | VARCHAR(25) | 否 | 否 | 是 | 是 | 否 |

表 12-10　employees 表结构

| 字　段　名 | 数据类型 | 主　键 | 外　键 | 非　空 | 唯　一 | 自　增 |
|---|---|---|---|---|---|---|
| employeeNumber | INT | 是 | 否 | 是 | 是 | 是 |
| lastName | VARCHAR(50) | 否 | 否 | 是 | 否 | 否 |
| firstName | VARCHAR(50) | 否 | 否 | 是 | 否 | 否 |
| mobile | VARCHAR(25) | 否 | 否 | 否 | 是 | 否 |

续表

| 字　段　名 | 数据类型 | 主　键 | 外　键 | 非　空 | 唯　一 | 自　增 |
|---|---|---|---|---|---|---|
| officeCode | VARCHAR(10) | 否 | 是 | 是 | 否 | 否 |
| jobTitle | VARCHAR(50) | 否 | 否 | 是 | 否 | 否 |
| birth | DATETIME | 否 | 否 | 是 | 否 | 否 |
| note | VARCHAR(255) | 否 | 否 | 否 | 否 | 否 |
| sex | VARCHAR(5) | 否 | 否 | 否 | 否 | 否 |

（1）创建数据库 coms。

（2）在 coms 数据库中创建表，必须先选择该数据库。

（3）创建表 offices，并为 officeCode 字段添加主键约束。

（4）使用 SHOW TABLES;语句查看数据库中的表。

（5）创建表 employees，并为 officeCode 字段添加外键约束。

（6）使用 SHOW TABLES;语句查看数据库中的表。

（7）检查表的结构是否按照要求创建，使用 DESC 分别查看 offices 表和 employees 表的结构。

**实战 2**：创建数据表并在数据表中插入数据。

创建数据表 emp 和 dept，表结构以及表中的数据记录，如表 12-11～表 12-14 所示。

表 12-11　emp 表结构

| 字　段　名 | 字　段　说　明 | 数据类型 | 主　键 | 外　键 | 非　空 | 唯　一 | 自　增 |
|---|---|---|---|---|---|---|---|
| e_no | 员工编号 | INT | 是 | 否 | 是 | 是 | 否 |
| e_name | 员工姓名 | VARCHAR(50) | 否 | 否 | 是 | 否 | 否 |
| e_gender | 员工性别 | CHAR(2) | 否 | 否 | 否 | 否 | 否 |
| dept_no | 部门编号 | INT | 否 | 否 | 否 | 否 | 否 |
| e_job | 职位 | VARCHAR(50) | 否 | 否 | 是 | 否 | 否 |
| e_salary | 薪水 | INT | 否 | 否 | 否 | 否 | 否 |
| hireDate | 入职日期 | DATE | 否 | 否 | 否 | 否 | 否 |

表 12-12　dept 表结构

| 字　段　名 | 字　段　说　明 | 数据类型 | 主　键 | 外　键 | 非　空 | 唯　一 | 自　增 |
|---|---|---|---|---|---|---|---|
| d_no | 部门编号 | INT | 是 | 是 | 是 | 是 | 是 |
| d_name | 部门名称 | VARCHAR(50) | 否 | 否 | 是 | 否 | 否 |
| d_location | 部门地址 | VARCHAR(100) | 否 | 否 | 否 | 否 | 否 |

表 12-13　emp 表中的记录

| e_no | e_name | e_gender | dept_no | e_job | e_salary | hireDate |
|---|---|---|---|---|---|---|
| 1001 | SMITH | m | 20 | CLERK | 800 | 2005-11-12 |
| 1002 | ALLEN | f | 30 | SALESMAN | 1600 | 2003-05-12 |

| e_no | e_name | e_gender | dept_no | e_job | e_salary | hireDate |
|------|--------|----------|---------|-------|----------|----------|
| 1003 | WARD | f | 30 | SALESMAN | 1250 | 2003-05-12 |
| 1004 | JONE3 | m | 20 | MANAGER | 2975 | 1998-05-18 |
| 1005 | MARTIN | m | 30 | SALESMAN | 1250 | 2001-06-12 |
| 1006 | BLAKE | f | 30 | MANAGER | 2850 | 1997-02-15 |
| 1007 | CLARK | m | 10 | MANAGER | 2450 | 2002-09-12 |
| 1008 | SCOTT | m | 20 | ANALYST | 3000 | 2003-05-12 |
| 1009 | KING | f | 10 | PRESIDENT | 5000 | 1995-01-01 |
| 1010 | TURNER | f | 30 | SALESMAN | 1500 | 1997-10-12 |
| 1011 | ADAMS | m | 20 | CLERK | 1100 | 1999-10-05 |
| 1012 | JAMES | f | 30 | CLERK | 950 | 2008-06-15 |

表 12-14　dept 表中的记录

| d_no | d_name | d_location |
|------|--------|------------|
| 10 | ACCOUNTING | ShangHai |
| 20 | RESEARCH | BeiJing |
| 30 | SALES | ShenZhen |
| 40 | OPERATIONS | FuJian |

（1）创建数据表 dept，并为 d_no 字段添加主键约束。

（2）创建 emp 表，为 dept_no 字段添加外键约束，emp 表中的 dept_no 字段依赖于父表 dept 的主键 d_no 字段。

（3）向 dept 表中插入数据。

（4）向 emp 表中插入数据。

# 第13章

# PHP 操作 MySQL 数据库

PHP 和 MySQL 的结合是目前 Web 开发中的黄金组合。那么 PHP 是如何操作 MySQL 数据库的呢？PHP 操作 MySQL 数据库是通过 mysqli 扩展库来完成的，包括选择数据库、创建数据库和数据表、添加数据、修改数据、读取数据和删除数据等操作。本章将学习 PHP 操作 MySQL 数据库的各种函数和技巧。

## 13.1 PHP 访问 MySQL 数据库的步骤

微视频

一个通过 Web 访问数据库的工作过程，一般分为如下几个步骤。

（1）用户使用浏览器对某个页面发出 HTTP 请求。

（2）服务器端接收到请求，发送给 PHP 程序进行处理。

（3）PHP 解析代码。在代码中有连接 MySQL 数据库的命令和请求特定数据库的某些特定数据的 SQL 命令。根据这些代码，PHP 打开一个与 MySQL 的连接，并且发送 SQL 命令给 MySQL 数据库。

（4）MySQL 接收到 SQL 语句之后，加以执行。执行完毕后返回执行结果给 PHP 程序。

（5）PHP 执行代码，并根据 MySQL 返回的请求结果数据，生成特定格式的 HTML 文件，且传递给浏览器。HTML 经过浏览器渲染，就得到用户请求的展示结果。

## 13.2 PHP 操作 MySQL 数据库的方法

微视频

PHP 提供了大量的 MySQL 数据库函数，方便了对 MySQL 数据库进行操作，使 Web 程序的开发更加方便灵活。

### 13.2.1 使用 mysqli_connect()函数连接 MySQL 服务器

要操作 MySQL 数据库，首先要先与 MySQL 数据库建立连接。连接使用 mysqli_connect()函数来完成。该函数语法格式如下：

```
mysqli_connect(host,username,password);
```

mysqli_connect()函数的参数说明如表 13-1 所示。

表 13-1   mysqli_connect()函数的参数说明

| 参　　数 | 说　　明 |
| --- | --- |
| host | MySQL 服务器的主机名或 IP 地址 |
| username | 登录 MySQL 数据库服务器的用户名 |
| password | MySQL 服务器的用户密码 |

【例 13-1】连接 MySQL 服务器（实例文件：源文件\ch13\13.1.php）。

```php
<?php
$connect=mysqli_connect("localhost","root","");
//判断连接是否成功
    if ($connect){
        echo "服务器连接成功！";
    }else{
        echo "服务器连接失败！";
    }
?>
```

运行结果如图 13-1 所示。

图 13-1   连接 MySQL 服务器

## 13.2.2   使用 mysqli_select_db()函数选择数据库

在连接到 MySQL 数据库之后，可以使用 mysqli_select_db()函数选择数据库。该函数的语法格式如下：

```
mysqli_select_db(connection,dbname);
```

mysqli_select_db()函数的参数说明如表 13-2 所示。

表 13-2   mysqli_select_db()函数的参数说明

| 参　　数 | 说　　明 |
| --- | --- |
| connection | 必须参数，规定要使用的 MySQL 连接 |
| dbname | 必须参数，规定要使用的数据库 |

【例 13-2】选择数据库（实例文件：源文件\ch13\13.2.php）。

```php
<?php
$connect=mysqli_connect("localhost","root","");          //连接服务器
$connect1=mysqli_select_db($connect,"test_db");          //选择 test_db 数据库
//判断 test_db 数据库是否连接成功
if ($connect1){
    echo "数据库连接成功";
}else{
    echo "数据库连接失败";
}
?>
```

运行结果如图 13-2 所示。

图 13-2　选择数据库

## 13.2.3　使用 mysqli_query()函数执行 SQL 语句

要对数据库中的表进行操作，通常使用 mysqli_query()函数执行 SQL 语句。该函数语法格式如下：

```
mysqli_query(connection,query,resultmode);
```

mysqli_query()函数的参数说明如表 13-3 所示。

表 13-3　mysqli_query()函数的参数说明

| 参　　数 | 说　　明 |
| --- | --- |
| connection | 必须参数，规定要使用的 MySQL 连接 |
| query | 必须参数，规定查询字符串 |
| resultmode | 可选参数，一个常量。可以是下列值中的任意一个：<br>MYSQLI_USE_RESULT：如果需要检索大量数据，请使用这个。<br>MYSQLI_STORE_RESULT：默认。 |

为了便于演示操作，这里需要创建数据表 admin，SQL 语句如下：

```
CREATE TABLE admin
(
id      INT,
name    VARCHAR(25),
pwd     VARCHAR(25)
);
```

然后插入演示数据，SQL 语句如下：

```
INSERT INTO admin values (1, 'xiaoming', '123'),
(2, 'xiaoli', '456'),
(3, 'xiaolan', '114'),
(4, 'xiaodong', '168');
```

例如，下面以管理员信息表 admin 为例，举例说明常见的 SQL 语句用法。

```
mysqli_query($connect,"update admin set name='lisi',pwd='456' where id=1");
                                                          //修改数据库记录
mysqli_query($connect,"delete from admin where name='xiaodong'"); //删除数据库记录
SELECT * FROM 'admin' WHERE id<5;                         //查询数据库记录
mysqli_query($connect,"insert into admin(name, pwd, email) value(5,'xiaomao','789')");
                                                          //添加记录
```

## 13.2.4　使用 mysqli_fetch_array()函数从数组结果集中获取信息

在 13.2.3 中，介绍了使用 mysqli_query()函数执行 SQL 语句，接下来使用 mysqli_fetch_array() 函数从结果集中获取信息。该函数的语法格式如下：

```
mysqli_fetch_array(result,resulttype);
```

mysqli_fetch_array()函数的参数说明如表 13-4 所示。

表 13-4　mysqli_fetch_ array()函数的参数说明

| 参　　数 | 说　　明 |
|---|---|
| result | 必须参数，规定由 mysqli_query()、mysqli_store_result()或 mysqli_use_result()返回的结果集标识符 |
| resulttype | 可选参数，规定应该产生哪种类型的数组。可以是以下值中的一个。<br>▶ MYSQLI_ASSOC：关联数组<br>▶ MYSQLI_NUM：数字数组<br>▶ MYSQLI_BOTH：默认值，同时产生关联和数字数组 |

【例 13-3】mysqli_fetch_ array()函数（实例文件：源文件\ch13\13.3.php）。

```php
<?php
$connect=mysqli_connect("localhost","root","","test_db");
if (!$connect) {
    die('连接失败：' . mysqli_error($connect));
}
//设置编码,防止中文乱码
mysqli_set_charset($connect,"utf8");
$sql="SELECT * FROM admin";
$data= mysqli_query( $connect, $sql );
if (!$data){
    die('无法读取数据:'. mysqli_error($connect));
}
echo '<h2>管理人员信息表<h2>';
echo '<table border="1"><tr><td>ID</td><td>姓名</td><td>密码</td> </tr>';
//使用 while 循环语句以表格的形式输出数组结果集$output 中的数据.
while ($output=mysqli_fetch_array($data, MYSQLI_ASSOC)){
    echo "<tr
        <td> {$output['id']}</td>".
        "<td>{$output['name']}</td>".
        "<td>{$output['pwd']}</td>".
      "</tr>";
}
echo '</table>';
mysqli_close($connect);                //关闭数据库连接
?>
```

运行结果如图 13-3 所示。

图 13-3　mysqli_fetch_away()函数

## 13.2.5　使用 mysqli_fetch_object()函数从结果集中获取一行作为对象

使用 mysqli_fetch_object()函数同样可以获取查询结果中的数据。该函数的语法格式如下：

```
mysqli_fetch_object(result,classname,params);
```

mysqli_fetch_object()函数的参数说明如表 13-5 所示。

表 13-5　mysqli_fetch_object()函数的参数说明

| 参　　数 | 说　　明 |
| --- | --- |
| result | 必须参数。规定由 mysqli_query()返回的结果集标识符 |
| classname | 可选参数。规定要实例化的类名称，设置属性并返回 |
| params | 可选参数。规定一个传给 classname 对象构造器的参数数组 |

【例 13-4】mysqli_fetch_object()函数（实例文件：源文件\ch13\13.4.php）。

```php
<?php
$connect=mysqli_connect("localhost","root","","test_db");
if (!$connect) {
    die('连接失败: ' . mysqli_error($connect));
}
//设置编码,防止中文乱码
mysqli_set_charset($connect,"utf8");
$sql="SELECT * FROM admin WHERE id<3";
$data= mysqli_query( $connect, $sql );
if (!$data){
    die('无法读取数据:'. mysqli_error($connect));
}
echo '<h2>管理人员信息表<h2>';
echo '<table border="1"><tr><td>ID</td><td>姓名</td><td>密码</td></tr>';
//使用 while 循环语句以"结果集->列名"的方式输出结果集$output 中的管理人员信息
while ($output=mysqli_fetch_object($data)){
    echo "<tr>
        <td> {$output->id}</td>".
        "<td>{$output->name}</td>".
        "<td>{$output->pwd}</td>".
    "</tr>";
}
echo '</table>';
mysqli_close($connect);               //关闭数据库连接
?>
```

运行结果如图 13-4 所示。

图 13-4　mysqli_fetch_object()函数

## 13.2.6　使用 mysqli_fetch_row()函数逐行获取结果集中的每条记录

除了前面介绍的 mysqli_fetch_array()函数和 mysqli_fetch_object()函数可以从结果集中获取数据外，还可以使用 mysqli_fetch_row()函数逐行获取结果集中的每条记录。mysqli_fetch_row()函数的语法格式如下：

```
mysqli_fetch_row($result);
```

其中$result 是必须参数，规定由 mysqli_query()、mysqli_store_result()或 mysqli_use_result()返回的结

果集标识符。

【例 13-5】mysqli_fetch_row()函数（实例文件：源文件\ch13\13.5.php）。

```php
<?php
$connect=mysqli_connect("localhost","root","","test_db");
if (!$connect) {
    die('连接失败:'. mysqli_error($connect));
}
mysqli_set_charset($connect,"utf8");
$sql="SELECT * FROM admin WHERE id<4";
$data= mysqli_query( $connect, $sql );
if (!$data){
    die('无法读取数据:'. mysqli_error($connect));
}
echo '<h2>管理人员信息表<h2>';
echo '<table border="1"><tr><td>ID</td><td>姓名</td><td>密码</td></tr>';
//使用 while 循环语句以"结果集->列名"的方式输出结果集$output 中的管理人员信息
while ($output=mysqli_fetch_row($data)){
    echo "<tr>
            <td> {$output[0]}</td>".
          "<td>{$output[1]}</td>".
          "<td>{$output[2]}</td>".
      "</tr>";
}
echo '</table>';
mysqli_close($connect);          //关闭数据库连接
?>
```

运行结果如图 13-5 所示。

图 13-5　mysqli_fetch_row()函数

## 13.2.7　使用 mysqli_num_rows()函数获取查询结果集中的记录数

有时候需要获取 select 语句查询到的结果集中的数目，使用 mysqli_num_rows()函数来完成。该函数的语法格式如下：

```
mysqli_num_rows($result);
```

其中$result 是必须参数，规定由 mysqli_query()、mysqli_store_result()或 mysqli_use_result()返回的结果集标识符。

【例 13-6】mysqli_num_rows()函数（实例文件：源文件\ch13\13.6.php）。

```php
<?php
$connect=mysqli_connect("localhost","root","","test_db");
if (!$connect) {
    die('连接失败: ' . mysqli_error($connect));
}
//设置编码,防止中文乱码
mysqli_set_charset($connect,"utf8");
```

```php
$sql="SELECT * FROM admin";
$data= mysqli_query( $connect, $sql );
$num=mysqli_num_rows($data);
if (!$data){
    die('无法读取数据:'. mysqli_error($connect));
}
echo '<h2>管理人员信息表<h2>';
echo '<table border="1"><tr><td>ID</td><td>姓名</td><td>密码</td></tr>';
//使用 while 循环语句以表格的形式输出数组结果集$output 中的数据.
while ($output=mysqli_fetch_array($data, MYSQLI_ASSOC)){
    echo "<tr
            <td> {$output['id']}</td>".
            "<td>{$output['name']}</td>".
            "<td>{$output['pwd']}</td>".
        "</tr>";
}
echo '</table>';
echo "<h2>数据表共有记录: $num"."条</h2>";        //输出结果集中行的数目
mysqli_close($connect);                          //关闭数据库连接
?>
```

运行结果如图 13-6 所示。

图 13-6　mysqli_num_rows()函数

# 13.3　创建学生成绩管理系统

微视频

　　PHP 数据库操作技术是 Web 开发过程中的核心技术。本节通过 PHP 和 MySQL 数据库实现有关学生成绩的简单管理系统，主要实现动态添加、查询、修改和删除学生的成绩。

## 13.3.1　创建数据库和数据表

　　【例 13-7】创建数据库和数据表（实例文件：源文件\ch13\13.7.php）。
　　在实现动态添加学生成绩前，首先需要创建数据库以及数据表，具体代码如下：

```php
<?php
$connect=mysqli_connect('localhost','root','');   //连接服务器
if (!$connect) {                                    //检测是否连接成功
    die("连接服务器失败");                           //连接服务器失败退出程序
}
mysqli_query($connect,"utf8");                      //设置编码类型
//创建数据库命名为 student
$sql_database = "CREATE DATABASE student";
```

```php
if (mysqli_query($connect,$sql_database)){          //检测数据库是否创建成功
    echo "数据库 student 创建成功</br>";
} else {
    echo "数据库 student 创建失败 " ."</br>";
}
//连接数据库 student
$sele=mysqli_select_db($connect,"student");
if (!$sele){                                         //检测数据库是否连接成功
    die("连接数据库失败");                              //连接数据库失败退出程序
}
//创建数据表命名为 score,主键为 id(不为空整型),变量名为 name(255 位不为空字符串),变量名为
chinese(不为空整型),变量名为 english(不为空整型),变量名为 math(不为空整型)
$sql_table = "CREATE TABLE score( ".
    "id INT NOT NULL AUTO_INCREMENT, ".
    "name CHAR(255) NOT NULL, ".
    "chinese  NOT NULL, ".
    "english  NOT NULL, ".
    "math  NOT NULL, ".
    "PRIMARY KEY ( id )); ";
$table = mysqli_query($connect,$sql_table);
if ($table){
    echo '数据表 score 创建成功</br>';
}else{
    echo "数据表 score 创建失败</br>";
}
mysqli_close($connect);                               //关闭数据库连接
?>
```

运行结果如图 13-7 所示，说明数据库以及数据表已经创建完成。

数据库student创建成功
数据表score创建成功

**图 13-7　创建数据库**

## 13.3.2　创建学生成绩管理系统的主页面

下面创建一个 home.html 的文件，作为学生成绩管理系统的主页面。代码如下：

```html
<!DOCTYPE html>
<html>
<head>
    <meta charset="UTF-8">
    <title>学生成绩管理系统</title>
</head>
<body style="border: 1px solid rgba(6,4,5,0.67);overflow: hidden;width: 600px;">
<div>
    <h2 style="width: 600px;text-align: center;">欢迎来到学生成绩管理系统</h2>
    <div style="float:left;width: 150px;border: 2px solid #76eec6"> <h4>管理功能</h4>
        <ul >
            <li><a href="index.html" target="iframe_a">添加学生成绩</a></li>
            <li><a href="select.php" target="iframe_a">查询学生成绩</a></li>
            <li><a href="update.php" target="iframe_a">修改学生成绩</a></li>
            <li><a href="delete.php" target="iframe_a">删除学生成绩</a></li>
        </ul>
    </div>
    <div style="float:left;">
```

```
            <iframe src="index.html" name="iframe_a" frameborder="1" width="400" height=
"400" style="*=auto;"></iframe>
        </div>
    </div>
</body>
</html>
```

运行结果如图 13-8 所示。

图 13-8　学生成绩管理系统的主页面

## 13.3.3　学生成绩添加功能

下面就来具体实现动态添加学生成绩功能。

【例 13-8】使用 insert 语句动态添加学生成绩（实例文件：源文件\ch13\index.html 和 add.php）。

创建 index.html 文件，用来添加学生成绩的页面。在添加页面中，对添加的信息进行了一些判断，当添加的学生成绩满足要求时，才会通过 POST 提交数据信息。当一切都满足时，提交数据到 add.php 页面。index.html 文件的代码如下：

```
<!DOCTYPE html>
<html>
<head>
    <meta charset="UTF-8">
    <title>Title</title>
    <script>
        var reg=/[0-9]/;                    //定义正则,用于判断学生成绩符不符合规范
        function check(){
            //获取页面中 text1,text2,text3,text4 元素
            var name1=document.getElementById('text1').value;
            var name2=document.getElementById('text2').value;
            var name3=document.getElementById('text3').value;
            var name4=document.getElementById('text4').value;
            //定义添加信息的规则
            if (name1==''){
                alert("姓名不能为空");
                return False;
            } else if (!reg.test(name2)||!reg.test(name3)||!reg.test(name4)){
```

```
                alert("输入格式不对");
                return False;
            } else if (name2==''){
                alert("语文成绩不能为空");
                return False;
            }else if (name3==''){
                alert("英语成绩不能为空");
                return False;
            }else if (name4==''){
                alert("数学成绩不能为空");
                return False;
            }else if (name2<0||name2>100){
                alert("语文成绩不合规范");
                return False;
            }else if (name3<0||name3>100){
                alert("英语成绩不合规范");
                return False;
            }else if (name4<0||name4>100){
                alert("数学成绩不合规范");
                return False;
            }else{
                return True;
            }
        }
    </script>
    <style>
        div{width: 200px;height: 200px;margin: 100px auto;}  <!--定义 div 的宽度、高度、外边距-->
    </style>
</head>
<body>
<div>
    <form action="add.php" method="post" onsubmit="check()" id="form1" >
        <table>
            <h3>添加学生成绩界面</h3>
            <tr><td ><input type="text" name="text1" id="text1" placeholder="姓名">
</td></tr>
            <tr><td><input type="text" name="text2" id="text2" placeholder="语文成绩">
</td></tr>
            <tr><td><input type="text" name="text3" id="text3" placeholder="英语成绩">
</td></tr>
            <tr><td><input type="text" name="text4" id="text4" placeholder="数学成绩">
</td></tr>
            <tr><td><input type="submit" name="submit" value="添加"></td></tr>
        </table>
    </form>
</div>
</body>
</html>
```

在 add.php 页面中通过$_POST 来获取提交的信息，获取到信息后，执行 insert 语句把数据添加到数据库中。具体代码如下：

```php
<?php
$connect=mysqli_connect("localhost","root","","student");
if (!$connect){
    echo "数据库连接失败";
}
mysqli_query($connect,"set names utf8");      //设置编码格式
//获取表单 post 方法传递的数据
$username=$_POST["text1"];
```

```
$score1=$_POST["text2"];
$score2=$_POST["text3"];
$score3=$_POST["text4"];
//向数据库添加数据
$sql="INSERT INTO 'score'('name', 'chinese', 'english', 'math') VALUES ('$username',
'$score1','$score2','$score3')";
$result=mysqli_query($connect,$sql);
if ($result){          //判断是否添加成功,成功后跳转到 index.html 页面
    echo "<script>alert('添加成绩成功');this.location.href='index.html'</script>";
} else{
    echo "<script>alert('添加成绩失败');this.location.href='index.html'</script>";
}
mysqli_close($connect);
?>
```

在学生成绩管理系统主页面中选择"添加学生成绩"链接,然后添加学生的具体成绩即可,如图 13-9 所示。

图 13-9　学生成绩添加界面

## 13.3.4　学生成绩查询功能

添加学生成绩后,即可对学生成绩表 score 进行查询操作了。下面使用 mysqli_query()函数执行 select 查询语句,使用 mysqli_fetch_object()函数获取查询结果集,通过 while 循环语句输出查询的结果。

【例 13-9】使用 select 语句查询学生成绩信息(实例文件:源文件\ch13\select.php)。
select.php 的代码如下:

```
<?php
$connect=mysqli_connect("localhost","root","","student");
if (!$connect){
    echo "连接数据库失败";
}
mysqli_query($connect,"set names utf8");          //设置编码格式
$sql="SELECT * FROM 'score'";
$data=mysqli_query($connect,"$sql");
echo '<table border="1"><caption>学生成绩界面</caption><tr><td>ID</td><td>name</td>
<td>chinese</td><td>english</td><td>math</td></tr>';
//使用 while 循环语句以"结果集->列名"的方式输出结果集$output 中的学生成绩信息
while ($output=mysqli_fetch_object($data)){
    echo "<tr>
            <td> {$output->id}</td>".
        "<td>{$output->name}</td>".
```

```
            "<td>{$output->chinese}</td>".
            "<td>{$output->english}</td>".
            "<td>{$output->math}</td>".
            "</tr>";
    }
    echo '</table>';
?>
<style>*{margin:15px auto;}</style>
```

在学生成绩管理系统主页面中选择"查询学生成绩"链接，运行结果如图 13-10 所示。

图 13-10　select 语句查询学生成绩

## 13.3.5　学生成绩修改功能

学生的成绩查询出来后，可以根据情况来进行修改。下面使用 update 语句动态编辑数据库中的学生成绩。

【例 13-10】使用 update 语句修改学生成绩信息（实例文件：源文件\ch13\update.php 和 alter.php）。

首先创建 update.php 文件，在该页面中把学生成绩查询出来，然后在循环输出时添加一列"修改"，当单击某条记录的"修改"后，会链接到 alter.php 文件，并把对应的 id 参数也一起传递过去。

update.php 文件的代码如下：

```php
<?php
$connect=mysqli_connect("localhost","root","","student");
if (!$connect){
    echo "连接数据库失败";
}
mysqli_query($connect,"set names utf8");      //设置编码格式
$sql="SELECT * FROM 'score'";
$data=mysqli_query($connect,"$sql");

echo '<table border="1"><caption>修改学生成绩界面</caption><tr><td>ID</td><td>name</td><td>chinese</td><td>english</td><td>math</td><td>EDIT</td></tr>';
//使用 while 循环语句以"结果集->列名"的方式输出结果集$output 中的管理人员信息
while ($output=mysqli_fetch_object($data)){
    echo "<tr>
        <td>{$output->id}</td>".
    "<td>{$output->name}</td>".
    "<td>{$output->chinese}</td>".
    "<td>{$output->english}</td>".
    "<td>{$output->math}</td>".
    "<td><a href='alter.php?id=$output->id'>修改</a></td>".
    "</tr>";
}
```

```
echo '</table>';
?>
<style>*{margin:15px auto;}</style>
```

在 alter.php 文件中通过 $_GET 获取链接过来的 id 参数，通过该 id，查询数据库中对应的信息并显示出来。然后修改需要更正的内容。修改完成后，单击"修改"按钮，表单会把修改的内容发送到 data.php 文件。alter.php 文件的代码如下：

```php
<?php
$connect=mysqli_connect("localhost","root","","student");
if (!$connect){
    echo "数据库连接失败";
}
$id=$_GET["id"];
mysqli_query($connect,"set names utf8");        //设置编码格式
$sql="SELECT * FROM 'score' where id=$id";
$data=mysqli_query($connect,"$sql");
$output=mysqli_fetch_object($data);
?>
<div>
    <h2>学生成绩的修改界面</h2>
    <form action="data.php" method="post" name="form1">
        姓          名： <input type='text'
name="txt1" value="<?php echo $output->name ?>"><br/>
        <input type='hidden' name='id' value="<?php echo $output->id ?>">
        语文成绩： <input type='text' name="txt2" value="<?php echo $output->chinese ?>">
<br/>
        英语成绩： <input type='text' name="txt3" value="<?php echo $output->english ?>">
<br/>
        数学成绩： <input type='text' name="txt4" value="<?php echo $output->math ?>">
<br/>
        <input type="submit" value="修改">
    </form>
</div>
<style>
    div{width: 300px;height: 200px;margin: 100px auto;}        <!--定义 div 的宽度、高度、外
边距-->
</style>
```

在 data.php 文件中对数据库中的信息进行更改操作，修改完成后会跳转到 update.php 页面。data.php 的具体代码如下：

```php
<?php
$connect=mysqli_connect("localhost","root","","student");
if (!$connect){
    echo "连接数据库失败";
}
mysqli_query($connect,"set names utf8");            //设置编码格式
$name=$_POST['txt1'];
$chinese=$_POST["txt2"];
$english=$_POST["txt3"];
$math=$_POST["txt4"];
$id=$_POST["id"];
$mysql="update score set name='$name',chinese='$chinese',english='$english',math=
'$math' where id=$id";
$result=mysqli_query($connect,"$mysql");
if ($result){
    echo "<script>alert('成绩修改成功');this.location.href='update.php'</script>";
}
?>
```

在学生成绩管理系统主页面中选择"修改学生成绩"链接，打开"修改学生成绩界面"页面，

图 13-11 所示。

选择"修改"链接，打开"学生成绩的修改界面"窗口，这里修改数学成绩为 99，如图 13-12 所示。

图 13-11　"修改学生成绩界面"页面

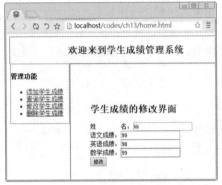

图 13-12　"学生成绩的修改界面"窗口

单击"修改"按钮，弹出"成绩成功修改"提醒信息，如图 13-13 所示。单击"确定"按钮，返回到"修改学生成绩界面"页面，即可看到已经成功修改了成绩，如图 13-14 所示。

图 13-13　"成绩成功修改"提醒信息

图 13-14　修改完成

### 13.3.6　学生成绩删除功能

删除学生成绩与更新类似。

【例 13-11】使用 delete 语句删除学生成绩信息（实例文件：源文件\ch13\delete.php、del.php 和 dels.php）。

首先创建 delete.php 文件，在该页面中把学生成绩查询出来，然后在循环输出时添加一列"删除"，当单击某条记录的"删除"后，会链接到 del.php 文件，并把对应的 id 参数也一起传递过去。delete.php 文件的代码如下：

```php
<?php
$connect=mysqli_connect("localhost","root","","student");
if (!$connect){
    echo "连接数据库失败";
}
mysqli_query($connect,"set names utf8");
$sql="SELECT * FROM 'score'";
$data=mysqli_query($connect,"$sql");
```

```
echo '<table border="1"><caption>删除学生成绩界面</caption><tr><td>ID</td><td>name
</td><td>chinese</td><td>english</td><td>math</td><td>DEL</td></tr>';
//使用 while 循环语句以"结果集->列名"的方式输出结果集$output 中的管理人员信息
while ($output=mysqli_fetch_object($data)){
    echo "<tr>
        <td>{$output->id}</td>".
    "<td>{$output->name}</td>".
    "<td>{$output->chinese}</td>".
    "<td>{$output->english}</td>".
    "<td>{$output->math}</td>".
    "<td><a href='del.php?id=$output->id' onclick='click()'>删除</a></td>".
    "</tr>";
}
echo '</table>';
?>
<style>*{margin:15px auto;}</style>
```

在 del.php 文件中通过$\_GET 获取链接过来的 id 参数，通过该 id，查询数据库中对应的信息并显示出来。单击"删除"按钮，表单会把内容发送到 dels.php 文件。

del.php 文件代码如下：

```
<?php
$connect=mysqli_connect("localhost","root","","student");
if (!$connect){
    echo "数据库连接失败";
}
mysqli_query($connect,"set names utf8");                //设置编码格式
$id=$_GET["id"];
$sql="SELECT * FROM 'score' where id=$id";
$data=mysqli_query($connect,"$sql");
$output=mysqli_fetch_object($data);
?>
<div>
    <h2>学生成绩的删除界面</h2>
    <form action="dels.php" method="post" name="form1">
    姓         名 : <input type='text'
name="txt1" value="<?php echo $output->name ?>"><br/>
        <input type='hidden' name='id' value="<?php echo $output->id ?>">
        语文成绩: <input type='text' value="<?php echo $output->chinese ?>"><br/>
        英语成绩: <input type='text' value="<?php echo $output->english ?>"><br/>
        数学成绩: <input type='text' value="<?php echo $output->math ?>"><br/>
        <input type="submit" value="删除">
    </form>
</div>
<style>
    div{width: 300px;height: 200px;margin: 100px auto;}     <!--定义 div 的宽度、高度、外
边距-->
</style>
```

在 dels.php 文件中对数据库中的信息进行删除操作，删除完成后会跳转到 delete.php。dels.php 文件的具体代码如下：

```
<?php
$connect=mysqli_connect("localhost","root","","student");
if (!$connect){
    echo "数据库连接失败";
}
mysqli_query($connect,"set names utf8");                //设置编码格式
$id=$_POST["id"];                                       //获取表单 post 传递过来的 id
$txt=$_POST["txt1"];                                    //获取表单 post 传递过来的姓名
```

```php
$mysql="delete from score where id=$id";          //使用delete语句删除数据
$result=mysqli_query($connect,"$mysql");
if ($result){
    echo "<script>alert('$txt.的成绩删除成功');this.location.href='delete.php'</script>";
}
?>
```

在学生成绩管理系统主页面中选择"删除学生成绩"链接，打开"删除学生成绩界面"页面，如图 13-15 所示。单击"删除"链接，打开"学生成绩的删除界面"页面，如图 13-16 所示。

图 13-15　删除学生成绩界面

图 13-16　学生成绩的删除界面

单击"删除"，会弹出成绩删除成功提示信息，如图 13-17 所示。单击"确定"按钮，"删除学生成绩界面"页面，即可看到删除后的效果，如图 13-18 所示。

图 13-17　成绩删除成功提示信息

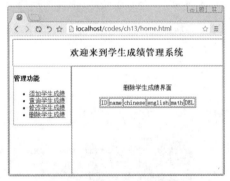

图 13-18　删除学生成绩界面

# 13.4　小白疑难问题解答

**问题 1**：如何查询 PHP 对 MySQLi 函数库的支持情况？

**解答**：如果用户需要检测 MySQLi 函数库的支持情况。可以打开 php.ini 文件，找到;extension=php_mysqli.dll，去掉该语句前的分号;，即可开启对 MySQL 数据库的支持，如图 13-19 所示。

**问题 2**：如何使用 PHP 一次插入多条数据？

**解答**：如果一次性想插入多条数据，需要使用 mysqli_multi_query()函数，语法格式如下：

```
mysqli_multi_query(dbection,query);
```

其中参数 dbection 为数据库连接；参数 query 为 SQL 语句，多条语句之间必须用分号隔开。

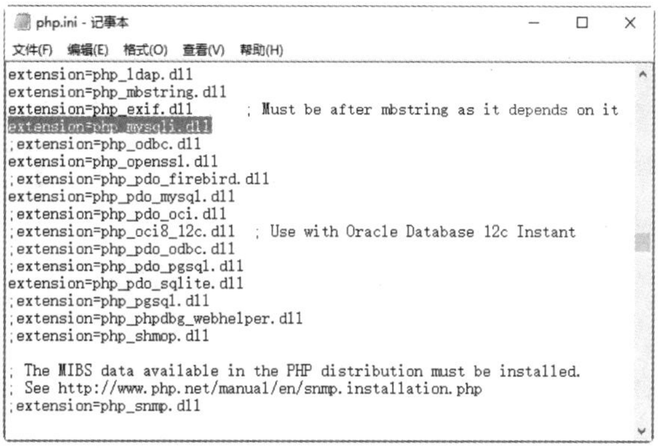

图 13-19　修改 php.ini 文件

# 13.5　实战训练

**实战 1**：创建商品管理系统的数据库和数据表。

创建 mytest 数据库和 goods 数据表，其中 goods 数据表包含 5 个字段，SQL 语句如下：

```
CREATE TABLE goods
(
    id      INT,
    name    VARCHAR(25),
    city    VARCHAR(10),
    price   FLOAT,
    gtime   date
);
```

然后插入演示数据，查询运行结果如图 13-20 所示。

```
编号：100001 ** 名称：洗衣机 **产地：上海 **价格：4998 **时间：2021-10-01
编号：100002 ** 名称：空调 **产地：北京 **价格：6998 **时间：2021-10-10
编号：100003 ** 名称：电视机 **产地：上海 **价格：3998 **时间：2021-10-01
编号：100004 ** 名称：热水器 **产地：深圳 **价格：7998 **时间：2021-05-01
```

**图 13-20　插入演示数据**

**实战 2**：分别创建添加商品和查询商品页面

创建添加商品信息页面，运行结果如图 13-21 所示。创建查询商品信息页面，运行结果如图 13-22 所示。

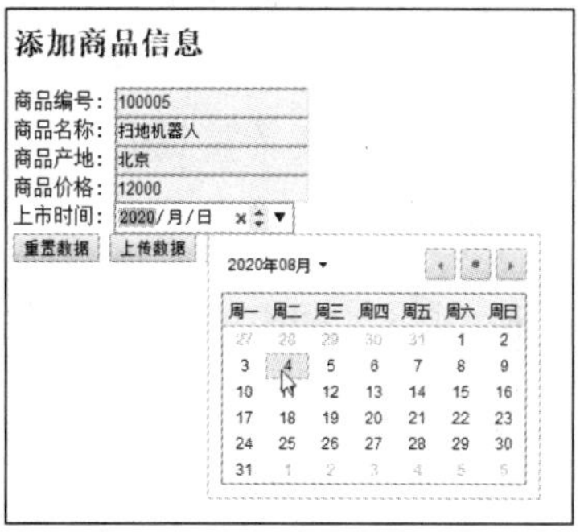

图 13-21　添加商品信息页面

商品浏览页面

| 商品编号 | 商品名称 | 商品产地 | 商品价格 | 上市时间 |
| --- | --- | --- | --- | --- |
| 100001 | 洗衣机 | 上海 | 4998 | 2020-10-01 |
| 100002 | 空调 | 北京 | 6998 | 2020-10-10 |
| 100003 | 电视机 | 上海 | 3998 | 2019-10-01 |
| 100004 | 热水器 | 深圳 | 7998 | 2020-05-01 |
| 100005 | 扫地机器人 | 北京 | 4998 | 2020-08-04 |

图 13-22　查询商品信息页面

# 第14章

# PDO 数据库抽象层

由于 PHP 支持各个平台不同的数据库，所以在早期版本中维护起来非常困难，可移植性也比较差。为了解决这个问题，PHP 开发了数据库抽象类，为 PHP 访问数据库定义了一个轻量级的、一致性的接口，它提供了一个数据访问抽象层，这样，无论使用什么数据库，都可以通过一致的函数执行查询和获取数据。本章主要讲述 PDO 数据库抽象类的使用方法。

## 14.1　认识 PDO

微视频

本节首先来学习什么是 PDO 和 PDO 的安装方法。

### 14.1.1　什么是 PDO

随着 PHP 应用的快速增长和通过 PHP 开发跨平台应用的普及，使用不同的数据库是十分常见的。PHP 需要支持 MySQL、SQL Server 和 Oracle 等多种数据库。

如果只是通过单一的接口针对单一的数据库编写程序，比如用 MySQL 函数处理 MySQL 数据库，用其他函数处理 Oracle 数据库，这在很大程度上增加了 PHP 程序在数据库方面的灵活性并提高了编程的复杂性和工程量。

如果通过 PHP 开发一个跨数据库平台的应用，比如对于一类数据需要到两个不同的数据库中提取数据，在使用传统方法的情况下只好写两个不同的数据库连接程序，并且要对两个数据库连接的工作过程进行协调。

为了解决这个问题，程序员们开发出了"数据库抽象层"。通过这个抽象层，把数据处理业务逻辑和数据库连接区分开来。也就是说，不管 PHP 连接的是什么数据库，都不影响 PHP 程序的业务逻辑。这样对于一个应用来说，就可以采用若干个不同的数据库支持方案。

PDO 就是 PHP 中最为主流的实现"数据库抽象层"的数据库抽象类。PDO 类是 PHP 中最为突出的功能之一。在 PHP 5 版本以前，PHP 都是只能通过针对 MySQL 的类库、针对 Oracle 的类库、针对 SQL Server 的类库等实现有针对性的数据库连接。

PDO 是 PHP Data Objects 的简称，是为 PHP 访问数据库定义的一个轻量级的、一致性的接口，它提供了一个数据访问抽象层，这样，无论使用什么数据库，都可以通过一致的函数执行查询和获取数据。

PDO 通过数据库抽象层实现了以下一些特性。

（1）灵活性：可以在 PHP 运行期间，直接加载新的数据库，而不需要在新的数据库使用时，重新设置和编译。

（2）面向对象：这个特性完全配合了 PHP，通过对象来控制数据库的使用。

（3）速度极快：由于 PDO 是使用 C 语言编写并且编译进 PHP 的，所以比那些用 PHP 编写的抽象类要快很多。

## 14.1.2　安装 PDO

可以通过 PHP 中的 phpinfo()函数来查看是否安装了 PDO 扩展，代码如下：

```php
<?php
echo phpinfo();
?>
```

运行程序，如果找到 PDO，如图 14-1 所示，说明已经安装了 PDO。还可以发现已经激活了 mysql 和 sqlite 数据库。

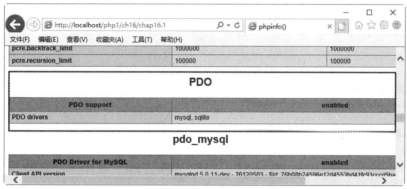

图 14-1　检测 PDO 是否安装

# 14.2　PDO 连接数据库

微视频

想要使用 PDO 来操作数据库，首先需要连接数据库。本节来介绍 PDO 连接数据库的构造函数。

## 14.2.1　PDO 构造函数

在 PDO 中，要建立与数据库的连接需要实例化 PDO 的构造函数，PDO 构造函数的语法如下：

```
PDO::__construct ( string $dsn,$username, $password , $driver_options)
```

PDO 构造函数的参数说明如表 14-1 所示。

表 14-1　PDO 构造函数的参数说明

| 参　　数 | 说　　明 |
| --- | --- |
| $dsn | 数据源名称，包括数据库驱动、主机名称和数据库 |
| $username | 连接数据库的用户名 |
| $password | 连接数据库的密码 |
| $driver_options | 连接数据库的其他选项 |

【例 14-1】使用 PDO 连接数据库（实例文件：源文件\ch14\14.1.php）。

```php
<?php
$dbms='mysql';                   //数据库类型(数据库驱动)
$host='localhost';               //数据库主机名
$dbName='student';               //使用的数据库
$user='root';                    //连接数据库的用户名
$pass='';                        //连接数据库的密码
$dsn="$dbms:host=$host;dbname=$dbName";
try {
//PDO::MYSQL_ATTR_INIT_COMMAND=>'SET NAMES utf8'用来设置编码格式
  $pdo= new PDO($dsn, $user, $pass,array(PDO::MYSQL_ATTR_INIT_COMMAND=>'SET NAMES
utf8'));                         //初始化一个 PDO 对象
    echo "连接 mysql 成功<br/>";
    foreach ($pdo->query('SELECT * from score ') as $row) {    //查询数据库中的记录
      print_r($row);                                           //输出记录
    }
} catch (PDOException $e) {
    echo "Error!:". $e->getMessage();
}
?>
```

运行结果如图 14-2 所示。

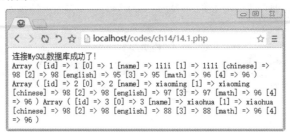

图 14-2　实例化 PDO 的构造函数

在上面案例中，使用 MySQL 数据库驱动，然后连接 student 数据库，并查找其中名为 score 的数据表，然后输出数据表中的数据。

☆大牛提醒☆

PHP 中 try{}catch(){}是异常处理，将要执行的代码放入 try{}中，如果这些代码执行过程中某一条语句发生异常，则程序直接跳转到 catch(){}中，由$e 收集错误信息和显示。

## 14.2.2　DSN 详解

DSN 是 Data Source Name（数据源名称）的首字母缩写。DSN 提供连接数据库需要的信息。PDO 的 DSN 包括 3 部分：PDO 驱动名称（例如：mysql 和 sqlite）、冒号和驱动特定的语法。每种数据库都有其特定的驱动语法。

实际中有一些数据库服务器可能与 Web 服务器不在同一台计算机上，则需要修改 DSN 中的主机名称。另外，由于一个数据库服务器中可能拥有多个数据库，所以在通过 DSN 连接数据库时，通常都包括数据库名称，这样可以确保连接的是用户想要的数据库，而不是其他数据库。

由于数据库服务器只在特定的端口上监听连接请求，故每种数据库服务器具有一个默认的端口号（MySQL 是 3306），但是数据库管理员可以对端口号进行修改，因此有可能 PHP 找不到数据库的端口号，此时就可以在 DSN 中包含端口号。

# 14.3　PDO 中执行 SQL 语句

微视频

在 PDO 中，可以使用 3 种方法来执行 SQL 语句，分别是 exec()方法、query()方法和预处理语句方法。

## 14.3.1　exec()方法

exec()方法执行一条 SQL 语句，并返回受影响的行数。语法格式如下：

```
PDO::exec ( string $statement)
```

参数$statement 是执行的 SQL 语句。

exec()方法返回 SQL 语句影响的行数，如果没有受影响的行，则 exec()返回 0。该方法通常用于 INSERT、UPDATE 和 DELETE 语句中。

【例 14-2】使用 exec()方法执行 SQL 语句（实例文件：源文件\ch14\14.2.php）。

```php
<?php
$dbms='mysql';              //数据库类型(数据库驱动)
$host='localhost';         //数据库主机名
$dbName='student';         //使用的数据库
$user='root';              //连接数据库的用户名
$pass='';                  //连接数据库的密码
$dsn="$dbms:host=$host;dbname=$dbName";
try{
  $pdo=new   PDO($dsn,$user,$pass,array(PDO::MYSQL_ATTR_INIT_COMMAND=>"SET   NAMES
UTF8"));
  $result=$pdo->exec("UPDATE 'score' SET 'chinese'='99' WHERE id=1");
                           //更新 score 表中 id=4 的记录
  echo $result;            //输出影响的行数
}catch(PDOException $e){
   echo "error:".$e->getMessage();
}
?>
```

在上面案例中，更改了表中的一条数据，所以输出的结果为“1”。

## 14.3.2　query()方法

query()方法执行 SQL 语句，以 PDOStatement 对象形式返回结果集。语法格式如下：

```
PDOStatement PDO::query ( string $statement)
```

参数$statement 是执行的 SQL 语句。query()方法会返回一个 PDOStatement 对象。

【例 14-3】使用 query()方法执行 SQL 语句（实例文件：源文件\ch14\14.3.php）。

```php
<?php
$dbms='mysql';              //数据库类型(数据库驱动)
$host='localhost';         //数据库主机名
$dbName='student';         //使用的数据库
$user='root';              //连接数据库的用户名
$pass='';                  //连接数据库的密码
$dsn="$dbms:host=$host;dbname=$dbName";
try{
    $pdo=new   PDO($dsn,$user,$pass,array(PDO::MYSQL_ATTR_INIT_COMMAND=>"SET   NAMES
UTF8"));
    //查找 score 表中的 3 条数据
  $result=$pdo->query("select name,chinese,english,math from score limit 3");
```

```
}catch(PDOException $e){
    echo "error:".$e->getMessage();
}
?>
<table BORDER="1">
    <caption>学生成绩表</caption>
    <tr><td>姓名</td><td>语文</td><td>英语</td><td>数学</td></tr>
    <?php foreach($result as $itemte){ ?>
    <tr><td><?php echo $itemte["name"] ?></td>
    <td><?php echo $itemte["chinese"] ?></td>
    <td><?php echo $itemte["english"] ?></td>
    <td><?php echo $itemte["math"] ?></td></tr>
    <?php } ?>
</table>
```

运行结果如图 14-3 所示。

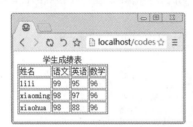

图 14-3　使用 query()方法执行 SQL 语句

## 14.3.3　预处理语句——prepare()和 execute()方法

prepare()和 execute()是预处理语句的两种方法。prepare()方法准备执行的 SQL 语句，然后，通过 execute()方法执行。语法格式如下：

```
PDOStatement PDO::prepare ($statement , $driver_options)
PDOStatement::execute ($input_parameters )
```

【例 14-4】使用预处理语句执行 SQL 语句（实例文件：源文件\ch14\14.4.php）。

```
<?php
$dbms="mysql";
$dbname="student";
$user="root";
$pass="";
$host="localhost";
$dsn="$dbms:host=$host;dbname=$dbname";
try{
    $pdo=new   PDO($dsn,$user,$pass,array(PDO::MYSQL_ATTR_INIT_COMMAND=>"SET   NAMES
UTF8"));
    //prepare 只是将 sql 放到数据管理系统上,并没有执行
    $result=$pdo->prepare("select * from score where id<3");
    //执行上面在数据库中准备的语句
    $result->execute();
}catch(PDOException $e){
    echo "error:".$e->getMessage();
}
?>
<table BORDER="1">
    <caption>学生成绩表</caption>
    <tr><td>姓名</td><td>语文</td><td>英语</td><td>数学</td></tr>
    <?php foreach($result as $itemte){ ?>
    <tr><td><?php echo $itemte["name"] ?></td>
```

```
<td><?php echo $itemte["chinese"] ?></td>
<td><?php echo $itemte["english"] ?></td>
<td><?php echo $itemte["math"] ?></td></tr>
<?php } ?>
</table>
```

运行结果如图 14-4 所示。

图 14-4　使用预处理语句执行 SQL 语句

# 14.4　PDO 中获取结果集

微视频

在 PDO 中获取结果集有 3 种方法，分别是 fetch()方法、fetchAll()方法和 fetchColumn()方法。

## 14.4.1　fetch()方法

fetch()方法可以从结果集中获取下一行数据，语法格式如下：

```
PDOStatement::fetch ($fetch_style , $cursor_orientation , $cursor_offset)
```

其中 fetch_style 参数控制结果集的返回方式，可选值如表 14-2 所示。$cursor_orientation 参数表示 PDOStatement 对象的一个可滚动游标，该值决定了哪一行将被返回。$cursor_offset 参数表示游标的偏移量。

表 14-2　fetch_style 参数的可选值

| 值 | 说　　明 |
| --- | --- |
| PDO::FETCH_BOTH | 默认值，返回一个索引为结果集列名和以 0 开始的列号的数组 |
| PDO::FETCH_ASSOC | 返回一个索引为结果集列名的数组 |
| PDO::FETCH_NUM | 返回一个索引为以 0 开始的结果集列号的数组 |
| PDO::FETCH_BOUND | 返回 True，并分配结果集中的列值给 PDOStatement::bindColumn()方法绑定的 PHP 变量 |
| PDO::FETCH_OBJ | 返回一个属性名对应结果集列名的匿名对象 |
| PDO::FETCH_LAZY | 结合使用 PDO::FETCH_BOTH 和 PDO::FETCH_OBJ 创建供用来访问的对象变量名 |
| PDO::FETCH_CLASS | 返回一个请求类的新实例，映射结果集中的列名到类中对应的属性名 |
| PDO::FETCH_INTO | 更新一个被请求类已存在的实例，映射结果集中的列到类中命名的属性 |

【例 14-5】使用 fetch()方法获取结果集（实例文件：源文件\ch14\14.5.php）。

首先通过 PDO 连接 MySQL 数据库，然后定义 SELECT 查询语句，应用 prepare()和 execute()方法查询操作。接着，通过 fetch()方法返回结果集中下一行数据，同时设置结果集以数字索引数组形式返回。最后通过 while 语句完成数据的循环输出。

```
<?php
$dbms='mysql';                    //数据库类型(数据库驱动)
```

```php
$host='localhost';              //数据库主机名
$dbName='student';              //使用的数据库
$user='root';                   //连接数据库的用户名
$pass='';                       //连接数据库的密码
$dsn="$dbms:host=$host;dbname=$dbName";
try {
    $pdo= new PDO($dsn, $user, $pass,array(PDO::MYSQL_ATTR_INIT_COMMAND=>'SET NAMES
utf8'));                        //初始化一个 PDO 对象
    $sth = $pdo -> prepare ( "SELECT name, chinese,english,math FROM score " );
                                //准备查询语句
    $sth -> execute ();         //执行查询语句,并返回结果集
} catch (PDOException $e) {
    echo "Error!:". $e->getMessage();
}
?>
<table border="1">
    <caption>学生成绩表</caption>
    <tr><td>姓名</td><td>语文</td><td>英语</td><td>数学</td></tr>
<!--    循环输出查询的结果,返回一个索引以以 0 开始的结果集列号的数组-->
<?php while ($result=$sth->fetch(PDO::FETCH_NUM)){ ?>
    <tr>
        <td><?php echo $result['0'] ?></td>
        <td><?php echo $result['1'] ?></td>
        <td><?php echo $result['2'] ?></td>
        <td><?php echo $result['3'] ?></td>
    </tr>
<?php } ?>
</table>
```

运行结果如图 14-5 所示。

图 14-5　使用 fetch()方法获取结果集

## 14.4.2　fetchAll()方法

fetchAll()方法获取结果集中的所有行，语法格式如下：

```
PDOStatement::fetchAll ($fetch_style, $fetch_argument,$ctor_args)
```

fetchAll()方法的参数说明如表 14-3 所示。

表 14-3　fetchAll()方法的参数说明

| 参　　数 | 说　　明 |
|---|---|
| fetch_style | 控制结果集中数据的返回方式 |
| fetch_argument | 根据 fetch_style 参数的值，此参数有不同的意义：<br>▶ PDO::FETCH_COLUMN：返回指定以 0 开始索引的列<br>▶ PDO::FETCH_CLASS：返回指定类的实例，映射每行的列到类中对应的属性名<br>▶ PDO::FETCH_FUNC ：将每行的列作为参数传递给指定的函数，并返回调用函数后的结果 |
| ctor_args | 当 fetch_style 参数为 PDO::FETCH_CLASS 时，自定义类的构造函数的参数 |

fetchAll()方法的返回值是一个包含结果集中所有数据的二维数组。

【例 14-6】使用 fetchAll()方法获取结果集（实例文件：源文件\ch14\14.6.php）。

首先通过 PDO 连接 MySQL 数据库，然后定义 SELECT 查询语句，应用 prepare()和 execute()方法查询操作。接着，通过 fetchAll()方法返回结果集中所有行。最后通过 for 语句完成结果集的所有数据的循环输出。

```php
<?php
$dbms='mysql';                  //数据库类型(数据库驱动)
$host='localhost';              //数据库主机名
$dbName='student';              //使用的数据库
$user='root';                   //连接数据库的用户名
$pass='';                       //连接数据库的密码
$dsn="$dbms:host=$host;dbname=$dbName";
try {
    $pdo= new PDO($dsn, $user, $pass,array(PDO::MYSQL_ATTR_INIT_COMMAND=>'SET NAMES
utf8'));                        //初始化一个 PDO 对象
    $sth = $pdo -> prepare ( "SELECT name, chinese,english,math FROM score where id>1
limit 2 " ); //准备查询语句
    $sth -> execute ();         //执行查询语句,并返回结果集
    $result=$sth->fetchAll(PDO::FETCH_ASSOC);        //获取结果集中的所有数据
} catch (PDOException $e) {
    echo "Error!:". $e->getMessage();
}
?>
<table border="1">
    <caption>学生成绩表</caption>
    <tr><td>姓名</td><td>语文</td><td>英语</td><td>数学</td></tr>
    <!--    循环读取二维数组中的数据-->
    <?php for ( $i=0;$i<count($result);$i++){ ?>
        <tr>
            <td><?php echo $result[$i]['name'] ?></td>
            <td><?php echo $result[$i]['chinese'] ?></td>
            <td><?php echo $result[$i]['english'] ?></td>
            <td><?php echo $result[$i]['math'] ?></td>
        </tr>
    <?php } ?>
</table>
```

运行结果如图 14-6 所示。

图 14-6　使用 fetchAll()方法获取结果集

## 14.4.3　fetchColumn()方法

fetchColumn()方法获取结果集中下一行指定列的值，语法格式如下：

```
PDOStatement::fetchColumn ($column_number)
```

$column_number 参数为可选参数，用来设置行中列的索引值，该值从 0 开始。如果省略该参数，则将从第 1 列开始取值。

**【例 14-7】** 使用 fetchColumn()方法获取结果集（实例文件：源文件\ch14\14.7.php）。

首先通过 PDO 连接 MySQL 数据库，然后定义 SELECT 查询语句，应用 prepare()和 execute()方法查询操作。接着，通过 fetchColumn()方法输出结果集中下一行某一列的值。该值根据$column_number 参数来确定。

```php
<?php
$dbms='mysql';              //数据库类型(数据库驱动)
$host='localhost';         //数据库主机名
$dbName='student';         //使用的数据库
$user='root';              //连接数据库的用户名
$pass='';                  //连接数据库的密码
$dsn="$dbms:host=$host;dbname=$dbName";
try {
    //PDO::MYSQL_ATTR_INIT_COMMAND=>'SET NAMES utf8'用来设置编码格式
    $pdo= new PDO($dsn, $user, $pass,array(PDO::MYSQL_ATTR_INIT_COMMAND=>'SET NAMES
utf8'));                   //初始化一个 PDO 对象
    $sth = $pdo -> prepare ( "SELECT name, math FROM score" );
    $sth -> execute ();
    print( "从结果集中的下一行获取第一列: " );
    $result1 = $sth -> fetchColumn ();
    print( "name = $result1"."<br/>" );
    print( "从结果集中的下一行获取第二列: \n" );
    $result2 = $sth -> fetchColumn ( 1 );
    print( "math = $result2"."<br/>" );
    print( "从结果集中的下一行获取第一列: \n" );
    $result3 = $sth -> fetchColumn (  );
    print( "name = $result3"."<br/>" );
} catch (PDOException $e) {
    echo "Error!:". $e->getMessage();
}
?>
```

运行结果如图 14-7 所示。

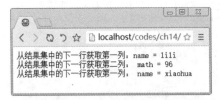

图 14-7　使用 fetchColumn()方法获取结果集

微视频

# 14.5　PDO 中捕获 SQL 语句中的错误

在 PDO 中捕获 SQL 语句中的错误有 3 种模式可以选择，分别是默认模式、警告模式和异常模式。可以根据开发的项目和实际情况选择适合的方案来捕获 SQL 语句的错误。

## 14.5.1　使用默认模式——PDO::ERRMODE_SILENT

在默认模式中设置 PDOStatement 对象的 errorCode 属性，但不进行其他任何操作。通过 prepare()和 execute()方法向数据库中添加数据，设置 PDOStatement 对象的 errorCode 属性，手动检测代码中的错误。

**【例 14-8】** 使用默认模式（实例文件：源文件\ch14\14.8.php）。

首先添加表单，将表单元素的数据提交到本页面；然后通过 PDO 连接 MySQL 数据库，通过预处理方法 prepare()和 execute()方法执行 INSERT 添加操作，向数据表中添加数据，并且设置 PDOStatement 对象的 errorCode 属性，来检测代码中的错误。

为了演示效果，在定义 INSERT 添加语句时，使用了错误的数据表名称 score1（正确名称应该是 score），导致输出结果错误。在警告模式和异常模式的介绍中也是如此。

```php
<form action="14.8.php" name="form1" method="post">
    name: <input type="text" name="username">
    math:  <input type="password" name="math">
    <input type="submit" name="Submit" value="提交">
</form>
<?php
if ($_POST['username']&&$_POST['math']!=""){
    $name = $_POST['username'];             //获取表单提交过来的姓名
    $math = $_POST['math'];                 //获取表单提交过来的数学成绩
    $dbms='mysql';                          //数据库类型(数据库驱动)
    $host='localhost';                      //数据库主机名
    $dbName='student';                      //使用的数据库
    $user='root';                           //连接数据库的用户名
    $pass='';                               //连接数据库的密码
    $dsn="$dbms:host=$host;dbname=$dbName"; 
    $pdo= new PDO($dsn, $user, $pass);      //初始化一个 PDO 对象
    $query="insert into ' score1'(name,math) VALUES ('$name','$math')";
                                            //需要执行的 sql 语句
    $result=$pdo->prepare($query);          //准备查询语句
    $result->execute();                     //执行查询语句,并返回结果集
    $code =$result->errorCode();
    if (empty($code)){
        echo "数据添加成功";
    }else{
        echo "数据错误: <br>";
        echo 'SQL Query:'.$query;
        echo '<pre>';
        var_dump($result->errorInfo());
        echo '</pre>';
    }
}
?>
```

运行程序，输入相关信息后，单击"提交"按钮，运行结果如图 14-8 所示。

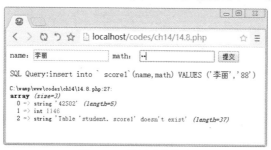

图 14-8　使用默认模式

## 14.5.2　使用警告模式——PDO::ERRMODE_WARNING

警告模式会产生一个 PHP 警告，并设置 errorCode 属性。如果设置的是警告模式，那么除非明

确检查错误代码，否则程序将继续按照其方式运行。

下面通过一个实例来进行介绍。

具体的实现步骤：首先连接 MySQL 数据库，通过预处理语句的 prepare()和 execute()方法执行 SELECT 查询操作，并设置一个错误的数据表名称，同时通过 setAttribute()方法设置为警告模式，最后通过 while 语句和 fetch()方法完成数据的循环输出。

【例 14-9】使用警告模式（实例文件：源文件\ch14\14.9.php）。

```php
<?php
$dbms='mysql';                          //数据库类型(数据库驱动)
$host='localhost';                      //数据库主机名
$dbName='student';                      //使用的数据库
$user='root';                           //连接数据库的用户名
$pass='';                               //连接数据库的密码
$dsn="$dbms:host=$host;dbname=$dbName";
try {
    $pdo = new PDO($dsn, $user, $pass,array(PDO::MYSQL_ATTR_INIT_COMMAND=>'SET NAMES
UTF8'));                                //初始化一个 PDO 对象
    $pdo->setAttribute(PDO::ATTR_ERRMODE, PDO::ERRMODE_WARNING);   //设置为警告模式
    $query="select * from score1";      //需要执行的 sql 语句
    $result=$pdo->prepare($query);      //准备查询语句
    $result->execute();
    //while 循环输出查询结果集并设置结果集以数字索引数组的形式返回
    while ($res = $result->fetch(PDO::FETCH_NUM)) {
        echo $res['0'] . " " . $res['1'];
    }
}catch(PDOException $e){
    die("ERROR!:".$e->getMessage());
}
?>
```

运行结果如图 14-9 所示。

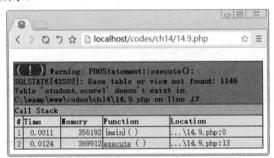

图 14-9　使用警告模式

## 14.5.3　使用异常模式——PDO::ERRMODE_EXCEPTION

异常模式会创建一个 PDOException 类，并设置 errorCode 属性，它可以将执行代码封装到一个 try{…}catch{…}语句中，未捕获的异常将会导致脚本中断，并显示堆栈跟踪让用户了解是哪里出现的问题。

【例 14-10】使用异常模式（实例文件：源文件\ch14\14.10.php）。

首先连接数据库，通过预定处理语句的 prepare()和 execute()方法执行 SELECT 查询操作，通过 while 语句和 fetch()方法完成数据的循环输出。

```php
<?php
$dbms='mysql';                          //数据库类型(数据库驱动)
```

```
$host='localhost';                                //数据库主机名
$dbName='student';                                //使用的数据库
$user='root';                                     //连接数据库的用户名
$pass='';                                         //连接数据库的密码
$dsn="$dbms:host=$host;dbname=$dbName";
try {
    $pdo = new PDO($dsn, $user, $pass,array(PDO::MYSQL_ATTR_INIT_COMMAND=>'SET NAMES
UTF8'));                                          //初始化一个 PDO 对象
    $pdo->setAttribute(PDO::ATTR_ERRMODE, PDO::ERRMODE_EXCEPTION); //设置为异常模式
    $query="select * from score1";                //需要执行的 sql 语句
    $result=$pdo->prepare($query);                //准备查询语句
    $result->execute();                           //执行 sql 语句
    //while 循环输出查询结果集并设置结果集以数字索引数组的形式返回
    while ($res = $result->fetch(PDO::FETCH_NUM)) {
        echo $res['0'] . " " . $res['1'];
    }
}catch(PDOException $e){
    echo "ERROR:".$e->getMessage()."<br/>";       //返回异常信息
    echo "FILE:".$e->getFile()."<br/>";           //返回发生异常的文件名
    echo "LINE:".$e->getLine();                   //返回发生异常的代码行号
}
?>
```

运行结果如图 14-10 所示。

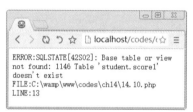

图 14-10　使用异常模式

# 14.6　PDO 中错误处理

微视频

PDO 中有两个程序错误的处理方法，分别为 errorCode()方法和 errorInfo()方法。

## 14.6.1　errorCode()方法

errorCode()方法用于获取在操作数据库句柄时所发生的错误代码，这些错误代码被称为 SQLSTATE 代码。errorCode()方法的语法格式如下：

```
PDOStatement::errorCode(void)
```

errorCode()方法的返回值为一个 SQLSTATE，SQLSTATE 是由 5 个数字和字母组成的代码。

【例 14-11】使用 errorCode()方法获取错误信息（实例文件：源文件\ch14\14.11.php）。

首先通过 PDO 连接 MySQL 数据库，然后通过 query()方法执行查询语句，接着通过 errorCode()方法获取错误信息，最后通过 foreach 语句完成数据的循环输出。

为了演示效果，在定义 SQL 语句时使用了错误的数据表 score1。在 errorInfo()方法的介绍中也是如此。

```
<?php
$dbms='mysql';                                    //数据库类型(数据库驱动)
```

```php
$host='localhost';                    //数据库主机名
$dbName='student';                    //使用的数据库
$user='root';                         //连接数据库的用户名
$pass='';                             //连接数据库的密码
$dsn="$dbms:host=$host;dbname=$dbName";
try{
$pdo=new PDO($dsn,$user,$pass);       //初始化一个 PDO 对象
$query="select * from score1";        //需要执行的 sql 语句
$res=$pdo->query($query);             //执行的 sql 语句
echo "errorCode 为: ".$pdo->errorCode()."<br>";
}catch(PDOException $e){
    echo "errorCode 为: ".$pdo->errorCode()."<br>";
    die("Error!:".$e->getMessage().'<br>');
    }
?>
<table border="1" width="300">
<?php foreach ($res as $items){ ?>
    <tr>
        <td><?php echo $items["id"]; ?></td>
        <td><?php echo $items["name"]; ?></td>
        <td><?php echo $items["math"]; ?></td>
    </tr>
<?php } ?>
</table>
```

运行结果如图 14-11 所示。

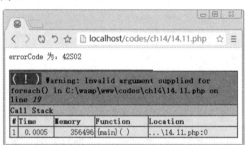

图 14-11　errorCode()方法

## 14.6.2　errorInfo()方法

errorInfo()方法用于获取操作数据库句柄时所发生的信息错误，该方法的语法格式如下：

```
PDOStatement::errorInfo(void)
```

errorInfo()方法返回一个数组。该数组包含了关于上一次语句句柄执行操作的错误信息，如表 14-4 所示。

表 14-4　错误信息

| 返 回 信 息 | 说　　　　明 |
| --- | --- |
| 0 | SQLSTATE 错误码（一个由 5 个字母或数字组成的在 ANSI SQL 标准中定义的标识符） |
| 1 | 具体驱动错误码 |
| 2 | 具体驱动错误信息 |

【例 14-12】使用 errorInfo()方法获取错误信息（实例文件：源文件\ch14\14.12.php）。

首先通过 PDO 连接 MySQL 数据库，然后通过 query()方法执行查询语句，接着通过 errorInfo()

方法获取错误信息，最后通过 foreach 语句完成数据的循环输出。

```php
<?php
$dbms='mysql';                            //数据库类型(数据库驱动)
$host='localhost';                        //数据库主机名
$dbName='student';                        //使用的数据库
$user='root';                             //连接数据库的用户名
$pass='';                                 //连接数据库的密码
$dsn="$dbms:host=$host;dbname=$dbName";
try{
$pdo=new PDO($dsn,$user,$pass);           //初始化一个 PDO 对象
$query="select * from score1";            //需要执行的 sql 语句
$res=$pdo->query($query);                 //执行的 sql 语句
print_r($pdo->errorInfo());               //获取错误信息
}catch(PDOException $e){
    echo "errorCode 为: ".$pdo->errorCode()."<br>";
    die("Error!:".$e->getMessage().'<br>');
}
?>
<table border="1" width="300">
    <?php foreach ($res as $items){ ?>
        <tr>
            <td><?php echo $items["id"]; ?></td>
            <td><?php echo $items["name"]; ?></td>
            <td><?php echo $items["math"]; ?></td>
        </tr>
    <?php } ?>
</table>
```

运行结果如图 14-12 所示。

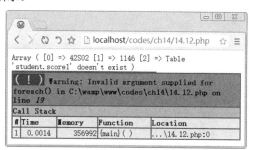

图 14-12　errorInfo()方法

# 14.7　PDO 中事务处理

微视频

　　事务是由查询和更新语句的序列组成，用 beginTransaction 开始一个事务，rollback 回滚事务，commit 提交事务。在开始一个事务后，可以有若干 SQL 查询或更新语句，每个 SQL 递交执行后，还应该有判断是否正确的语句，从而确定下一步是否回滚，如果全部正确最后才会提交事务。

　　事务处理中需要用到 3 个方法，各个功能介绍如下：

　　（1）beginTransaction()方法：开启事务，此方法将关闭自动提交模式，直到事务提交或者回滚以后才恢复。

　　（2）commit()方法：提交事务，如果成功则返回 True，否则返回 False。

　　（3）rollback()方法：回滚事务操作。

**【例 14-13】** PDO 中的事务处理（实例文件：源文件\ch14\14.13.php）。

下面一次性插入 3 条记录，如果全部插入成功，则提交事务，否则将回滚。

```php
<?php
$servername = "localhost";
$username = "root";
$password = "";
$dbname = "student";

try {
    $db = new PDO("mysql:host=$servername;dbname=$dbname", $username, $password);
    //设置 PDO 错误模式,用于抛出异常
$db->setAttribute(PDO::ATTR_ERRMODE, PDO::ERRMODE_EXCEPTION);
    //开始事务
    $db->beginTransaction();
    //SQL 语句
    $db->exec("INSERT INTO score (id,name,chinese,english,math)
    VALUES (4, 'zhanghua', '99', '96', '97')");
    $db->exec("INSERT INTO score (id,name,chinese,english,math)
    VALUES (5, 'liuhua', '90', '94', '92')");
    $db->exec("INSERT INTO score (id,name,chinese,english,math)
    VALUES (6, 'xiaolan', '92', '99', '96')");
    //提交事务
    $db->commit();
    echo "3 条记录全部插入成功了! ";
}
catch(PDOException $e)
{
    //如果执行失败回滚
    $db->rollback();
    echo $sql . "<br />" . $e->getMessage();
}
$db = null;
?>
```

运行结果如图 14-13 所示。

**图 14-13 PDO 中的事务处理**

# 14.8 小白疑难问题解答

**问题 1：** 什么时候需要用到事务？

**解答：** 事务处理在各种管理系统中都有着广泛的应用，比如人员管理系统，很多同步数据库操作大都需要用到事务处理。例如，在人员管理系统中，删除一个人员，既需要删除人员的基本资料，也要删除和该人员相关的信息，例如信箱、文章等，这样，这些数据库操作语句就构成一个事务。例如手机充值过程，支付宝金额减少，相应的手机话费增加，只要有一个操作不成功，则另外的操作也不会成功。

**问题 2**：在操作 MySQL 数据库时，PDO 和 MySQLi 到底哪个好？

**解答**：PDO 和 MySQLi 各有优势，主要区别如下：

（1）PDO 应用在 12 种不同数据库中，MySQLi 只针对 MySQL 数据库。

（2）两者都是面向对象，但 MySQLi 还提供了 API 接口。

（3）两者都支持预处理语句。预处理语句可以防止 SQL 注入，对于 Web 项目的安全性是非常重要的。

可见，如果项目需要在多种数据库中切换，建议使用 PDO，因为只需要修改连接字符串和部分查询语句即可。使用 MySQLi，如果是不同的数据库，需要重新编写所有代码，包括查询语句。

# 14.9　实战训练

**实战 1**：使用 PDO 创建数据库和数据表。

使用 PDO 创建数据库 mydbs，然后在 mydbs 数据库中创建数据表 goods，该表包含 4 个字段，包括 id,name,amount,price 字段。

**实战 2**：使用 PDO 插入并读取数据。

使用 PDO 中的事务一次性插入 3 条数据，然后再使用 fetchColumn() 方法查询所有数据。

# 第15章

# 图形图像处理技术

PHP 不仅可以生成 HTML 页面，而且可以创建和操作二进制形式的数据，如图像、文件等。其中，使用 PHP 操作图像可以通过 GD 函数库来实现。利用 GD 函数库可以在页面中绘制各种图像、统计图，如果与 Ajax 技术结合还可以制作出各种强大的动态图表。例如，一些商城网站里面有许多的数据，需要统计销量上涨、下降多少，好评、差评等，需要一些统计图来展示，而数据也需要随着时间的变化而改变，这些统计图就需要动态生成。另外，图形化类库 JpGraph 也是一款非常强大的图形处理工具，还可以绘制各种统计图和曲线图。本章将详细介绍 GD 库和 JpGraph 库的使用方法。

微视频

## 15.1　PHP 中 GD 库的使用

在 PHP 中，通过 GD 库来处理图像的操作。这些操作都是在内存中处理，操作完成以后再以文件流的方式，输出到浏览器或保存在服务器的磁盘中。

创建一个图像应该包括 4 个基本步骤：

（1）创建画布：画布实际上就是在内存中开辟的一块临时区域，用于存储图像的信息。

（2）绘制图像：设置图像的颜色，填充点、线、几何图形、文本等。

（3）输出图像：完成绘制后，需要将图像以某种格式保存到服务器指定的文件中，或将图像直接输出到浏览器上显示给用户。但在图像输出之前，一定要使用 header() 函数发送 Content-type 通知浏览器。

（4）释放资源：图像被输出以后，画布中的内容不再有用。出于节约系统资源的考虑，需要及时清除画布占用的所有内存资源。

PHP 中 GD 函数库已经作为扩展被默认安装，可以通过 phpinfo() 语句来获取 GD 函数库的安装信息。

```php
<?php
phpinfo();   //输出 php 配置信息
?>
```

运行结果如图 15-1 所示。

图 15-1　GD 函数库的安装信息

## 15.1.1　画布管理

在 GD 库中，可以使用 imagecreate() 和 imagecreatetruecolor() 两个函数来创建画布。

### 1. imagecreate()函数

imagecreate()函数用来新建一个基于调色板的图像。语法格式如下：

```
imagecreate($width, $height);
```

imagecreate()函数返回一个图像标识符，代表了一幅宽度为$width、高度为$height 的空白图像。

【例 15-1】使用 imagecreate()函数创建画布（实例文件：源文件\ch15\15.1.php）。

```php
<?php
header('Content-Type: image/png');              //设置输出的图片类型
$img=imagecreate(200,200);                      //使用 imagecreate()创建画布
$color=imagecolorallocate ( $img ,255,0,0);     //设置颜色
imagepng($img);                                 //输出图片
?>
```

运行结果如图 15-2 所示。

图 15-2　imagecreate()函数创建画布

☆**大牛提醒**☆

imagecreate()函数创建画布时需要填充颜色，而下面介绍的 imagecreatetruecolor()函数可以不设置填充颜色，默认是黑色背景。

### 2. imagecreatetruecolor()函数

imagecreatetruecolor()函数用来新建一个真彩色图像。语法格式如下：

```
imagecreatetruecolor ($width , $height );
```

imagecreatetruecolor()返回一个图像标识符，代表了一幅宽度为$width、高度为$height 的黑色图像。

【例 15-2】使用 imagecreatetruecolor()函数创建画布（实例文件：源文件\ch15\15.2.php）。

```php
<?php
header('Content-Type: image/png');              //设置输出的图片类型
$img=imagecreatetruecolor(200,200);             //使用 imagecreatetruecolor()创建画布
imagepng($img);                                 //输出图片
?>
```

运行结果如图 15-3 所示。

图 15-3　imagecreatetruecolor()函数创建画布

画布的句柄如果不再使用了，可以将这个资源销毁，释放内存与该图像的存储单元。通常调用 imagedestroy($img)函数来实现。

## 15.1.2　设置颜色

在使用 PHP 动态输出图像时，离不开颜色的设置，就像画画时需要使用调色板一样。设置颜色使用 imagecolorallocate()函数和 imagefill()函数来实现。imagecolorallocate()函数用来设置颜色，imagefill()函数用来填充颜色。

imagecolorallocate()返回一个标识符，代表了由给定的 RGB 成分组成的颜色。其语法格式如下：

```
imagecolorallocate ($image , $red , $green,$blue);
```

其中$image 是画布图像的句柄。imagecolorallocate()被调用在$image 所代表的图像中。$red、$green 和$blue 分别表示颜色的红、绿、蓝成分。$red、$green、$blue 参数是 0 到 255 的整数或者十六进制的 0x00 到 0xFF。

imagefill()函数用来为图像区域填充颜色，语法格式如下：

```
imagefill ($image,$x,$y,$color);
```

imagefill()函数在$image 图像上的"$x, $y"（图像左上角为"0,0"）坐标处用$color 颜色执行区域填充（与"$x, $y"坐标点颜色相同且相邻的点都会被填充）。

对于用 imagecreate()函数创建的图像，第一次调用 imagecolorallocate()函数会自动给图像填充背景色。

对于 imagecreatetruecolor()函数来说，如果使用 imagecolorallocate()函数设置了颜色，还需要使用 imagefill()函数进行填充，否则只会显示默认颜色（黑色）。

【例 15-3】设置画布颜色（实例文件：源文件\ch15\15.3.php）。

```php
<?php
header('Content-Type: image/png');              //设置输出的图片类型
$img=imagecreatetruecolor(200,200);             //使用 imagecreatetruecolor()函数创建画布
$color=imagecolorallocate ($img ,0,255,0);      //设置颜色
imagefill($img,0,0,$color);                     //填充颜色
imagepng($img);                                 //输出图片
imagedestroy($img)                              //结束图像,释放资源
?>
```

运行结果如图 15-4 所示。

图 15-4　设置画布颜色

## 15.1.3　生成图像

在上面的实例中，使用 imagepng()函数来生成图像，除了 imagepng()函数外，还有 imagegif ()、 imagejpeg()和 imagewbmp()等函数。它们分别将图像以不同格式输出，具体如下：

- imagepng()：以 PNG 格式将图像输出到浏览器或文件。
- imagegif ()：以 GIF 格式将图像输出到浏览器或文件。
- imagejpeg()：以 JPEG 格式将图像输出到浏览器或文件。
- imagewbmp()：以 WBMP 格式将图像输出到浏览器或文件。

语法格式如下：

```
imagegif ($image, $filename)
imagejpeg ($image, $filename, $quality)
imagepng ($image, $filename)
imagewbmp ($image, $filename, $foreground)
```

其中参数的含义如表 15-1 所示。

表 15-1　参数说明

| 参　　数 | 说　　明 |
| --- | --- |
| $image | 要输出的图像 |
| $filename | 可选参数，指定输出图像的文件名，如果省略，则原始图像流将被直接输出 |
| $quality | 可选参数，指定图像质量，范围从 0（最差质量，文件最小）到 100（最佳质量，文件最大），默认 75 |
| $foreground | 可选参数，指定图像的前景颜色，默认是黑色 |

【例 15-4】生成图像（实例文件：源文件\ch15\15.4.php）。

```
<?php
header('Content-Type: image/png');           //设置输出的图片类型
$img=imagecreatetruecolor(200,200);          //使用 imagecreatetruecolor()函数创建画布
$color=imagecolorallocate($img ,0,0,255);     //设置颜色
imagefill($img,0,0,$color);                   //填充颜色
imagepng($img,"image/01.png");               //图片输出到 image 文件夹下,图名为 01.png
imagedestroy($img);                           //结束图像,释放资源
?>
```

程序运行后，在 image 文件夹目录下就会生成一个 01.png 的图片文件。

## 15.1.4　绘制图像

创建画布是使用 GD 函数库来创建图像的第一步，无论创建什么样的图像，首先都需要创建一个画布，其他操作都在这个画布上完成。

### 1．绘制一个点

在 PHP 中，使用 imagesetpixel()函数在画布中绘制一个像素点，并且可以设置点的颜色。其语法格式如下：

```
imagesetpixel($image, $x, $y, $color);
```

说明：在$image 图像上的($x，$y)坐标上画一个$color 颜色的点。

【例 15-5】绘制一个点（实例文件：源文件\ch15\15.5.php）。

```
<?php
header('Content-Type: image/png');           //设置输出的图片类型
$img=imagecreatetruecolor(30,30);            //创建画布
$color=imagecolorallocate($img ,255,255,255); //设置颜色
imagesetpixel($img, 10, 10, $color);          //绘制一个点
imagepng($img);                               //输出图像
```

```
imagedestroy($img);                                    //结束图像,释放资源
?>
```

运行结果如图 15-5 所示。

### 2. 绘制一条线段

在 PHP 中，使用 imageline()函数在画布中绘制一条线段。该函数的语法格式如下：

```
imageline ($image , $x1 , $y1 , $x2 , $y2 , $color );
```

在图像 $image 中，从坐标（$x1，$y1）到（$x2，$y2）画一条$color 颜色的线段。

【例 15-6】绘制一条线段（实例文件：源文件\ch15\15.6.php）。

```
<?php
header('Content-Type: image/png');                     //设置输出的图片类型
$img=imagecreatetruecolor(200,200);                    //创建画布
$color=imagecolorallocate ($img,255,255,255);          //设置颜色
imageline($img, 20, 100,180,100,$color);               //绘制一条横着的线段
imageline($img, 100, 20,100,180,$color);               //绘制一条竖着的线段
imagepng($img);                                        //输出图像
imagedestroy($img);                                    //结束图像,释放资源
?>
```

运行结果如图 15-6 所示。

图 15-5　绘制点

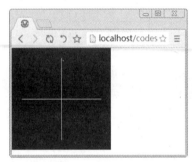

图 15-6　绘制线段

### 3. 绘制矩形

在 PHP 中，使用 imagerectangle ()函数在画布中绘制矩形。该函数的语法格式如下：

```
imagerectangle ($image , $x1 , $y1 , $x2 , $y2 , $color );
```

说明：在$image 中绘制一个$color 颜色的矩形，左上角坐标为（$x1,$y1），右下角坐标为（$x2,$y2）。

提示：还可以使用 imagefilledrectangle()函数绘制填充的矩形，语法格式与 imagerectangle ()函数的语法格式基本一致。

【例 15-7】绘制矩形（实例文件：源文件\ch15\15.7.php）。

```
<?php
header("Content-Type: image/png");                     //设置输出的图片类型
$img=imagecreatetruecolor(400,300);                    //创建画布
$color=imagecolorallocate($img,255,255,255);           //设置颜色
$color1=imagecolorallocate($img,255,255,240);          //设置颜色
imagerectangle($img,50,50,350,250,$color);             //绘制矩形
imagefilledrectangle($img,100,100,300,200,$color1);    //绘制矩形并填充颜色
imagepng($img);                                        //输出图像
imagedestroy($img);                                    //结束图像,释放资源
?>
```

运行结果如图 15-7 所示。

**4. 绘制椭圆**

在 PHP 中，使用 imageellipse ()函数在画布中绘制椭圆。该函数的语法格式如下：

```
imageellipse ($image , $cx , $cy , $width , $height , $color );
```

在$image 中绘制一个$color 颜色的椭圆，中心点的坐标为（$cx, $cy），椭圆的宽度为$width,
高度为$height。

☆**大牛提醒**☆

还可以使用 imagefilledellipse ()函数绘制填充的椭圆，语法格式与 imageellipse()函数的语法格式基
本一致。

【例 15-8】绘制椭圆（实例文件：源文件\ch15\15.8.php）。

```
<?php
header("Content-Type: image/png");                        //设置输出的图片类型
$img=imagecreatetruecolor(400,300);                       //创建画布
$color=imagecolorallocate($img,255,255,255);              //设置颜色
$color1=imagecolorallocate($img,255,255,240);             //设置颜色
imageellipse($img,200,150,300,200,$color);                //绘制椭圆
imagefilledellipse($img,200,150,200,100,$color1);         //绘制椭圆并填充颜色
imagepng($img);                                           //输出图像
imagedestroy($img);                                       //结束图像,释放资源
?>
```

运行结果如图 15-8 所示。

图 15-7　绘制矩形

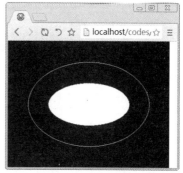

图 15-8　绘制椭圆

☆**大牛提醒**☆

使用 imageellipse ()函数，当$width（宽度）和$height（高度）相等时，绘制出来的是一个圆形。

**5. 绘制多边形**

在 PHP 中，使用 imagepolygon()函数在画布中绘制多边形。该函数的语法格式如下：

```
imagepolygon ($image,$points,$num_points,$color );
```

说明：在$image 中绘制一个$color 颜色的多边形。$points 是一个 PHP 数组，包含了多边形的各
个顶点坐标，即 points[0]=x0，points[1]=y0，points[2]=x1，points[3]=y1，以此类推。$num_points 是
顶点的总数。

提示：还可以使用 imagefilledpolygon()函数绘制填充的多边形，语法格式与 imagepolygon ()函数
的语法格式基本一致。

【例 15-9】绘制多边形（实例文件：源文件\ch15\15.9.php）。

```
<?php
header ("Content-Type:image/png");                        //设置输出的图片类型
```

```
$img = imagecreatetruecolor(400,240);                //创建画布
$bg=imagecolorallocate ($img,25,75,112);              //设置颜色
imagefill($img,0,0,$bg);                              //使用$bg填充画布的颜色
$color=imagecolorallocate ($img,255,255,255);         //设置颜色
$color1=imagecolorallocate ($img,0,255,0);            //设置颜色
//绘制五边形,绘制的颜色为$color
imagepolygon($img, array(
      200,50,
      200+100*0.846,100,
      200+100*0.846,200,
      200-100*0.846,200,
      200-100*0.846,100
   ),5,$color);
//绘制填充的五边形,绘制的颜色为$color1
imagefilledpolygon($img, array(
   200,100,
   200+50*0.846,125,
   200+50*0.846,175,
   200-50*0.846,175,
   200-50*0.846,125
),5,$color1);
imagepng ($img);                                      //输出图像
imagedestroy($img);                                   //结束图像,释放资源
?>
```

运行结果如图 15-9 所示。

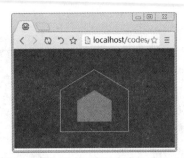

图 15-9　绘制多边形

### 6. 绘制椭圆弧并填充

在 PHP 中，使用 imagefilledarc()函数绘制填充的椭圆弧。该函数的语法格式如下：

```
imagefilledarc ($image , $cx , $cy , $width , $height , $start , $end , $color , $style );
```

说明：以（$cx，$cy）为中心，在$image 所代表的图像中画一个椭圆弧。$width 和$height 分别指定椭圆的宽度和高度，起始点和结束点以 $start 和 $end 角度指定。0° 位于三点钟位置，以顺时针方向绘制。$style 参数表示绘制的方式，具体如表 15-2 所示。

表 15-2　$style 参数

| 填 充 方 式 | 说　明 |
| --- | --- |
| IMG_ARC_PIE | 普通填充，产生圆形边界 |
| IMG_ARC_CHORD | 只是用直线连接了起始点和结束点，与 IMG_ARC_PIE 方式互斥 |
| IMG_ARC_NOFILL | 指明弧或弦只有轮廓，不填充 |
| IMG_ARC_EDGED | 指明用直线将起始点和结束点与中心点相连 |

【例 15-10】绘制填充的椭圆弧（实例文件：源文件\ch15\15.10.php）。

```php
<?php
header("Content-Type: image/png");                    //设置输出的图片类型
$img=imagecreatetruecolor(400,300);                   //创建画布
$color1=imagecolorallocate($img,255,64,64);           //设置颜色
$color2=imagecolorallocate($img,176,196,222);         //设置颜色
$color3=imagecolorallocate($img,255,255,255);         //设置颜色
imagefilledarc($img,200,150,250, 200,-30,60, $color1, IMG_ARC_PIE);
                                                      //绘制圆弧并填充
imagefilledarc($img,200,150,250, 200,60,200, $color2, IMG_ARC_PIE);
                                                      //绘制圆弧并填充
imagefilledarc($img,200,150,250, 200,200,330, $color3, IMG_ARC_PIE);
                                                      //绘制圆弧并填充

imagepng ($img);                                      //输出图像
imagedestroy($img);                                   //结束图像,释放资源
?>
```

运行结果如图 15-10 所示。

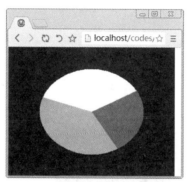

图 15-10　绘制填充的椭圆弧

☆**大牛提醒**☆

如果只要求绘制圆弧，可以使用 imagearc()函数，相比较于 imagefilledarc()函数而言，只是少了 $style 参数。imagearc()函数的语法格式如下：

```
imagearc ($image,$cx,$cy,$width,$height,$start,$end,$color);
```

## 15.1.5　在图像中绘制文字

有时为了说明图像的用意，还需要在图像中绘制文字。

在 PHP 中，使用 imagettftext ()函数在图像中绘制文字。该函数的语法格式如下：

```
imagettftext ($image,$size,$angle,$x,$y,$color,$fontfile,$text );
```

imagettftext ()函数的参数说明如表 15-3 所示。

表 15-3　imagettftext ()函数的参数说明

| 参　　数 | 说　　明 |
|---|---|
| $image | 要添加文字的图像 |
| $size | 字体的尺寸 |
| $angle | 角度制表示的角度，0 度为从左向右读的文本。更高数值表示逆时针旋转。例如 90 度表示从下向上读的文本 |
| $x，$y | ($x，$y) 坐标定义第一个字符的基本点（大概是字符的左下角） |
| $color | 字符颜色 |

续表

| 参 数 | 说 明 |
|---|---|
| $fontfile | 想要使用的 TrueType 字体的路径 |
| $text | UTF-8 编码的文本字符串 |

【例 15-11】在图像中绘制文字（实例文件：源文件\ch15\15.11.php）。

```php
<?php
header("Content-Type:image/png");                          //设置输出的图片类型
$img=imagecreatetruecolor(400,400);                        //创建画布
$font="c:/windows/fonts/stcaiyun.ttf";                     //定义字体
$white=imagecolorallocate($img,255,255,255);               //设置颜色
$str1 ="会当凌绝顶";                                        //定义要绘制的文字
$str2 ="一览众山小";                                        //定义要绘制的文字
imagettftext($img,20,-30,100,100,$white,$font,$str1);      //文字写入图中
imagettftext($img,20,30,200,300,$white,$font,$str2);       //文字写入图中
imagepng($img);                                            //输出图像
imagedestroy($img);                                        //结束图像,释放资源
?>
```

运行结果如图 15-11 所示。

图 15-11　在图像中绘制文字

## 15.2　添加图片水印

微视频

imagecopymerge()函数用于拷贝并合并图像的一部分，成功返回 True，否则返回 False。图片的水印可以通过该函数来实现，语法格式如下：

```
imagecopymerge($dst_im,$src_im,$dst_x,$dst_y,$src_x,$src_y ,$src_w,$src_h,$pct );
```

imagecopymerge()函数的参数说明如表 15-4 所示。

表 15-4　imagecopymerge()函数的参数说明

| 参 数 | 说 明 |
|---|---|
| $dst_im | 目标图像 |
| $src_im | 被拷贝的源图像 |
| $dst_x、$dst_y | 目标图像开始的 x、y 坐标，同为 0 时，从左上角开始 |
| $src_x、$src_y | 拷贝图像开始的 x、y 坐标，同为 0 时，从左上角开始 |

| 参　数 | 说　明 |
|---|---|
| $src_w | 拷贝的宽度 |
| $src_h | 拷贝的高度 |
| $pct | 决定合并程度，其值范围从 0 到 100，当$pct=0 时，实际上什么也没做，反之完全合并 |

【例 15-12】添加图片水印（实例文件：源文件\ch15\15.12.php）。

```php
<?php
$obj_path = 'psb.jpg';                                  //目标图片
$src_path = 'image/01.png';                             //水印图片
$obj = imagecreatefromjpeg($obj_path);                  //新建图像
$src = imagecreatefrompng($src_path);                   //新建图像
list($src_w, $src_h) = getimagesize($src_path);         //获取水印图片的宽度和高度
imagecopymerge($obj,$src,200,300,0,0,$src_w,$src_h,80);
list($dst_w, $obj_h, $obj_type) = getimagesize($obj_path);
switch ($obj_type) {
    case 1://GIF 格式的图片
        header('Content-Type: image/gif');
        imagegif ($obj);
        break;
    case 2://JPG 格式的图片
        header('Content-Type: image/jpeg');
        imagejpeg($obj);
        break;
    case 3://PNG 格式的图片
        header('Content-Type: image/png');
        imagepng($obj);
        break;
    default:
        break;
}
imagedestroy($obj);         //结束图像,释放资源
imagedestroy($src);         //结束图像,释放资源
?>
```

运行结果如图 15-12 所示。

图 15-12　添加图片水印

微视频

# 15.3　图片旋转

图片的旋转是 Web 项目中比较常见的功能，图片的旋转是按特定的角度来转动图片。旋转图片则可以直接借助 GD 库中提供的 imagerotate()函数来完成。其语法格式如下：

```
imagerotate ($image,$angle,$bgd_color,$ignore_transparent);
```

imagerotate()函数的参数说明如表 15-5 所示。

表 15-5　imagerotate()函数的参数说明

| 参　　数 | 说　　明 |
| --- | --- |
| $image | 图像资源 |
| $angle | 旋转角度，为图像逆时针旋转的角度数 |
| $bgd_color | 指定旋转后未覆盖区域的颜色 |
| $ignore_transparent | 如果被设为非零值，则透明色会被忽略，否则会被保存 |

【例 15-13】图片的旋转（实例文件：源文件\ch15\15.13.php）。

```php
<?php
    header('Content-Type: image/jpeg');                //设置输出的图片类型
    $img=imagecreatefromjpeg("image/01.jpg");          //新建图像
    $degrees=30;                                       //旋转30度
    $red=imagecolorallocate($img,0,0,255);             //设置未覆盖区域的颜色
    $rotate=imagerotate ($img,$degrees,$red,0);        //旋转图片
    imagejpeg ($rotate);                               //输出图片
    imagedestroy($img);                                //结束图像,释放资源
?>
```

运行结果如图 15-13 所示。

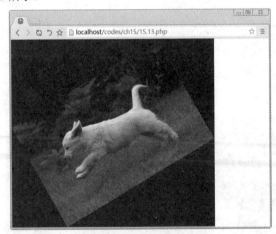

图 15-13　图片的旋转

微视频

# 15.4　使用图像处理技术生成验证码

验证码的实现方法有很多，本节介绍一种使用图片处理技术生成的验证码。

【例 15-14】使用图像处理技术生成验证码（实例文件：源文件\ch15\15.14.php、1.php 和 2.php）。

首先创建 15.14.php 文件，并添加输入验证码的表单。代码如下：

```
<!DOCTYPE html>
<html>
<head>
    <meta charset="UTF-8">
    <title>Title</title>
</head>
<body>
<img src="1.php" alt="">
<form action="2.php" method="post">
    <input type="text" name="P_code">
    <input type="submit" value="提交验证码">
</form>
</body>
</html>
```

创建 1.php 文件，在该文件中使用 GD 函数创建一个 4 位的验证码，并且将生成的验证码保存到 Session 变量中，代码如下：

```
<?php
header("Content-type:text/html;charset=utf-8");          //设置响应头信息
$img=imagecreatetruecolor(200,50);                       //创建一个画布资源
$color=imagecolorallocate($img,mt_rand(50,100),mt_rand(50,100),mt_rand(50,100));
                                                         //创建画布背景句柄
imagefill($img,0,0,$color);                              //填充背景颜色
$arr=array_merge(range('A','Z'),range('a','z'),range(0,20));
shuffle($arr);                                           //将数组的所有元素随机排序
$rand_key=array_rand($arr,4);   //利用 array_rand()函数随机获取若干个该数组的键名
foreach($rand_key as $value){
    $str.=$arr[$value];
}
session_start();                //初始化 session
$_SESSION['S_code']=$str;
//循环遍历将文字写在画布上
for ($i=1;$i<=4;$i++){
    $strcolor=imagecolorallocate($img,mt_rand(120,200),mt_rand(120,200),mt_rand(120,200));
    imagestring($img,5,$i*40,20,$str[$i-1],$strcolor);
}
header("Content-type:image/png");                        //设置画布的响应头
ob_clean();                                              //清空缓存的内容
imagepng($img);                                          //输出画布
?>
```

这样就设计好了一个验证码的文件。

最后创建 2.php 文件，用来接收 15.14.php 文件提交的表单信息，然后使用 if 条件语句判断输入的验证码是否正确。如果用户填写的验证码与保存在 Session 中随机产生的验证码相等，则提示"验证成功"。代码如下：

```
<?php
    //如果表单中没有输入验证码
    if ($_POST["P_code"]==""){
        echo "<h1>验证码不能为空</h1>";
    }
    else{
        session_start();
        //判断表单提交的验证码和 session 中保存的验证码是否一致
        if (strtolower($_POST['P_code'])==strtolower($_SESSION['S_code'])){
            echo "<h1>验证成功</h1>";
        }else{
```

```
            echo "<h1>验证码不正确</h1>";
        }
        exit();
    }
?>
```

运行 15.14 文件运行结果如图 15-14 所示；输入验证码信息，然后单击"提交验证码"按钮，跳转到 2.php 文件进行判断，运行结果如图 15-15 所示。

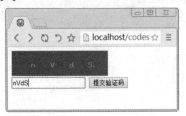

图 15-14　输入验证码界面

图 15-15　判断结果

# 15.5　Jpgraph 组件的应用

Jpgraph 是一个强大的绘图组件，能根据用户的需要绘制任意图形。只需要提供数据，就能自动调用绘图函数的过程，把处理的数据输入并自动绘制。Jpgraph 组件提供了多种方法创建各种统计图，包括折线图、柱形图和饼形图等。

## 15.5.1　Jpgraph 组件的安装

首先从官方网站 http://jpgraph.net/ 下载 Jpgraph 组件安装包。官方网站首页界面如图 15-16 所示。

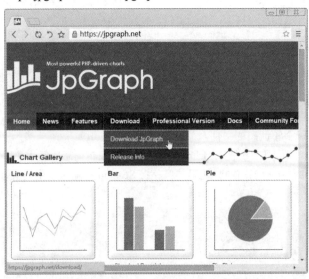

图 15-16　Jpgraph 组件官方网站首页界面

文件下载完成后，按如下步骤安装：

（1）将压缩包下的全部文件解压到一个文件夹中，例如：C:\wampserver\www\jpgraph。

（2）打开 PHP 的安装目录，找到并打开 php.ini 文件，设置其中的 include_path 参数，即 include_ path=".; C:\wampserver\www\jpgraph"。

（3）重启 Apache 服务器即可生效。

如果用户希望 Jpgraph 组件仅对当前项目有效，只需将 Jpgraph 组件的解压包放到项目目录，然后引用就可以了。在后面的章节中都是使用这种方式。

☆**大牛提醒**☆

Jpgraph 组件需要 GD 库的支持。

## 15.5.2  使用柱形图统计数据

柱形图能比较清晰、直观地显示数据，主要用于数据的对比。

本节使用 Jpgraph 组件中的柱形图对象来创建一个柱形图。该柱状图用来统计小明上半年每个月的零花钱。具体的实现步骤如下：

（1）使用 include 语句引用 Jpgraph.php 文件。

（2）使用 include 语句引用柱形图对象所在的文件 jpgraph_bar.php。

（3）定义一个 6 个元素的数组，分别表示 6 个月的零花钱。

（4）创建 Graph 对象，生成一个 600 像素×400 像素大小的画布，设置柱形图在画布中的位置。

（5）创建一个矩形对象 BarPlot，设置其柱形图的颜色和粗细，在柱形图的上方显示零花钱的多少。

（6）将绘制的柱形图添加到画布中。

（7）添加柱形图的标题和 X、Y 轴的标题。

（8）输出图像。

【例 15-15】使用柱形图统计数据（实例文件：源文件\ch15\15.15.php）。

```php
<?php
include("jpgraph/src/jpgraph.php");                    //引入 jpgraph 组件
include("jpgraph/src/jpgraph_bar.php");                //引入柱形图对象所在的文件
$datay=array(800,600,500,550,700,1000);               //定义数组
$graph = new Graph(600,400);                          //设置画布的大小
$graph->SetScale("textlin");
$graph->yaxis->scale->SetGrace(20);                   //设置 y 轴刻度值分辨率
$graph->img->SetMargin(50,30,20,40);                  //设置柱形图的边距
$b1plot = new BarPlot($datay);                        //创建柱状图
$graph->Add($b1plot);                                 //将柱状图添加到画布
$b1plot->value->SetFormat('%d');                      //在柱状图上显示格式化的零花钱数量
$b1plot->value->Show();                               //设置显示数字
$b1plot->SetAbsWidth(40);                             //设置柱状图粗细
$b1plot->SetFillColor("lightblue");                   //设置柱状图的填充颜色
//设置标题文字
$graph->title->Set(iconv("UTF-8","GB2312//IGNORE","小明上半年每月零花钱的统计表"));
$graph->xaxis->title->Set(iconv("UTF-8","GB2312//IGNORE","月份(月)"));
$graph->yaxis->title->Set(iconv("UTF-8","GB2312//IGNORE","零花钱（元）"));
$graph->title->SetFont(FF_SIMSUN,FS_BOLD);
$graph->yaxis->title->SetFont(FF_SIMSUN,FS_BOLD);
$graph->xaxis->title->SetFont(FF_SIMSUN,FS_BOLD);
$graph->Stroke();                                     //输出图像
?>
```

运行结果如图 15-17 所示。

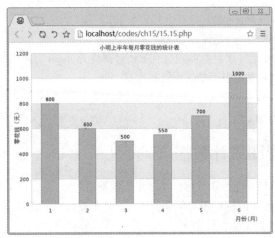

图 15-17　使用柱形图统计数据

在使用 Jpgraph 图标库的时候，会碰到中文乱码，图表的标题文字只显示一些小方块。原因是 Jpgraph 组件中文默认为 GB2312 编码格式，程序要转换后才能显示。如果文件编码是 GB2312 时，将 SetFont()函数的第一个参数设为 FF_SIMSUN 即可；如果文件编码是 UTF-8，需要在 SetFont()函数之前先用 iconv()函数把中文汉字编码转换为 GB2312，然后再进行设置。

## 15.5.3　使用折线图统计数据

折线图侧重于描述变化的趋势，例如股市的涨跌、商品的价格走势等。

本节使用 Jpgraph 组件中的折线图对象来创建一个折线图。该折线图也是用来统计小明上半年每个月的零花钱。具体的实现步骤如下：

（1）使用 include 语句引用 Jpgraph.php 文件。

（2）使用 include 语句引用折线图对象所在的文件 jpgraph_line.php。

（3）定义一个 6 个元素的数组，分别表示 6 个月的零花钱。

（4）创建 Graph 对象，生成一个 600 像素×300 像素大小的画布，设置折线图在画布中的位置。

（5）创建一个折线图对象 LinePlot，设置折线颜色和关键点的大小，在折线图的上方显示零花钱的多少。

（6）将绘制的折线图添加到画布中。

（7）添加折线图的标题和 X、Y 轴的标题。

（8）输出图像。

【例 15-16】使用折线图统计数据（实例文件：源文件\ch15\15.16.php）。

```php
<?php
include("jpgraph/src/jpgraph.php");                //引入 jpgraph 组件
include("jpgraph/src/jpgraph_line.php");           //引入折线图对象所在的文件
$datay=array(650,700,800,750,700,800);            //定义数组
$graph = new Graph(600,300);                       //设置画布
$graph->SetScale("textlin");
$graph->yaxis->scale->SetGrace(20);                //设置 y 轴刻度值分辨率
$graph->img->SetMargin(50,30,20,40);               //设置柱形图的边距
$graph->img->SetAntiAliasing();
$linepot = new LinePlot($datay);                   //创建折线图
$graph->Add($linepot);                             //将折线图添加到画布
$linepot->mark->SetType(MARK_FILLEDCIRCLE);        //设置关键点的图形样式
```

```
$linepot->mark->SetSize(3);                                    //设置关键点的大小
$linepot->SetColor("blue");                                    //设置折线的颜色为蓝色
$linepot->value->SetFormat('%d');                              //在折线图上显示格式化的零花钱数量
$linepot->value->Show();                                       //设置显示数字
$linepot->SetCenter();                                         //在 x 轴的各坐标点中心位置绘制折线
//设置标题文字
$graph->title->Set(iconv("UTF-8","GB2312//IGNORE","小明上半年每月零花钱的统计表"));
$graph->xaxis->title->Set(iconv("UTF-8","GB2312//IGNORE","月份(月)"));
$graph->yaxis->title->Set(iconv("UTF-8","GB2312//IGNORE","零花钱（元）"));
$graph->title->SetFont(FF_SIMSUN,FS_BOLD);
$graph->yaxis->title->SetFont(FF_SIMSUN,FS_BOLD);
$graph->xaxis->title->SetFont(FF_SIMSUN,FS_BOLD);
$graph->Stroke();                                              //输出图像
?>
```

运行结果如图 15-18 所示。

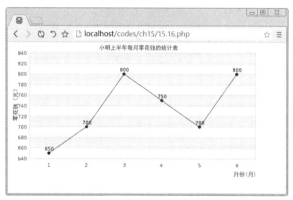

图 15-18　使用折线图统计数据

## 15.5.4　使用 3D 饼形图统计数据

饼形图侧重于描述每个个体在整个系统中所占的比率，可以清晰地表达出每个个体之间的关系。

本节使用 Jpgraph 组件来创建一个 3D 饼形图。该饼形图用来统计各种图书销售量的比率。具体的实现步骤如下：

（1）使用 include 语句引用 Jpgraph.php 文件。

（2）使用 include 语句引用饼形图对象所在的文件 jpgraph_pie.php。

（3）使用 include 语句引用 3D 饼形图对象所在的文件 jpgraph_pie3d.php。

（4）定义一个 5 个元素的数组，分别表示 5 种不同的书。

（5）创建 Graph 对象，生成一个 500 像素×300 像素大小的画布。

（6）创建一个饼形图对象 PiePlot3D，设置文字框对应的内容以及图例文字框的位置。

（7）将绘制的饼形图添加到画布中。

（8）输出图像。

【例 15-17】使用 3D 饼形图统计数据（实例文件：源文件\ch15\15.17.php）。

```
<?php
include("jpgraph/src/jpgraph.php");
include("jpgraph/src/jpgraph_pie.php");
include("jpgraph/src/jpgraph_pie3d.php");               //引入 3D 饼图对象所在的文件
$data = array(236444, 346454, 81115, 284524, 354217);  //定义数组
$graph = new PieGraph(500, 300);                        //创建画布
$graph->title->Set(iconv('utf-8', 'GB2312//IGNORE', '2020 年图书销售量'));
```

```
$graph->title->SetFont(FF_SIMSUN, FS_BOLD);
$pieplot = new PiePlot3D($data);                      //创建 3D 饼形图对象
$pieplot->SetLegends(array('PHP', 'java','.NET', 'C++',"Python"));
                                                      //设置文字框对应的内容
$graph->legend->Pos(0.5, 0.99, 'center', 'bottom');   //图例文字框的位置
$graph->Add($pieplot);                                //将 3D 饼形图添加到统计图对象中
$graph->Stroke();                                     //输出图像
?>
```

运行结果如图 15-19 所示。

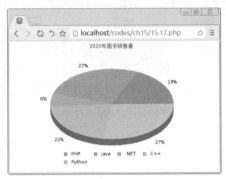

图 15-19  使用 3D 饼形图统计数据

# 15.6  小白疑难问题解答

**问题 1**：在使用 Jpgraph 库，所有中文字符都报错，英文和数字正常显示，如何解决？

**解答**：初学者经常会遇到上述问题。在 Jpgraph 中默认是要把字符串转成 utf8 的，但是如果文件本身就是 utf8 编码，并且要用中文字体，它还会再转一遍编码，结果多转了一次，就会出现乱码。

一劳永逸的方法就是，所有使用中文的地方就用 iconv()函数重新进行编码的转换。例如：

```
$s1=iconv("UTF-8","GB2312//IGNORE","洗衣机");
$s2=iconv("UTF-8","GB2312//IGNORE","空调");
$s3=iconv("UTF-8","GB2312//IGNORE","冰箱");
```

**问题 2**：不同格式的图片使用上有何区别？

**解答**：JPEG 格式是一个标准。JPEG 经常用来储存照片和拥有很多颜色的图片，它不强调压缩，强调的是对图片信息的保存。如果使用图形编辑软件缩小 JPEG 格式的图片，那么它原本包含的一部分数据就会丢失。并且这种数据的丢失通过肉眼是可以察觉到的。这种格式不适合包含简单图形颜色或文字的图片。

PNG 格式是指 portable network graphics，这种图片格式是发明出来以取代 GIF 格式的。同样的图片使用 PNG 格式的大小要小于使用 GIF 格式的大小。这种格式是一种低损失压缩的网络文件格式。这种格式的图片适合于包含文字、直线或者色块的信息。PNG 支持透明、伽马校正等。但是 PNG 不像 GIF 一样支持动画功能。并且 IE6 不支持 PNG 的透明功能。低损失压缩意味着压缩比不高，所以它不适合用于照片这一类的图片，否则文件将太大。

GIF 是指 graphics interchange format，它也是一种低损压缩的格式，适合用于包含文字、直线或者色块信息的图片。它使用的是 24 位 RGB 色彩中的 256 色。由于色彩有限，所以也不适合用于照片一类的大图片。对于其适合的图片，它具有不丧失图片质量却能大幅压缩图片大小的优势。另外，它支持动画。

# 15.7　实战训练

**实战 1**：使用 GD 库的函数在照片上添加文字。

创建 **PHP** 文件，运行程序后，运行结果如图 15-20 所示。同时在程序所在的文件夹下生成了名为 15.1.jpeg 的图片文件，其内容与页面显示相同。

**图 15-20　在照片上添加文字**

**实战 2**：制作一个商品销量柱形图。

使用 **Jpgraph** 库制作一个空调销售量统计柱形图，运行结果如图 15-21 所示。

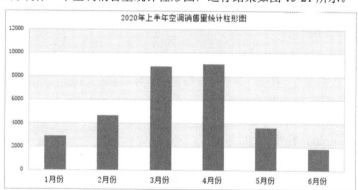

**图 15-21　制作空调销售量统计柱形图**

# 第16章

## 开发网上商城管理系统

网上商城管理系统能进行商品信息的收集、保存、维护和使用。本系统的设计目标旨在方便商品管理员的操作，减少商品管理员的工作量并使其能更有效地管理商品库中的商品，实现商品管理工作的信息化。

## 16.1 商品管理系统概述

微视频

本系统是把传统的商品管理信息化，并对商品进行信息化管理。

### 16.1.1 文件结构

项目目录结构如下：

（1）database：数据库的文件夹。包含创建数据库和数据表的文件。

（2）images：项目所使用的图片文件夹。

（3）add_goods.php：商品入库文件。

（4）admin_index.php：管理中心页面。

（5）goods_center.php：goods_left 页面和 goods_right 页面的组合页面。

（6）goods_check.php：判断管理员是否登录的页面。

（7）goods_left.php：管理页面的左侧模块。

（8）goods_list.php：商品管理页面。

（9）goods_right.php：管理页面的右侧模块。

（10）goods_top.php：管理页面的头部模块。

（11）config.php：连接数据库文件。

（12）count.php：系统商品统计文件。

（13）del_goods.php：删除商品文件。

（14）login.php：系统管理员登录文件。

（15）pwd.php：密码修改文件。

（16）select_goods.php：系统商品查询文件。

（17）update_goods.php：修改商品文件。

（18）verify.php：验证码文件。

## 16.1.2　系统功能

主要实现的功能如下：

（1）管理员退出登录。

（2）管理员密码更改。

（3）商品管理，对当前所有的商品进行展示和分类，并进行操作管理。

（4）商品入库，添加商品到管理系统中。

（5）商品查询：通过建立搜索功能实行对所有商品有条件的搜索。

（6）商品统计：根据商品类别显示每个种类的商品数量。

# 16.2　设计系统的数据库

微视频

系统的主要功能已经在上面介绍过了，本节具体介绍每个功能的实现。

## 16.2.1　创建数据库和数据表

使用 phpMyAdmin 登录 MySQL，创建一个关于商品的数据库，名称为 goods。在 goods 数据库中创建一个管理员表，名称为 admin，设置以下几个字段：

（1）id：它是唯一的，类型为 int，并选择主键。

（2）username：管理员名称，类型为 varchar，长度为 50。

（3）password：密码，类型为 varchar，长度为 50。

创建完成后，在 phpMyAdmin 工具中可以查看，如图 16-1 所示。

| # | 名字 | 类型 | 排序规则 | 属性 | 空 | 默认 | 注释 | 额外 |
|---|------|------|----------|------|----|------|------|------|
| 1 | **id** 🔑 | int(11) | | | 否 | 无 | | AUTO_INCREMENT |
| 2 | **username** | varchar(50) | utf8_general_ci | | 是 | *NULL* | | |
| 3 | **password** | varchar(50) | utf8_general_ci | | 是 | *NULL* | | |

**图 16-1　admin 数据表**

在 goods 数据库中创建一个 info_goods 表，用来存储商品信息，设置字段如下：

（1）id：它是唯一的，类型为 int，并选择主键。

（2）name：商品名称，类型为 varchar，长度为 20。

（3）price：价格，类型为 decimal(4,2)，用于精度比较高的数据存储。decimal 声明语法是 decimal(m,d)。其中 m 是数字的最大数（精度）。其范围为 1～65（在较旧的 MySQL 版本中，允许的范围是 1～254）。d 是小数点右侧数字的数目（标度）。其范围是 0～30，但不得超过 m。

（4）uploadtime：商品入库时间，类型为 datetime。

（5）type：商品分类，类型为 varchar，长度为 10。

（6）total：商品数量，类型为 int，长度为 50。

（7）leave_number：剩余可出售的商品数量，类型为 int。

创建完成后，在 phpMyAdmin 工具中可以查看，如图 16-2 所示。

为了演示需要，这里需要插入一些数据，如图 16-3 所示。

| # | 名字 | 类型 | 排序规则 | 属性 | 空 | 默认 | 注释 | 额外 | 操作 |
|---|---|---|---|---|---|---|---|---|---|
| ☐ | 1 | id 🔑 | int(11) | | | 否 | 无 | | AUTO_INCREMENT | 🖉 修改 ⊖ 删除 🔑 主键 |
| ☐ | 2 | name | varchar(20) | utf8_general_ci | | 否 | 无 | | | 🖉 修改 ⊖ 删除 🔑 主键 |
| ☐ | 3 | price | decimal(4,2) | | | 否 | 无 | | | 🖉 修改 ⊖ 删除 🔑 主键 |
| ☐ | 4 | uploadtime | datetime | | | 否 | 无 | | | 🖉 修改 ⊖ 删除 🔑 主键 |
| ☐ | 5 | type | varchar(10) | utf8_general_ci | | 否 | 无 | | | 🖉 修改 ⊖ 删除 🔑 主键 |
| ☐ | 6 | total | int(50) | | | 是 | NULL | | | 🖉 修改 ⊖ 删除 🔑 主键 |
| ☐ | 7 | leave_number | int(11) | | | 是 | NULL | | | 🖉 修改 ⊖ 删除 🔑 主键 |

图 16-2 info_goods 表

| id | name | price | uploadtime | type | total | leave_number |
|---|---|---|---|---|---|---|
| 1 | 风云牌洗衣机 | 7800 | 2021-12-25 08:01:20 | 家用电器 | 10000 | 10000 |
| 2 | 风云牌空调 | 7900 | 2021-12-25 08:04:06 | 家用电器 | 5000 | 5000 |
| 3 | 风云牌电视机 | 4900 | 2021-12-25 08:04:56 | 家用电器 | 15000 | 15000 |
| 4 | 风云牌微波炉 | 1800 | 2021-12-25 08:08:21 | 家用电器 | 10000 | 10000 |
| 5 | 山河牌显示器 | 886 | 2021-12-25 08:08:41 | 电脑办公 | 3000 | 3000 |
| 6 | 山河牌鼠标 | 128 | 2021-12-25 08:09:33 | 电脑办公 | 3000 | 3000 |
| 7 | 山河牌打印机 | 7800 | 2021-12-25 08:12:52 | 电脑办公 | 5000 | 5000 |
| 8 | 山河牌笔记本 | 6800 | 2021-12-25 08:14:42 | 电脑办公 | 10000 | 10000 |
| 9 | 早教机 | 666 | 2021-12-25 08:15:57 | 益智玩具 | 10000 | 10000 |
| 10 | 点读笔 | 260 | 2021-12-25 08:16:38 | 益智玩具 | 5000 | 5000 |
| 11 | 儿童电子琴 | 2600 | 2021-12-26 07:55:25 | 益智玩具 | 3000 | 5000 |

图 16-3 插入演示数据

## 16.2.2 数据库连接文件

把创建完成的数据库写入 config.php 文件中，方便以后在不同的页面中调用数据库和数据表。

```php
<?php
ob_start();  //开启缓存
session_start();
header("Content-type:text/html;charset=utf-8");
$link = mysqli_connect('localhost','root','123456','goods');
mysqli_query($link, "set names utf8");
if (!$link) {
    die("连接失败:".mysqli_connect_error());
}
?>
```

# 16.3 开发管理员登录和修改密码功能

微视频

管理员登录页面中包括登录验证码、登录功能和密码修改功能。

## 16.3.1 创建登录验证码

在登录界面会使用验证码功能，首先创建一个简单的验证码文件。

创建一个 verify.php 文件，方便其他页面的调用。这里设置一个 4 位数的验证码，如图 16-4 所示。

图 16-4　验证码效果

实现代码如下:

```php
<?php
session_start();
srand((double)microtime()*1000000);
while (($authnum=rand()%10000)<1000);    //生成四位随机整数验证码
$_SESSION['auth']=$authnum;
//生成验证码图片
Header("Content-type: image/PNG");
$im = imagecreate(55,20);
$red = ImageColorAllocate($im, 255,0,0);
$white = ImageColorAllocate($im, 200,200,100);
$gray = ImageColorAllocate($im, 250,250,250);
$black = ImageColorAllocate($im, 120,120,50);
imagefill($im,60,20,$gray);

//将四位整数验证码绘入图片
//位置交错
for ($i = 0; $i < strlen($authnum); $i++)
{
    $i%2 == 0?$top = -1:$top = 3;
    imagestring($im, 6, 13*$i+4, 1, substr($authnum,$i,1), $white);
}
for ($i=0;$i<100;$i++)                    //加入干扰像素
{
    imagesetpixel($im, rand()%70 , rand()%30 , $black);
}
ImagePNG($im);
ImageDestroy($im);
?>
```

## 16.3.2　管理员登录页

运行 login.php 文件，进入管理员的登录页面，如图 16-5 所示。输入管理员姓名（admin）、密码（123456）和验证码，单击"登录"按钮，弹出提示对话框，如图 16-6 所示，提示"登录成功"。

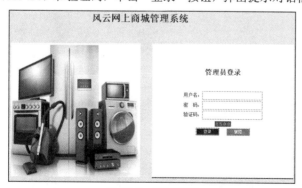

图 16-5　登录页面

图 16-6　提示信息

在登录页面中，左侧插入了一个图片，右侧创建一个<form>表单来实现登录，使用<table>布局，并引入验证码文件 verify.php。代码如下:

```
<!DOCTYPE html>
```

```
<html>
<head>
    <meta http-equiv="Content-Type" content="text/html; charset=utf-8" />
    <title>网上商城管理系统登录功能</title>
</head>
<body style="background color:#BBFFFF;">
    <div class="out_box"><h1>风云网上商城管理系统</h1></div>
    <div class="big_box">
        <div class="left_box"><img src="images/b.jpg" alt=""></div>
        <div class="right_box">
            <h2>管理员登录</h2>
            <form name="frm" method="post" action="" onSubmit="return check()">
                <table>
                    <tr><td width="">
                        <label>用户名：<input type="text" name="username" id="username"
class="iput"/></label>
                        </td></tr>
                    <tr><td>
                            <label>密  码：<input type="password" name="pwd" id="pwd"
class="iput"/></label>
                        </td></tr>
                    <tr><td>
                            <label>验 证 码：<input name="code" type="text" id="code"
maxlength="4" class="iput"/></label>
                        </td></tr>
                    <tr><td align="center">
                            <img src="verify.php" style="vertical-align:middle" />
                        </td></tr>
                    <tr><td align="center">
                            <input type="submit" name="Submit" value="登录" class="iput1">
                                
                            <input type="reset" name="Submit" value="重置" class="iput2">
                        </td></tr>
                </table>
            </form>
        </div>
    </div>
</body>
</html>
```

## 16.3.3  管理员登录功能

前面创建了数据表 admin，这里需要加入一条管理员的数据，用来登录。admin 表中就添加了一条数据，如图 16-7 所示。

| id | username | password |
|----|----------|----------|
| 2  | admin    | 123456   |

图 16-7  添加管理员

接下来分别对姓名、密码和验证码进行判断，然后通过 SQL 语句查询出是否与数据库信息相匹配。如果输入的登录信息与我们添加入数据库的登录信息不符合则无法进行管理员登录。整个流程如图 16-8 所示。

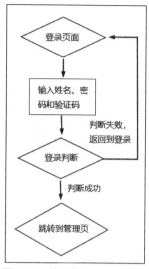

图 16-8　验证登录信息的流程

这里通过$_POST 获取页面登录的数据。

```php
<?php
if (@$_POST["Submit"]) {
    $username=$_POST["username"];
    $pwd=$_POST["pwd"];
    $code=$_POST["code"];
    if ($code<>$_SESSION["auth"]) {
        echo "<script language=javascript>alert('验证码不正确! ');window.location=
'login.php'</script>";
        ?>
        <?php
        die();
    }
    $SQL ="SELECT * FROM admin where username='$username' and password='$pwd'";
    $rs=mysqli_query($link,$SQL);
    if (mysqli_num_rows($rs)==1) {
        $_SESSION["pwd"]=$_POST["pwd"];
        $_SESSION["admin"]=session_id();
        echo "<script language=javascript>alert('登录成功! ');window.location='admin_
index.php'</script>";
    }
    else {
        echo "<script language=javascript>alert('用户名或密码错误! ');window.location=
'login.php'</script>";
        ?>
        <?php
        die();
    }
}
?>
```

session 变量用于存储关于用户会话的信息，或者更改用户会话的设置。

存储和取回 session 变量的正确方法是使用 PHP 中的$_SESSION 变量，验证输入的验证码是否
与 session 中存储的验证码的信息相匹配，如果相匹配，则验证码匹配成功。

然后查询数据库，验证登录的姓名和密码与数据库中的数据是否相匹配。如果验证码、姓名及
密码都匹配成功，则登录成功。

## 16.3.4　管理员密码更改页

单击"密码修改"链接，将跳转到修改页面，如图 16-9 所示。填写修改的信息后，单击"确定更改"按钮，如果修改成功，页面将跳转到登录页面。

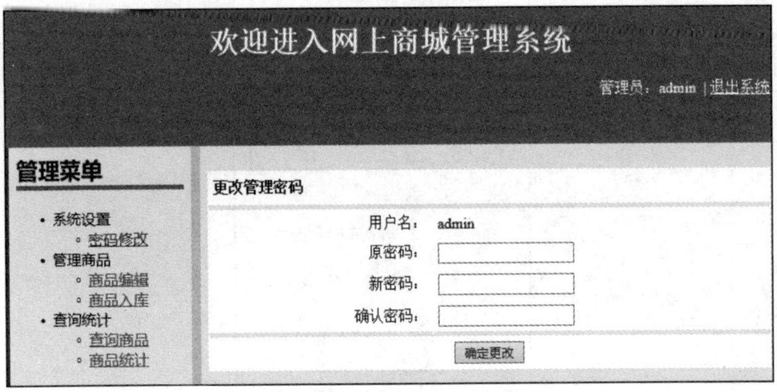

**图 16-9　修改密码的页面**

页面使用\<table>表格来布局，使用\<form>\<input type="password">来显示原密码框和新输入密码框。

```
    <table cellpadding="5" cellspacing="1" border="0" width="100%" align=center bgcolor=
"#FFFFFF">
        <form name="renpassword" method="post" action="">
            <tr>
                <th height=40 colspan=4 align="left" style="border-bottom: 5px solid
#BBFFFF">更改管理密码</th>
            </tr>
            <tr>
                <td width="40%" align="right">用户名: </td>
                <td width="60%"></td>
            </tr>
            <tr>
                <td align="right">原密码: </td>
                <td><input name="password" type="password" id="password" size="20"></td>
            </tr>
            <tr>
                <td align="right">新密码: </td>
                <td><input name="password1" type="password" id="password1" size="20">
</td>
            </tr>
            <tr>
                <td align="right" style="border-bottom: 5px solid #BBFFFF">确认密码: </td>
                <td style="border-bottom: 5px solid #BBFFFF"><input name="password2"
type="password" id="password2" size="20"></td>
            </tr>
            <tr>
                <td colspan="2" align="center">
                    <input class="button" onClick="return check();" type="submit" name=
"Submit" value="确定更改">
                </td>
            </tr>
        </form>
    </table>
    </body>
    </html>
```

## 16.3.5　开发密码更改功能

16.3.4 节完成了管理员密码的修改页面，本小节来实现这个功能。具体的实现流程如图 16-10 所示。

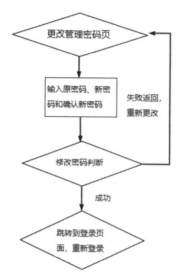

**图 16 10　验证更改密码的流程**

首先需要给"确定更改"加上一个 onClick 事件。使用 javascript 进行判断原密码、新密码、确认新密码都不能为空，新密码和确认密码必须一致。

```
<script >
    function checkspace(checkstr) {
        var str = '';
        for (i = 0; i < checkstr.length; i++) {
            str = str + ' ';
        }
        return (str == checkstr);
    }
    function check()
    {
        if (checkspace(document.renpassword.password.value)) {
            document.renpassword.password.focus();
            alert("原密码不能为空! ");
            return False;
        }
        if (checkspace(document.renpassword.password1.value)) {
            document.renpassword.password1.focus();
            alert("新密码不能为空! ");
            return False;
        }
        if (checkspace(document.renpassword.password2.value)) {
            document.renpassword.password2.focus();
            alert("确认密码不能为空! ");
            return False;
        }
        if (document.renpassword.password1.value != document.renpassword.password2.
value) {
            document.renpassword.password1.focus();
            document.renpassword.password1.value = '';
```

```
                document.renpassword.password2.value = '';
                alert("新密码和确认密码不相同,请重新输入");
                return False;
            }
            document.admininfo.submit();
        }
    </script>
```

然后使用数据库 SQL 语句查询输入的原密码是否与文本框内填入的密码匹配,如果匹配则成功,则会使用 SQL 语句的修改功能,修改数据库中的密码。

修改成功后返回登录页面使用新密码重新登录。

```php
<?php
$password=$_SESSION["pwd"];
$sql="select * from admin where password='$password'";
$rs=mysqli_query($link,$sql);
$rows=mysqli_fetch_assoc($rs);
$submit = isset($_POST["Submit"])?$_POST["Submit"]:"";
if ($submit)
{
  if ($rows["password"]==$_POST["password"])
  {
   $password2=$_POST["password2"];
   $sql="update admin set password='$password2' where id=1";
   mysqli_query($link,$sql);
   echo "<script>alert('修改成功,请重新进行登录! ');window.location='login.php' </script>";
   exit();
  }
  else
   ?>
   <?php { ?>
   <script>
     alert("原始密码不正确,请重新输入")
     location.href="renpassword.php";
   </script>
   <?php
  }
}
?>
```

# 16.4　开发商品管理页面

微视频

商品管理页面包括头部模块、左侧模块和右侧模块。

## 16.4.1　商品管理页面的头部模块

商品后台管理系统需要不同的模块来展示不同的功能效果,最后将这些模块组装起来,形成完整的后台功能页面。

本小节将创建后台管理系统的头部模块（goods_top.php）,效果如图 16-11 所示,包含了管理员信息和"退出系统"的链接。

图 16-11　头部模块

实现代码如下：

```html
<head>
    <meta http-equiv="Content-Type" content="text/html; charset=utf-8" />
    <title>网上商城管理系统登录功能</title>
    <style>
        div h1{
            width: 100%;
            text-align: center;
        }
        h1,td,a{
            color: white;
        }
    </style>
</head>
<div>
    <h1>欢迎进入网上商城管理系统</h1>
</div>
<table width="100%" border="0" align="center" cellpadding="0" cellspacing="0">
    <tr>
        <td height="17" align="right">管理员: admin  | <a href="login.php?tj=
out" target="_parent">退出系统</a>    </td>
    </tr>
</table>
```

## 16.4.2　商品管理页面的左侧模块

本小节来创建管理系统的左侧模块（goods_left.php），后台管理系统中主要的操作都在这里，方便管理员进行商品管理的各种操作，效果如图 16-12 所示。

**图 16-12　左侧模块**

在该模块中，包括系统设置功能、管理商品功能和查询统计功能，并用<a>标签增加跳转链接，实现商品管理后台的各种功能，主要使用了<ul><li>标签进行布局。

```html
<div style="background-color:#BBFFFF">
    <h2>管理菜单</h2>
    <ul id="navigation">
    <li> <a>系统设置</a>
        <ul>
            <li><a href="pwd.php" target="rightFrame">密码修改</a></li>
        </ul>
    </li>
    <li><a>管理商品</a>
        <ul>
            <li><a href="goods_list.php" target="rightFrame">商品编辑</a></li>
            <li><a href="add_goods.php" target="rightFrame">商品入库</a></li>
        </ul>
    </li>
    <li><a>查询统计</a>
```

```
        <ul>
            <li><a href="select_goods.php" target="rightFrame">查询商品</a></li>
            <li><a href="count.php" target="rightFrame">商品统计</a></li>
        </ul>
    </li>
  </ul>
</div>
```

### 16.4.3　商品管理页面的右侧模块

本小节来创建管理系统的右侧模块（goods_right.php），效果如图 16-13 所示。

图 16-13　右侧模块

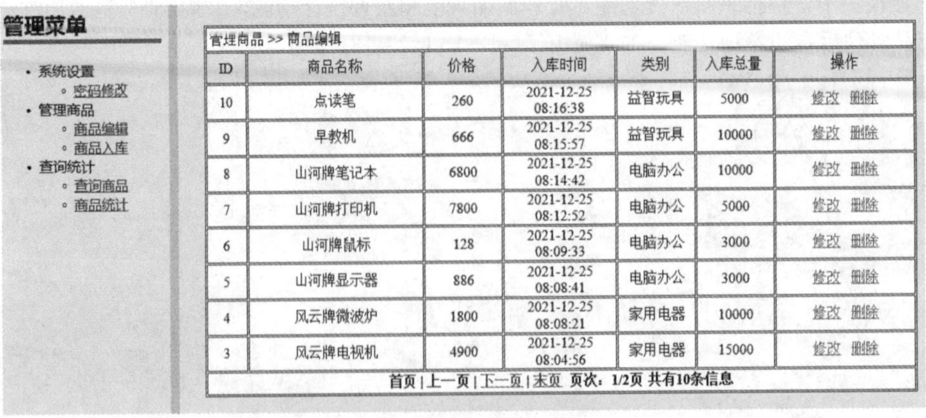

这里使用<table>标签布局，然后添加了 2 张图片，代码如下：

```
<table>
    <tr>
        <td width="150"><img src="1.jpg" alt="" width="300"></td>
        <td width="150"><img src="2.jpg" alt="" width="300"></td>
    </tr>
</table>
```

# 16.5　开发商品管理功能

微视频

商品管理功能主要包括查看、修改和删除商品。

### 16.5.1　商品编辑页面

本小节来介绍左侧模块中的商品编辑功能页面 goods_list.php，效果如图 16-14 所示。

**管理菜单**

- 系统设置
  - 密码修改
- 管理商品
  - 商品编辑
  - 商品入库
- 查询统计
  - 查询商品
  - 商品统计

管理商品 >> 商品编辑

| ID | 商品名称 | 价格 | 入库时间 | 类别 | 入库总量 | 操作 |
|---|---|---|---|---|---|---|
| 10 | 点读笔 | 260 | 2021-12-25 08:16:38 | 益智玩具 | 5000 | 修改 删除 |
| 9 | 早教机 | 666 | 2021-12-25 08:15:57 | 益智玩具 | 10000 | 修改 删除 |
| 8 | 山河牌笔记本 | 6800 | 2021-12-25 08:14:42 | 电脑办公 | 10000 | 修改 删除 |
| 7 | 山河牌打印机 | 7800 | 2021-12-25 08:12:52 | 电脑办公 | 5000 | 修改 删除 |
| 6 | 山河牌鼠标 | 128 | 2021-12-25 08:09:33 | 电脑办公 | 3000 | 修改 删除 |
| 5 | 山河牌显示器 | 886 | 2021-12-25 08:08:41 | 电脑办公 | 3000 | 修改 删除 |
| 4 | 风云牌微波炉 | 1800 | 2021-12-25 08:08:21 | 家用电器 | 10000 | 修改 删除 |
| 3 | 风云牌电视机 | 4900 | 2021-12-25 08:04:56 | 家用电器 | 15000 | 修改 删除 |

首页 | 上一页 | 下一页 | 末页　页次：1/2页　共有10条信息

图 16-14　商品管理功能页面

主要使用<table>标签来布局，显示商品的 id、商品名称、价格、入库时间、类别、入库总量和操作等内容。底部主要是显示分页和信息数等内容。

```html
<table  width="95%"  border="1"  align="center"  cellpadding="0"  cellspacing="1"
bgcolor="#FFFFFF" >
    <tr>
        <td height="27" colspan="7" align="left" bgcolor="#FFFFFF">  管理商品
 &gt;&gt; 商品编辑</td>
    </tr>
    <tr>
        <td width="6%" height="35" align="center" bgcolor="#BBFFFF">ID</td>
        <td width="25%" align="center" bgcolor="#BBFFFF">商品名称</td>
        <td width="11%" align="center" bgcolor="#BBFFFF">价格</td>
        <td width="16%" align="center" bgcolor="#BBFFFF">入库时间</td>
        <td width="11%" align="center" bgcolor="#BBFFFF">类别</td>
        <td width="11%" align="center" bgcolor="#BBFFFF">入库总量</td>
        <td width="20%" align="center" bgcolor="#BBFFFF">操作</td>
    </tr>
    <?php
    while ($rows=mysqli_fetch_assoc($rs)) {
        ?>
    <tr align="center">
        <td width="6%"><?php echo $rows["id"]?></td>
        <td width="25%" height="26"><?php echo $rows["name"]?></td>
        <td width="11%" height="26"><?php echo $rows["price"]?></td>
        <td width="16%" height="26"><?php echo $rows["uploadtime"]?></td>
        <td width="11%" height="26"><?php echo $rows["type"]?></td>
        <td width="11%" height="26"><?php echo $rows["total"]?></td>
        <td width="20%">
            <a href="update_goods.php?id=<?php echo $rows['id'] ?>">修改</a> 
 
            <a href="del_goods.php?id=<?php echo $rows['id'] ?>">删除</a>
        </td>
    </tr>
    <?php } ?>
    <tr>
        <th height="25" colspan="7" align="center">
            <?php if ($pageno==1) { ?>
                首页 | 上一页 | <a href="?pageno=<?php echo $pageno+1 ?> & id=<?php echo
@$id ?>">下一页</a> |
                <a href="?pageno=<?php echo $pagecount ?> & id=<?php echo @$id ?>">
末页</a>
            <?php } else if ($pageno==$pagecount) { ?>
                <a href="?pageno=1&id=<?php echo @$id ?>">首页</a> |
                <a href="?pageno=<?php echo $pageno-1 ?>&id=<?php echo @$id ?>">上一页
</a> | 下一页 | 末页
            <?php } else { ?>
                <a href="?pageno=1&id=<?php echo @$id?>">首页</a> |
                <a href="?pageno=<?php echo $pageno-1?>&id=<?php echo @$id?>">上一页</a> |
                <a href="?pageno=<?php echo $pageno+1?>&id=<?php echo @$id?>" >下一页</a> |
                <a href="?pageno=<?php echo $pagecount?>&id=<?php echo @$id?>">末页</a>
            <?php } ?>
             页次: <?php echo $pageno ?>/<?php echo $pagecount ?>页 共有<?php
echo $recordcount?>条信息
        </th>
    </tr>
</table>
```

## 16.5.2 开发商品管理分页功能

当商品编辑管理页面完成以后，就需要把数据库的数据通过 SQL 语句查询出来并在表中显示。由于网上商城的商品库存数量一般是比较大的，所以这里使用分页功能来显示。

（1）设定每页显示 8 条商品信息：

```
$pagesize=8;
```

（2）获取查询的总数据，计算出总页数$pagecount：

```php
<?php
$pagesize = 8;                                  //每页显示数
$SQL = "SELECT * FROM info_goods";
$rs = mysqli_query($link,$sql);
$recordcount = mysqli_num_rows($rs);
//mysql_num_rows() 返回结果集中行的数目.此命令仅对 SELECT 语句有效.
$pagecount = ($recordcount-1)/$pagesize+1;    //计算总页数
$pagecount = (int)$pagecount;
?>
```

（3）获取当前页$pageno：

- 判断当前页为空或者小于第一页时，显示第一页。
- 当前页数大于总页数时，显示总页数为最后一页。
- 计算每页从第几条数据开始。

```php
<?php
$pageno = $_GET["pageno"];            //获取当前页
if ($pageno == ""){
    $pageno=1;                        //当前页为空时显示第一页
}
if ($pageno<1){
    $pageno=1;                        //当前页小于第一页时显示第一页
}
if ($pageno>$pagecount) {             //当前页数大于总页数时显示总页数
    $pageno=$pagecount;
}
$startno=($pageno-1)*$pagesize;       //每页从第几条数据开始显示
$sql="select * from info_goods order by id desc limit $startno,$pagesize";
$rs=mysqli_query($link,$sql);
?>
```

在 HTML 标签中把数据库中的商品信息用 while 语句循环显示。

```php
<?php
while ($rows=mysqli_fetch_assoc($rs)) {
    ?>
    <tr align="center">
        <td width="6%"><?php echo $rows["id"]?></td>
        <td width="25%" height="26"><?php echo $rows["name"]?></td>
        <td width="11%" height="26"><?php echo $rows["price"]?></td>
        <td width="16%" height="26"><?php echo $rows["uploadtime"]?></td>
        <td width="11%" height="26"><?php echo $rows["type"]?></td>
        <td width="11%" height="26"><?php echo $rows["total"]?></td>
        <td width="20%">
            <a href="update_goods.php?id=<?php echo $rows['id'] ?>">修改</a>  
            <a href="del_goods.php?id=<?php echo $rows['id'] ?>">删除</a>
        </td>
    </tr>
    <?php } ?>
```

最后把首页、上一页、下一页和末页等功能实现。如果当前页为第一页时，下一页和末页链接显示；当前页为总页数时，首页和上一页链接显示。其余所有的都正常链接显示。

```
<tr>
    <th height="25" colspan="7" align="center">
        <?php if ($pageno==1) { ?>
        首页 | 上一页 | <a href="?pageno=<?php echo $pageno+1 ?> & id=<?php echo
@$id ?>">下一页</a> |
        <a href="?pageno=<?php echo $pagecount ?> & id=<?php echo @$id ?>">
末页</a>
        <?php } else if ($pageno==$pagecount) { ?>
        <a href="?pageno=1&id=<?php echo @$id ?>">首页</a> |
        <a href="?pageno=<?php echo $pageno-1 ?>&id=<?php echo @$id ?>">上一页
</a> | 下一页 | 末页
        <?php } else { ?>
        <a href="?pageno=1&id=<?php echo @$id ?>">首页</a> |
        <a href="?pageno=<?php echo $pageno-1?>&id=<?php echo @$id?>">上一页</a> |
        <a href="?pageno=<?php echo $pageno+1?>&id=<?php echo @$id?>" 下一页</a> |
        <a href="?pageno=<?php echo $pagecount?>&id=<?php echo @$id?>">末页</a>
        <?php } ?>
         页次：<?php echo $pageno ?>/<?php echo $pagecount ?>页 共有<?php
echo $recordcount?>条信息
    </th>
</tr>
</table>
```

## 16.5.3　商品管理中的修改页

在"商品编辑"页面中单击操作一列中的"修改"链接，页面将跳转到后台的商品修改功能页（update_goods.php），如图 16-15 所示。

**图 16-15　商品管理中的修改页**

创建<form>表单，内部使用<table>表格进行布局。需要在文本框中显示的内容为：商品名称、价格、入库时间、所属类别、入库总量。

```
<form id="myform" name="myform" method="post" action="" onSubmit="return myform_
Validator(this)">
    <table width="100%" height="173" border="0" align="center" cellpadding="5"
cellspacing="1" bgcolor="#ffffff">
        <tr>
            <td colspan="2" align="left" style="border-bottom: 5px solid #BBFFFF">  后
台管理 &gt;&gt; 商品修改</td>
        </tr>
        <tr>
            <td width="31%" align="right">商品名称：</td>
            <td width="69%">
                <input name="name" type="text" id="name" value="" size="15" maxlength=
```

```
"30" />
                </td>
        </tr>
        <tr>
                <td align="right">价格: </td>
                <td>
                    <input name="price" type="text" id="price" value="" size="5" maxlength=
"15" />
                </td>
        </tr>
        <tr>
                <td align="right">入库时间:
                </td>
                <td>
                    <label>
                        <input name="uptime" type="text" id="uptime" value="" size="17" />
                    </label>
                </td>
        </tr>
        <tr>
                <td align="right">所属类别:
                </td>
                <td><label>
                        <input name="type" type="text" id="type" value="" size="6" maxlength=
"19" />
                    </label></td>
        </tr>
        <tr>
                <td align="right" style="border-bottom: 5px solid #BBFFFF">入库总量: </td>
                <td    style="border-bottom:   5px   solid   #BBFFFF"><input   name="total"
type="text" id="total" value="" size="5" maxlength="15" />
                    台</td>
        </tr>
        <tr>
                <td align="right">
                    <input type="hidden" name="action" value="modify">
                    <input type="submit" name="button" id="button" value="提交"/></td>
                <td>
                    <input type="reset" name="button2" id="button2" value="重置"/></td>
        </tr>
    </table>
</form>
```

## 16.5.4 商品管理中修改和删除功能的实现

在"商品编辑"页面中实现单击操作一列中的"删除"链接，删除对应的一行商品数据。

实现思路：在删除页面（del_goods.php）中获取要删除商品的 id，通过 SQL 语句来删除该 id 在数据库中的全部记录。

```php
<?php
include("config.php");
require_once('goods_check.php');
$SQL = "DELETE FROM info_goods where id='".$_GET['id']."'";
$arry=mysqli_query($link,$SQL);
if ($arry){
    echo "<script> alert('删除成功');location='goods_list.php';</script>";
}
else
    echo "删除失败";
```

```
?>
```

接下来看一下修改功能的实现。实现的流程如图 16-16 所示。

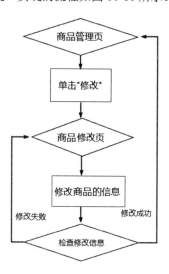

**图 16-16　验证修改信息的流程**

实现思路：获取需要修改商品的 id，通过 SQL 语句中的 SELECT 查询数据库中此条 id 的所有信息。再通过 SQL 语句中的 UPDATE 修改此条 id 的信息。

```php
<?php
$sql="select * from info_goods where id='".$_GET['id']."'";
$arr=mysqli_query($link,$sql);
$rows=mysqli_fetch_row($arr);
//mysqli_fetch_row() 函数从结果集中取得一行，并作为枚举数组返回.一条一条获取,输出结果为
$rows[0],$rows[1],$rows[2]……
?>
<?php
if (@$_POST['action']=="modify"){
    $sqlstr = "update info_goods set name = '".$_POST['name']."', price = '".$_POST
['price']."', uploadtime = '".$_POST['uptime']."', type = '".$_POST['type']."', total =
'".$_POST['total']."' where id='".$_GET['id']."'";
    $arry=mysqli_query($link,$sqlstr);
    if ($arry){
        echo "<script> alert('修改成功');location='goods_list.php';</script>";
    }
    else{
        echo "<script>alert('修改失败');history.go(-1);</script>";
    }
}
?>
```

给<form>表单添加一个 onSubmit 单击事件：

```
<form id="myform" name="myform" method="post" action="" onSubmit="return myform_
Validator(this)">
```

通过 onSubmit 单击事件，用<javascript>判断修改商品信息时不能让每项修改的信息为空。

```
<script >
        function myform_Validator(theForm) {
            if (theForm.name.value == "") {
                alert("请输入商品名称.");
                theForm.name.focus();
```

```
            return (False);
        }
        if (theForm.price.value == "") {
            alert("请输入商品价格.");
            theForm.price.focus();
            return (False);
        }
        if (theForm.type.value == "") {
            alert("请输入商品所属类别.");
            theForm.type.focus();
            return (False);
        }
        return (True);
    }
</script>
```

## 16.5.5  商品添加页

在左侧模块中，有一个"商品入库"的功能，管理员可以通过此页面向管理系统中添加商品。单击"商品入库"链接，页面将跳转到商品添加页面（add_goods.php），如图 16-17 所示。

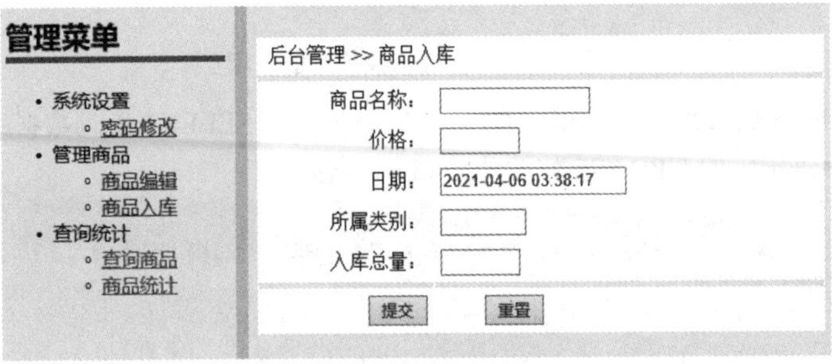

**图 16-17  商品添加页面**

商品添加页面与商品管理的修改功能页面布局类似。创建<form>表单，内部使用<table>表格进行布局。里面的内容包括：商品名称、价格、日期、所属类别、入库总量。

```
<form id="myform" name="myform" method="post" action="" onsubmit="return myform_
Validator(this)">
    <table width="100%" height="173" border="0" align="center" cellpadding="5"
cellspacing="1" bgcolor="#ffffff">
        <tr>
            <td colspan="2" align="left" style="border-bottom: 5px solid #BBFFFF"> 
后台管理 &gt;&gt; 商品入库</td>
        </tr>
        <tr>
            <td width="31%" align="right">商品名称: </td>
            <td width="69%">
                <input name="name" type="text" id="name" size="15" maxlength="30" />
            </td>
        </tr>
        <tr>
            <td align="right">价格: </td>
            <td>
                <input name="price" type="text" id="price" size="5" maxlength="15" />
            </td>
        </tr>
        <tr>
            <td align="right">日期: </td>
```

```
        <td>
                <input name="uptime" type="text" id="uptime" value="<?php echo date
("Y-m-d h:i:s"); ?>" />
        </td>
    </tr>
    <tr>
        <td align="right">所属类别：</td>
        <td>
                <input name="type" type="text" id="type" size="6" maxlength="19" />
        </td>
    </tr>
    <tr>
        <td align="right" style="border-bottom: 5px solid #BBFFFF">入库总量：</td>
        <td style="border-bottom: 5px solid #BBFFFF"><input name="total" type=
"text" id="total" size="5" maxlength="15" />
        </td>
    </tr>
    <tr>
        <td align="right">
        <input type="hidden" name="action" value="insert">
        <input type="submit" name="button" id="button" value="提交" />
        </td>
        <td>
        <input type="reset" name="button2" id="button2" value="重置" />
        </td>
    </tr>
  </table>
</form>
```

这里的日期是自动生成的当前时间，使用 date()函数，date("Y-m-d h:i:s")生成当前的日期时间。

```
<input name="uptime" type="text" id="uptime" value="<?php echo date("Y-m-d
h:i:s"); ?>" />
```

## 16.5.6　商品添加功能的实现

本小节来实现商品后台管理系统的商品添加功能。

基本思路：在<form>表单中添加数据，单击提交按键后将添加的数据通过 SQL 语句 INSERT INTO 增加到数据库中。实现的流程如图 16-18 所示。

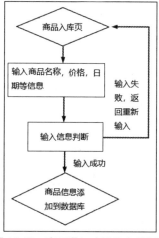

图 16-18　商品添加功能的实现流程

使用表单提交一个变量名为 action、值为 insert 的参数。

```
<td align="right">
 <input type="hidden" name="action" value="insert">
 <input type="submit" name="button" id="button" value="提交" />
</td>
```

使用$_POST 方式获取 insert 值。然后使用 SQL 语句 INSERT INTO 将商品的信息增加到数据库中。

```php
<?php
if (@$_POST['action']=="insert"){
    $SQL = "INSERT INTO info_goods (name,price,uploadtime,type,total,leave_number)
    values('".$_POST['name']."','".$_POST['price']."','".$_POST['uptime']."','".$_POS
T['type']."','".$_POST['total']."','".$_POST['total']."')";
    $arr=mysqli_query($link,$SQL);
    if ($arr){
        echo "<script language=javascript>alert('添加成功！');window.location='add_
goods.php'</script>";
    }
    else{
        echo "<script>alert('添加失败');history.go(-1);</script>";
    }
}
?>
```

还需要给<form>表单添加一个 onSubmit 单击事件：

```
<form id="myform" name="myform" method="post" action="" onSubmit="return myform_
Validator(this)">
```

通过 onSubmit 单击事件，用<javascript>判断增加商品信息时不能让每项添加的信息为空。

```
<script>
    function myform_Validator(theForm) {
        if (theForm.name.value == "") {
            alert("请输入商品名称.");
            theForm.name.focus();
            return (False);
        }
        if (theForm.price.value == "") {
            alert("请输入商品价格.");
            theForm.price.focus();
            return (False);
        }
        if (theForm.type.value == "") {
            alert("请输入商品所属类别.");
            theForm.type.focus();
            return (False);
        }
        return (True);
    }
</script>
```

# 16.6　开发商品查询和统计功能

本节继续学习开发商品查询和商品统计功能的方法。

## 16.6.1　商品查询页面

本小节创建左侧模块查询统计中的商品查询页面，如图 16-19 所示。在该页面中，可以选择商品序号、商品名称、商品价格、入库时间和商品类别，通过填写的商品信息查询出相应的商品，并在页面中展示出来。例如，要查询商品名称中含有"电视机"的数据，效果如图 16-20 所示。

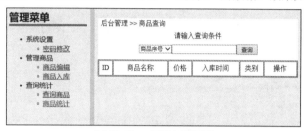

图 16-19　商品查询页面

图 16-20　查询结果

查询文本框内容使用<form>表单，外面使用<table>表格布局，并加入<select><option>选择框。展示页面另外使用一个<table>表格布局。

```
    <table  width="100%"  border="0"  align="center"  cellpadding="2"  cellspacing="1"
bgcolor="#ffffff">
      <tr>
        <td width="80%" height="27" valign="top" bgcolor="#FFFFFF"> 后台管理
 &gt;&gt; 商品查询</td>
      <tr>
        <td height="27" valign="top" bgcolor="#FFFFFF">
          <form id="form1" name="form1" method="post" action="" style="margin:0px;
padding:0px;">
            <table width="45%" height="42" border="0" align="center" cellpadding=
"0" cellspacing="0">
              <caption>请输入查询条件</caption>
              <tr>
                <td width="36%" align="center">
                  <select name="seltype" id="seltype">
                    <option value="id">商品序号</option>
                    <option value="name">商品名称</option>
                    <option value="price">商品价格</option>
                    <option value="time">入库时间</option>
                    <option value="type">商品类别</option>
                  </select>
```

```
                    </td>
                    <td width="31%" align="center">
                        <input type="text" name="coun" id="coun" />
                    </td>
                    <td width="33%" align="center">
                        <input type="submit" name="button" id="button" value="查询" />
                    </td>
                </tr>
            </table>
        </form>
    </td>
    </tr>
</table>
<table width="100%" border="1" align="center" cellpadding="0" cellspacing="1"
bgcolor="#ffffff">
    <tr>
        <td width="7%" height="35" align="center" bgcolor="#FFFFFF">ID</td>
        <td width="28%" align="center" bgcolor="#FFFFFF">商品名称</td>
        <td width="12%" align="center" bgcolor="#FFFFFF">价格</td>
        <td width="24%" align="center" bgcolor="#FFFFFF">入库时间</td>
        <td width="12%" align="center" bgcolor="#FFFFFF">类别</td>
        <td width="24%" align="center" bgcolor="#FFFFFF">操作</td>
    </tr>
</table>
```

## 16.6.2　实现商品查询功能

前面已经实现商品后台管理系统商品管理分页的功能，查询的分页功能与上面说的基本相同。本节主要讲解查询的功能，并将查询的功能增加进入分页功能之中。

使用 SQL LIKE 操作符在 WHERE 子句中搜索列中的指定模式。通过选择类型，输入查询的字段来查询出商品信息。

```
<?php
$SQL = "SELECT * FROM info_goods where ".$_POST['seltype']." like ('%".$_POST
['coun']."%')";
?>
```

还要把选择类型,查询输入字段加入到每页显示的数据中

```
<?php
$SQL = "SELECT * FROM info_goods where ".$_POST['seltype']." like ('%".$_POST
['coun']."%') order by id desc limit $startno,$pagesize";
?>
```

最后把数据库查询的数据通过 while 语句循环出来。

```
<?php while (@$rows=mysqli_fetch_assoc($rs)) { ?>
        <tr align="center">
            <td width="7%"><?php echo $rows["id"]?></td>
            <td width="28%" height="26"><?php echo $rows["name"]?></td>
            <td width="12%" height="26"><?php echo $rows["price"]?></td>
            <td width="24%" height="26"><?php echo $rows["uploadtime"]?></td>
            <td width="12%" height="26"><?php echo $rows["type"]?></td>
            <td width="24%">
                <a href="update_goods.php?id=<?php echo $rows['id'] ?>">修改</a> 
 
                <a href="del_goods.php?id=<?php echo $rows['id'] ?>">删除</a>
```

```
        </td>
    </tr>
  <?php } ?>
```

底部的显示首页，上一页，下一页，末页功能基本与前面的商品管理分页功能类似。

```
    <tr>
        <th height="25" colspan="6" align="center">
            <?php if ($pageno==1) { ?>
            首页 | 上一页 | <a href="?pageno=<?php echo $pageno+1?>">下一页</a> |
            <a href="?pageno=<?php echo $_POST['seltype']?>">末页</a>
            <?php } else if ($pageno==$pagecount) { ?>
            <a href="?pageno=1">首页</a> | <a href="?pageno=<?php echo $pageno-1?>">
上一页</a> | 下一页 | 末页
            <?php } else { ?>
            <a href="?pageno=1">首页</a> | <a href="?pageno=<?php echo $pageno-1?>">
上一页</a> |
            <a href="?pageno=<?php echo $pageno+1?>">下一页</a> |
            <a href="?pageno=<?php echo $pagecount?>">末页</a>
            <?php } ?>
             页次：<?php echo $pageno ?>/<?php echo $pagecount ?>页 共有<?php
echo $recordcount?>条信息 </th>
    </tr>
```

## 16.6.3　实现商品统计

本小节创建菜单管理栏中"商品统计"功能页面。通过 count.php 页面对所有商品进行分类统计，效果如图 16-21 所示。

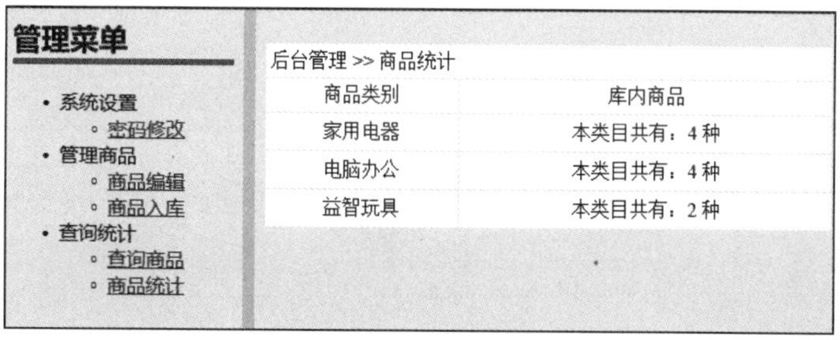

**图 16-21　商品统计**

该页面主要使用<table>表格来布局，代码如下：

```
<table width="100%" border="0" align="center" cellpadding="0" cellspacing="1"
bgcolor="#BBFFFF">
    <tr>
        <td height="27" colspan="2" align="left" bgcolor="#FFFFFF"> 后台管理
 &gt;&gt; 商品统计</td>
    </tr>
    <tr>
        <td align="center" bgcolor="#FFFFFF" height="27">商品类别</td>
        <td align="center" bgcolor="#FFFFFF">库内商品</td>
    </tr>
</table>
```

内容是通过 SQL 语句查询显示，这里使用 COUNT(*)函数返回表中的记录数。再使用 GROUP BY 语句结合合计函数，根据一个或多个列对结果集进行分组（使用 group by 对 type 进行分组）。

```php
<?php
$SQL = "SELECT type, count(*) FROM info_goods group by type";
?>
```

最后使用 while 循环输出数据库中查询的数据

```php
<?php
$SQL = "SELECT type, count(*) FROM info_goods group by type";
$val=mysqli_query($link,$sql);
while ($arr=mysqli_fetch_row($val)){
    echo "<tr height='30'>";
    echo "<td align='center' bgcolor='#FFFFFF'>".$arr[0]."</td>";
    echo "<td align='center' bgcolor='#FFFFFF'>本类目共有: ".$arr[1]." 种</td>";
    echo "</tr>";
}
?>>>>>>
```